种子传播生态学

刘文亭　董全民　吕世杰◎编著
刘玉祯　杨晓霞　俞　旸　张春平◎参编

·北京·

图书在版编目（CIP）数据

种子传播生态学 / 刘文亭，董全民，吕世杰编著. — 北京：科学技术文献出版社，2021.12

ISBN 978-7-5189-8812-9

Ⅰ.①种… Ⅱ.①刘… ②董… ③吕… Ⅲ.①种子植物—植物生态学—研究 Ⅳ.① Q949.4

中国版本图书馆 CIP 数据核字（2021）第 253938 号

种子传播生态学

策划编辑：张 丹 责任编辑：巨娟梅 张瑶瑶 责任校对：张永霞 责任出版：张志平

出 版 者 科学技术文献出版社

地 址 北京市复兴路15号 邮编 100038

编 务 部 （010）58882938，58882087（传真）

发 行 部 （010）58882868，58882870（传真）

邮 购 部 （010）58882873

官方网址 www.stdp.com.cn

发 行 者 科学技术文献出版社发行 全国各地新华书店经销

印 刷 者 北京厚诚则铭印刷科技有限公司

版 次 2021 年 12 月第 1 版 2021 年 12 月第 1 次印刷

开 本 710×1000 1/16

字 数 251千

印 张 18.25

书 号 ISBN 978-7-5189-8812-9

定 价 78.00元

前言

种子，从植物学角度来说，是植物的延存器官，也是新生植物开始时期的幼小植物体，以停顿生长的方式度过逆境，保证了物种的延续和传播。作为物种延续、新老世代交替的桥梁，具有相对完善的生理生化结构及有助于远距离传播的功能。但在植物生态学领域，具备生长为新个体潜力的种子、果实、复合果实、植物的一部分，甚至整个植物均可以称为亲本植株的“种子”，是一个更为广义的概念。

种子传播，指种子从亲本植株脱离后主动或被动地分散到其他空间位置的过程。因此，在本书中，笔者将种子传播生态学定义为系统研究植物种子传播与生物、环境间相互关系及其机制的科学。根据上述定义，不难发现种子传播生态学是深入解析植物种群动态、群落结构与动态的关键。在“人类世”的时代背景下，种子传播显著影响着种群的流动，地方、区域乃至全球规模的生物多样性模式，遗传多样性及物种对全球变化的适应能力。

在过去的 20 多年中，越来越多的学者认为种子传播是生态学和物种演化中的基本过程，也产生了许多令人赞叹的新方法、新理论，使我们对种子传播生态学有了翻天覆地的认识，特别是全球一体化背景下人类活动对种子传播的“贡献”。因此，在团队负责人董全民先生的支持下，在国家自然科学基金“基于资源分配权衡的高寒草地放牧系统优势种更迭的研究”（项目编号：32160340）的资助下，笔者试图整合现有种子传播领域的信息，以一种能够客观反映当下观点的方式，呈现文献中具有广泛代表性的论述，以期能够以文字的形式与同行进行交流互动。

全书共8章，第一章、第二章由刘文亭、董全民、刘玉祯撰写，第三章由吕世杰、刘文亭撰写，第四章由吕世杰、刘文亭、张春平撰写，第五章由吕世杰撰写，第六章由刘文亭、俞旸撰写，第七章由刘文亭、杨晓霞撰写，第八章由刘文亭撰写，刘国朋负责绘制书中插图，王芳草、周沁苑负责文字校正。

《种子传播生态学》是集体劳动与智慧的结晶，再次衷心地感谢所有为本书做出奉献的同志们。鉴于笔者学术水平有限，书中难免存在疏漏与欠缺，期待相关专家和读者批评指正！

目 录

第一章　绪　论

第一节　种子传播生态学及其研究内容

一、种子传播生态学的含义

种子（seed），在植物学上指由胚珠发育而成的繁殖器官。在农业生产中，种子指可直接用做播种材料的植物器官，包括真种子、类似种子的果实、营养器官和人工种子；中华人民共和国农业行业标准 NY/T 1210—2006 中将种子定义为由胚珠发育而成的繁殖器官，包括植物学上的真种子和果实（颖果、荚果、坚果、瘦果等）；《中华人民共和国种子法》中将种子定义为农作物和林木的种植材料或者繁殖材料，包括籽粒、果实和根、茎、苗、芽、叶等。

1927 年，德国科学家 Sernander R. 创造了术语“diaspore”（繁殖体）表示用于传播的部分植物，之后术语繁殖体便在植物传播的文献中被广泛接受使用。这里的繁殖体可以是孢子、种子、果实、复合果实、植物的一部分，甚至是整个植物，不再束缚于其形态特征，本书中提及的种子均指广义概念上的种子。

“dispersal”，译为扩散或分散某物的行为，本质上是某一物体空间位置的变化，在我国现有的文献中，也有学者将其译为传播、扩散、分散。在本书中，我们聚焦于广义概念上的种子，故使用“传播”这一术语。

种子传播（seed dispersal）指种子从出生地（母体）脱离后移动到其他生长地或繁殖地的过程，是导致种群内和种群间基因流动的主要机制。因此，种子传播生态学（seed dispersal ecology）是系统研究植物种子传播与生物、环境间相互关系及其机制的科学。

二、种子传播生态学的研究范围

种子传播生态学研究一直是植物生态学的一个重要研究议题，是一门综合性很强的科学，种子传播过程复杂、涉及因素较多，种子传播生态学着重研究植物种子传播地点特征、是否适合萌发、萌发后幼苗的生长、未来的种群结构和变动、更新的成功与否等问题（鲁长虎，2003），剖析植物种群动态，群落组成、结构与动态等重要内容。从传播媒介上划分，种子传播生态学研究涉及大型食肉动物、小型食肉动物、大型食草动物、鸟、啮齿动物等脊椎动物，蚂蚁、蜣螂等无脊椎动物，人类活动和非生物因素；从传播方式划分，种子传播生态学研究涉及动物体内传播、动物体外传播、种子自发性传播、种子的二次（多阶）传播等。

种子传播生态学发展至今，很多研究已经不再局限于一个学科，种子传播生态学研究正是涉及生态学、植物学、动物学、土壤学、地理学、物理学、行为学、生物统计学等多学科交叉的新兴科学，研究涉及物种迁移、植物更新制约、食物网关系、进化权衡、物种入侵、生殖生态隔离、生境破碎化生态后果、生态修复、气候变化、廊道在生态保护方面的作用等，是植物生态学、动物生态学、恢复生态学、进化生物学、保护生物学研究中最受关注的研究内容（图 1.1）。毫无疑问，这一交叉研究对丰富动植物相互关系、群落和生态系统演变规律等生态学理论有着潜在的、较大的理论意义（鲁长虎，2003）。

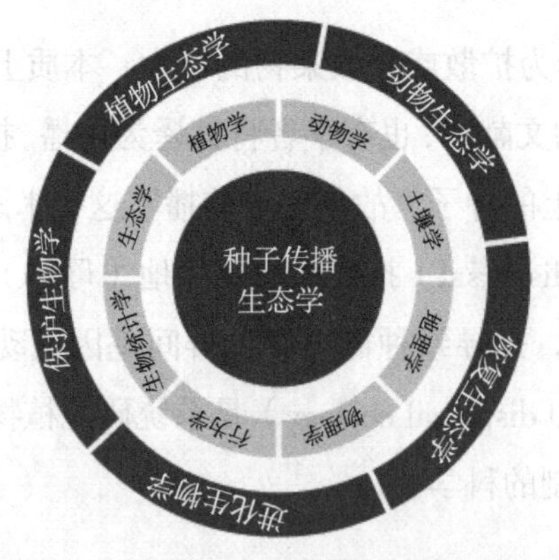

图 1.1　种子传播生态学与其他学科的关系

三、种子传播生态学的研究内容

目前，种子传播生态学研究已经在全球尺度范围内成为生态学研究的一个重要方面，相关文献在过去 20 多年增长迅速，纵览现有相关文献，种子传播生态学研究主要在以下几个层面上进行。

①传播媒介，传播媒介研究是种子传播生态学研究的核心内容，也是后续研究的基础。这一层面涉及不同种类动物（如食肉动物、食草动物、鸟类、昆虫等）、不同食性动物（如食肉质果类、食干果类、专食性类、杂食性类等）、食种子动物与植物的对应关系（如专性传播、组合传播）、动物行为学对植物的影响（如动物运送种子的方向性、动物埋藏等行为等）、非生物因素（如风媒、水媒等）等。

②传播方式，包括动物体内传播［或消化道传播，如对种子萌发起促进作用还是抑制作用、种子在体内的停留时间、种子的排出方式（随粪便排出或呕出）、种子损坏程度］，动物体外传播（如附着传播），啮齿动物（贮食传播）、蚂蚁传播，种子自发性传播（如爆裂传播、珠芽传播、跳跃传播、细胞膨胀传播等），风媒传播（如纯风媒传播植物、贴地风媒传播、囊状体传播、风滚植物传播、翅助传播等），水媒传播等。

③种子的二次（多阶）传播，包括动物的活动范围、移动速度、传播距离、栖息场所选择，食物网与种子的转存，动物组合、非生物因素组合、非生物因素与动物的组合等。

④种子的最优传播方式，包括种子传播有效性（种子传播数量、种子传播质量）、动物和植物之间的进化关系等。

⑤种子传播的生态后果，包括传播后的格局。

⑥全球变化下的种子传播，包括人为传播、携带传播、农贸传播、无意掺杂传播。

第二节　种子传播生态学的经典假说

在自然界中，高等植物进化出不同形态的繁殖体和传播方式来达到基因交流与种群扩散的目的。在某一类型的生态系统中，哪一种类植物进化得最成功，在自然选择中占有的优势就越明显，便会成为群落中的优势种，反之则可能致危甚至灭绝。这即是说，高等植物可以通过种子传播的基因流决定种群分化的程度，从而影响谱系的进化轨迹。因此，植物的传播生活史对策于物种的生存与进化具有了至关重要的意义。1982 年，Howe 和 Smallwood 凝练出 3 个著名假说，系统地阐述植物种子传播的生态学意义。

一、逃避假说

物种扩散和基因流动能力决定了植物的适应性和进化程度，相比动物，营固着生活的植物除了在极其有限空间上尽可能伸展根茎，大多数种子和花粉传播在靠近其亲本植物的地方，远距离的传播这一任务显然是一项巨大的挑战。

逃避假说最早由 Janzen（1970）和 Connell（1971）提出，该假说认为传播在母体周围的种子会因太过密集而死亡率升高，此时种子倾向于离开母体一段距离，以降低病虫害、资源竞争、动物捕食的压力（Howe et al., 1982）。逃避假说重点突出了避免种子与母体植物的竞争、幼苗之间的竞争及母体植物附近的密度制约性死亡，母体植物附近的种子或幼苗的密度制约性死亡率升高，可能是因为啮齿动物和昆虫的捕食、病原体的侵袭、幼苗竞争、种子捕食者受距离制约仅在母体植物附近寻找食物，而忽视了几米以外的种子和幼苗，因此，远离母体植物的种子比母体植物附近种子的出苗成功率要高。

在爱荷华州西部，一种多年生草本植物，占据着新露出土地上的獾土堆。有研究发现，蚂蚁和老鼠在这种植物附近依靠密度捕食种子，随后对水分的激烈竞争影响了幼苗的大小和存活。从种子离开亲本到第一次繁殖，局部传播（超过 40 cm）有明显的优势。该研究将种子传播与自然群落的最终形成联系起来，并进一步区分了种子和幼苗阶段的死亡原因，有力地证明了逃避假说。

二、拓殖假说

拓殖假说认为母体植物通过大量产生并广泛传播种子，使得一些种子能够恰逢其时地遇到合适生境生长，或者在土壤中默默静候直至遇到剧烈干扰事件（如树木倒下、山崩、火灾或其他干扰活动）后，创造出允许其幼苗生长发育的生境。这一假说意味着种子传播具有随机性，在时间上和空间上具有不可预测性，但提高了植物寻找适宜生境的成功率。

Ridley（1930）通过区分具有明显传播能力的种子和没有传播能力的种子，发现形态较小的种子与其形态设计、传播能力和定殖潜力有关，而形态较大的种子与其较弱的移动能力和在饱和生境中的竞争能力有关。然而，需要说明的是，无论是形态大的种子还是形态小的种子，只要种子传播的范围足够广，携带亲本基因的种子便有机会在新生境快速定居。

Hutchinson（1951）把占据临时生境、繁殖迅速并很快被更具竞争力的物种取代的植物定义为“逃亡者”；成年个体很少能在一个地方存活超过一代或几代。Baker（1974）和 Williams（1975）详细讨论了“杂草”现象，指出“逃亡”物种通常具有寿命短、营养繁殖旺盛、种子休眠或间歇性萌发等特征，种子通常通过其“翅膀”、绒毛或动物进行传播。然而也有证据表明“逃亡”物种寿命较长。这是因为时间的流逝对不同的物种不可同一而语，传播率和气候耐受性在调控群落的物种组成扮演了更重要的角色。这些均说明拓殖假说适用于演替中的群落，既包括向顶峰发展的经典意义上的群落，也有成熟森林内物种丰度和分布不断变化的更新意义上的群落。

三、定向传播假说

定向传播假说认为，种子因鸟类携带或取食、蚂蚁搬运等而被定向带到了最合适的地点拓殖。例如，被搬运至其他生境，则竞争力大幅降低，从而形成种子沿特定方向传播的现象。定向传播假说的意义在于使种子到达非随机的、特定的、适于幼苗建成和生长的微生境。例如，被蚂蚁运至蚁穴的种子比随机放在地表或单个放在土层下的种子有更高的萌发率，鸟类将坚果埋藏在适于种子萌发的几厘米深的土层中。

逃避、拓殖和定向传播3种假说互不排斥也无法割裂，因密度制约而导致母体植物附近幼苗死亡支持逃避假说，幼苗离开母体植物移居到能满足幼苗生长的地方，支持了拓殖假说，在定向假说中种子被定向传播到蚁穴，从而逃避了母体植物附近的捕食者，上述假说不能从单一或割裂的角度来分析，它们体现了不同生态系统中不同优势机制的相对重要性。

第三节　种子传播生态学研究的发展现状

种子植物的出现是植物进化史的关键转折点（Rutishauser，1993）。种子传播作为种子植物生活史的重要生命过程，一直是生物学家关注和研究的热点。种子传播的主要途径有风媒传播、水媒传播以及动物传播等（Kowarik et al.，2008；Proctor，1968；Tackenberg et al.，2003）。世界上约有26万种种子植物，每种种子植物的种子都有属于他们独一无二的形态结构与传播方式。自1970年，种子传播相关研究便已成为生态学领域的研究热点之一（Butler et al.，2007）。种子传播不仅与动植物间的协同进化有关，还与生物多样性保护、森林和草地的退化、动物栖息地破碎化及外来物种入侵等环境问题息息相关（Byrne et al.，1993；Campos-Arceiz et al.，2011）。鉴于此，关注国际上种子传播研究领域的相关研究进展与学术动向，追踪世界各国在相关研究领域的学术影响力，分析相关研究领域的知识图谱演化特征，对后续开展相关研究意义重大，同时，也能为后续相关研究内容与方向提供科学指导。

尽管诸多科研工作者已经开展了许多种子传播相关研究，但关注以下问题的相关研究却鲜有报道：①种子传播相关研究中最热门的学科类别是什么？②收录种子传播相关研究的期刊中，哪个期刊最具代表性且影响力最高？③哪个国家及科研机构在种子传播相关研究领域贡献最多？各国之间的研究进展差异状况如何？④哪位研究人员在种子传播相关研究领域最具影响力？⑤哪些文献在种子传播相关研究领域中扮演着关键角色？⑥相关研究领域的主要研究热点有哪些？它们是如何发展演变的？明晰这些问题将有助于相关研究人员全面洞察种子传播研究领域的发展态势，发现相关领域还未解决的科学问题，明确将来的研究方向。尽管已有许多综述阐述了种子传播相关研究领域特定方面的发展趋势，但是这些研究均未对种子传播相关研究领域及研究前沿进行全面的定量分析（Camargo et al.，2019；Fuzessya et al.，2021），因此，很有必要对种子传播相关研究领域的文献进行计量分析以解决上述问题，基于此，我们对 1985—2020 年所有有关种子传播研究的文献进行了文献计量分析。

一、文献计量研究的数据收集与方法

1. 数据收集

Web of Science 数据库是国际公认的科学研究数据库，其中，Science Citation Index Expanded（SCI-E）、Social Science Citation Index（SSCI）等引文索引数据库更是在全球科技教育领域享有盛誉。本研究中，我们选取 Web of Science 数据库核心合集的 SCI-E 和 SSCI 数据库作为原始数据来源（Mongeon et al.，2016），以专业检索式 TI=［（“seed dispersal” OR “wind dispersal” OR “dispersal by birds and mammals” OR myrmecochory* OR “water and ballistic dispersal” OR “evolution of dispersal” OR “secondary dispersal” OR “indirect seed dispersal” OR “two-phase dispersal” OR “two-stage dispersal” OR “multi-phase dispersal”）OR（“seed dispersal” AND diploendozoochory*）］进行检索，设置检索时间范围为 1985—2020 年，检索时间为 2021 年 3 月 14 日。将检索到的文献相关记录下载并保存为纯文本格式，下载时选择保存文件类型为“全记录和引用的参考文献（Full Record and Cited

References）”，以这些数据作为本研究的原始研究样本，最终确定了 1939 篇文献。

2. 研究方法

（1）文献计量方法

文献计量法作为一种数学统计方法，被广泛应用于学术文献的定量分析当中（Nakagawa，2004）。而由陈超美博士开发的 CiteSpace 软件则是目前文献计量工具中应用最广泛的分析工具之一（Huang，2019）。本研究使用的是 CiteSpace 5.7 R2 版本，基于 Windows 64-bit 系统及 Java 8 运行。本研究中，我们主要关注以下 3 个文献计量学特征：①共现分析；②协作网络；③共引分析。

（2）活力指数和吸引力指数

根据相关研究（Chen et al.，2011；Schubert et al.，1986；Shen et al.，2018），本研究选取两个主要指标，即活力指数（activity index，AI）和吸引力指数（attractive index，AAI），以评估不同国家在种子传播相关研究领域的科研力度及学术影响力的动态变化特征。

活力指数可以衡量一个国家在相关研究领域的相对贡献程度，该指数可以根据以下公式计算：

$$AI_i^t = \frac{P_i^t/\sum P}{TP^t/\sum TP}。 \tag{1-1}$$

吸引力指数可以通过一个国家或地区发表的文章数量或引用数量来衡量该国家或地区在相关研究领域的影响力，该指数可以根据以下公式计算：

$$AAI_i^t = \frac{C_i^t/\sum C}{TC^t/\sum TC}。 \tag{1-2}$$

AI_i^t 和 AAI_i^t 分别代表国家 i 在第 t 年的活力指数与吸引力指数；P_i^t 和 C_i^t 则分别代表国家 i 在第 t 年的种子传播研究领域的文章发表数量与被引数量；$\sum P$ 和 $\sum C$ 分别代表在检索时间范围内国家 i 总发文量与总被引量；TP^t 和 TC^t 则代表世界范围内第 t 年的总发文量与总被引量；$\sum TP$ 和 $\sum TC$ 则分别代表与 $\sum P$ 和 $\sum C$ 同时间段内全球的总发文量与总被引量。

在式（1-1）、式（1-2）中，当 AI_i^t 与 AAI_i^t 均等于 1 时，表明国家 i 在

时间 t 内的研究强度与学术影响力等于世界平均水平；当 AI_i^t 与 AAI_i^t 均小于 1 时，表明国家 i 在时间 t 内的研究强度与学术影响力均低于世界平均水平；当 AI_i^t 与 AAI_i^t 均大于 1 时，表明国家 i 在时间 t 内的研究强度与学术影响力均高于世界平均水平。

二、文献特征与研究力度

1. 文献基本特征

（1）文章发表数量与引用数量

1985—2020 年，世界范围内种子传播相关研究领域的发文数量不断增加，说明该研究领域不仅受到研究人员的广泛关注，也具有很大的发展潜力（图 1.2）。首先，从文章发表数量来看，种子传播研究的发文过程中有 2 个转折点。第一个转折点是 1993 年，这一年的文章发表数量首次突破 31 篇，而在此之前，文章发表数量随时间的推移增长缓慢；另一个转折点是 2002 年，这一年的文章发表数量首次超过 47 篇，自这一年起，相关领域的文章发表数量增长显著。2002—2020 年，年均文章发表数量为 78.4 篇，年均增长率为 3.22%。这表明种子传播相关研究领域正处于成长阶段，且发展潜力巨大。另外，1985—2020 年，所有文献总被引次数为 72 460 次，篇均被引次数为 37.49 次。2000 年的篇均被引次数最高，达 146.63 次，随后篇均被引次数呈下降趋势。

（2）种子传播领域涉及的主要主题词

种子传播生态学相关研究文章发表数量排名前 10 的主题词依次为生态学（1199 篇文章，占文章总数的 61.84%）、植物科学（424 篇文章，占文章总数的 21.87%）、进化生物学（204 篇文章，占文章总数的 10.52%）、林学（168 篇文章，占文章总数的 8.66%）、生物多样性保护（159 篇文章，占文章总数的 8.20%）、动物学（141 篇文章，占文章总数的 7.27%）、生物学（101 篇文章，占文章总数的 5.21%）、多学科科学（99 篇文章，占文章总数的 5.11%）、环境科学（89 篇文章，占文章总数的 4.59%）、基因遗传学（86 篇文章，占文章总数的 4.44%）。每个主题词的文章发表数量反映了种子传播相关研究在该类别的发展趋势。研究结果表明，生态学与植物科学的文章发表数量占据了文章总数的绝大部分。

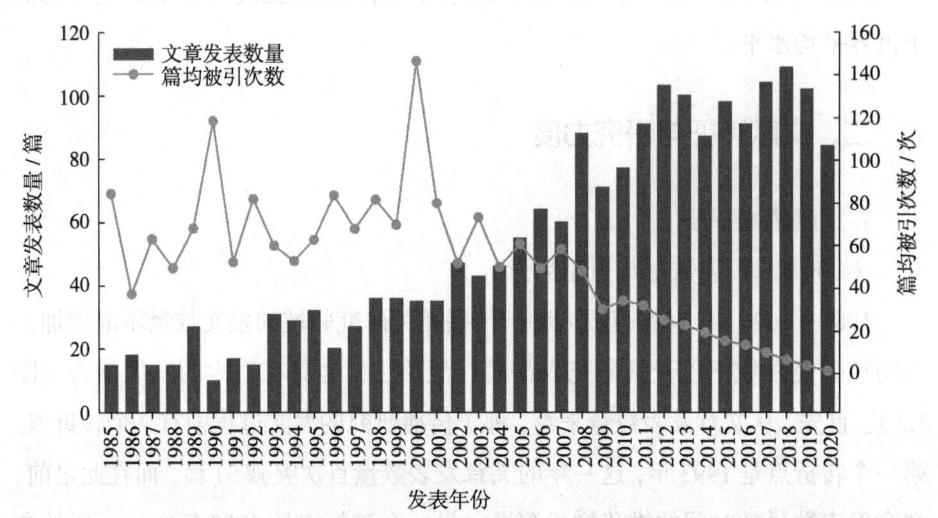

图 1.2　1985—2020 年 Web of Science 数据库种子传播相关文章发表数量与篇均被引次数

表 1.1 是种子传播生态学相关研究文章发表数量排名前 10 的主题词，我们可以清晰地看出，种子传播研究涉及的主题词较为广泛，分别为生态学、植物科学、进化生物学、林学、动物学等。从图 1.3 中可以看出，生态学、进化生物学与植物科学具有较高的中心性，它们之所以具有较高的中心性是因为这些主题词均包含了其他主题词范畴。

表 1.1　种子传播生态学相关研究文章发表数量排名前 10 的主题词（1958—2020 年）

主题词	文章发表数量 / 篇	占比	主题词	文章发表数量 / 篇	占比
生态学（Ecology）	1199	61.84%	进化生物学（Evolutionary Biology）	204	10.52%
植物科学（Plant Science）	424	21.87%	林学（Forestry）	168	8.66%

续表

主题词	文章发表数量 / 篇	占比	主题词	文章发表数量 / 篇	占比
生物多样性保护（Biodiversity Conservation）	159	8.20%	多学科科学（Multidisciplinary Sciences）	99	5.11%
动物学（Zoology）	141	7.27%	环境科学（Environmental Sciences）	89	4.59%
生物学（Biology）	101	5.21%	基因遗传学（Genetics Heredity）	86	4.44%

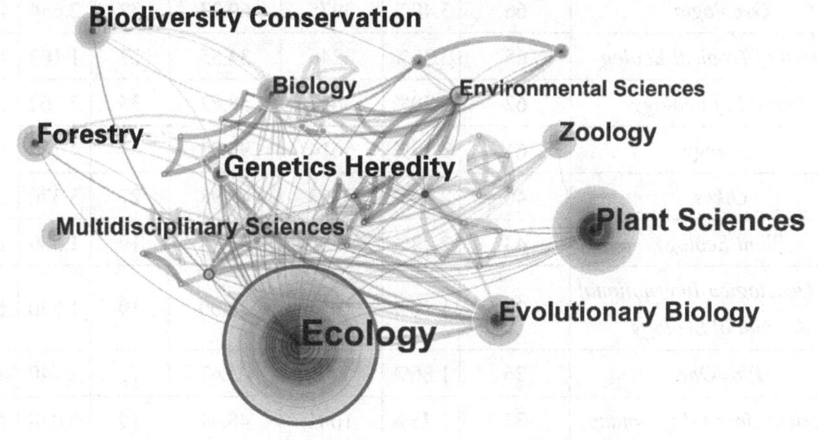

节点表示主题研究类别，节点的大小表示主题类别的文献数量，链接表示不同主题之间的关系。

图 1.3　研究主题网络的可视化图示

（3）期刊分析

期刊的总被引次数与篇均被引次数能够很好地反映期刊的影响力（Ji et al.，2014）。本研究中检索到的 1939 篇文章出现在 371 种不同的期刊上。表 1.2 列出了种子传播生态学相关研究文章发表数量排名前 10 的期刊，这些期刊的文章发表数量达到了所有文章总数的 27.7%。*Biotropica* 是文章发表数量最高的期刊，共计发表文章 88 篇；其次分别是 *Oecologia*（66 篇）、

Journal of Tropical Ecology（65 篇）、*Journal of Ecology*（62 篇）和 *Ecology*（61 篇）。另外，期刊的影响因子与 H 指数也可以衡量其影响力。从表 1.2 不难看出，虽然 *Biotropica*、*Oecologia*、*Journal of Tropical Ecology*、*Journal of Ecology* 和 *Ecology* 的文章发表数量均在 60 篇以上，但是 *Ecology* 却有着最高的 H 指数、总被引次数及篇均被引次数，所以毋庸置疑 *Ecology* 是该研究领域影响力最高的期刊。

表 1.2　种子传播生态学相关研究文章发表数量排名前 10 的期刊

期刊	文章发表数量 / 篇	占比	总被引次数 / 次	篇均被引次数 / 次	H 指数	影响因子	起始年份
Biotropica	88	4.54%	3341	37.97	32	2.090	1985
Oecologia	66	3.40%	3975	60.23	37	2.654	1985
Journal of Tropical Ecology	65	3.35%	2246	34.55	27	1.163	1988
Journal of Ecology	62	3.20%	3647	58.82	35	5.762	1986
Ecology	61	3.15%	5614	92.03	41	4.700	1985
Oikos	46	2.37%	2253	48.98	27	3.370	1988
Plant Ecology	43	2.22%	939	21.84	19	1.509	1997
Acta Oecologica-International Journal of Ecology	36	1.86%	1044	29.00	19	1.220	1992
Plos One	36	1.86%	852	23.67	15	2.740	2008
American Journal of Botany	34	1.75%	1664	48.94	19	3.038	1985

2. 种子传播相关研究力度

（1）国家与机构分析

1）文章发表数量与被引数量

本研究中检索到的文章来自全球 82 个国家。表 1.3 是文章发表数量排名前 10 的国家，从中可以看出，美国的文章发表数量最高，共计 555 篇，其总被引次数也最高，为 26 942 次；西班牙的文章发表数量排名第二，共计 214 篇；其次是巴西，共计 156 篇；随后是德国，共计 149 篇；澳大利亚与中国的文章发表数量分别为109篇与96篇。美国是最早进行种子传播相关研究的国家，也是同期文章发表数量最高的国家。

表1.3 种子传播生态学相关研究文章发表数量排名前10的国家

国家	文章发表数量/篇	总被引次数/次	篇均被引次数/次	H指数
美国	555	26 942	48.54	90
西班牙	214	5995	28.01	53
巴西	156	2924	18.74	37
德国	149	4183	28.07	43
澳大利亚	109	3269	29.99	35
中国	96	1217	12.68	20
法国	92	3107	33.77	40
英国	91	4508	49.54	38
日本	86	1325	15.41	23
加拿大	80	2378	29.73	31

表1.4是文章发表数量排名前10的机构。其中，西班牙科学研究高级委员会（Consejo Superior de Investigaciones Científicas，CSIC）是文章发表数量最多的机构，其次是中国科学院、墨西哥国立自治大学、佛罗里达大学和京都大学。

表1.4 种子传播生态学相关研究文章发表数量排名前10的机构

机构	文章发表数量/篇	总被引次数/次	篇均被引次数/次	H指数
西班牙科学研究高级委员会（Consejo Superior de Investigaciones Científicas）	148	6994	47.26	44
中国科学院（Chinese Academy of Sciences）	55	622	11.31	15
墨西哥国立自治大学（Universidad National Autonoma de Mexico）	42	1408	33.52	19
佛罗里达大学（University of Florida）	41	3221	78.56	28

续表

机构	文章发表数量 / 篇	总被引次数 / 次	篇均被引次数 / 次	H 指数
京都大学（Kyoto University）	37	485	13.11	15
圣保罗大学（University of São Paulo）	37	964	26.05	18
杜克大学（Duke University）	30	1838	61.27	20
加利福尼亚大学戴维斯分校（University of California，Davis）	30	1744	58.13	17
史密森热带森林研究中心（Smithsonian Tropical Research Institute）	29	2729	94.10	20
圣保罗州立大学（Universidade Estadual Paulista）	26	1311	50.42	17

2）关键国家种子传播相关研究能力

为了评价上述 10 个国家在种子传播相关研究领域学术影响力的变化，我们借助活力指数与吸引力指数进行分析。在进行研究前需要注意的问题是，通常文章发表后其引用会出现一定的滞后现象（Glänzel et al.，2003；Qiu et al.，2009），因此本研究将吸引力指数设置成滞后于活力指数 2 年。

2 个指标在 4 个象限间的变化情况如图 1.4 所示，其中Ⅰ－Ⅳ象限分别代表不同的状况：Ⅰ象限中的点表示该国的活力指数与吸引力指数均高于全球平均水平；Ⅱ象限中的点表示该国的活力指数低于全球平均水平，但吸引力指数高于全球平均水平；Ⅲ象限中的点表示该国的活力指数与吸引力指数均低于全球平均水平；Ⅳ象限中的点表示该国的活力指数高于全球平均水平，但吸引力指数低于全球平均水平。

总体来看，除澳大利亚外，其他国家的活力指数与吸引力指数均呈现出上升趋势。美国在大多数年份其活力指数与吸引力指数均高于全球平均水平，与之相反，西班牙虽然文章发表数量与被引次数均较高，但是其学术影响力在大部分时间均低于全球平均水平。虽然巴西、中国和日本的研究力量及学术影响力在大多年份低于全球平均水平，但近年来其学术影响力却高于全球平均水平，说明这些国家在种子传播方面的研究实力在不断壮大。

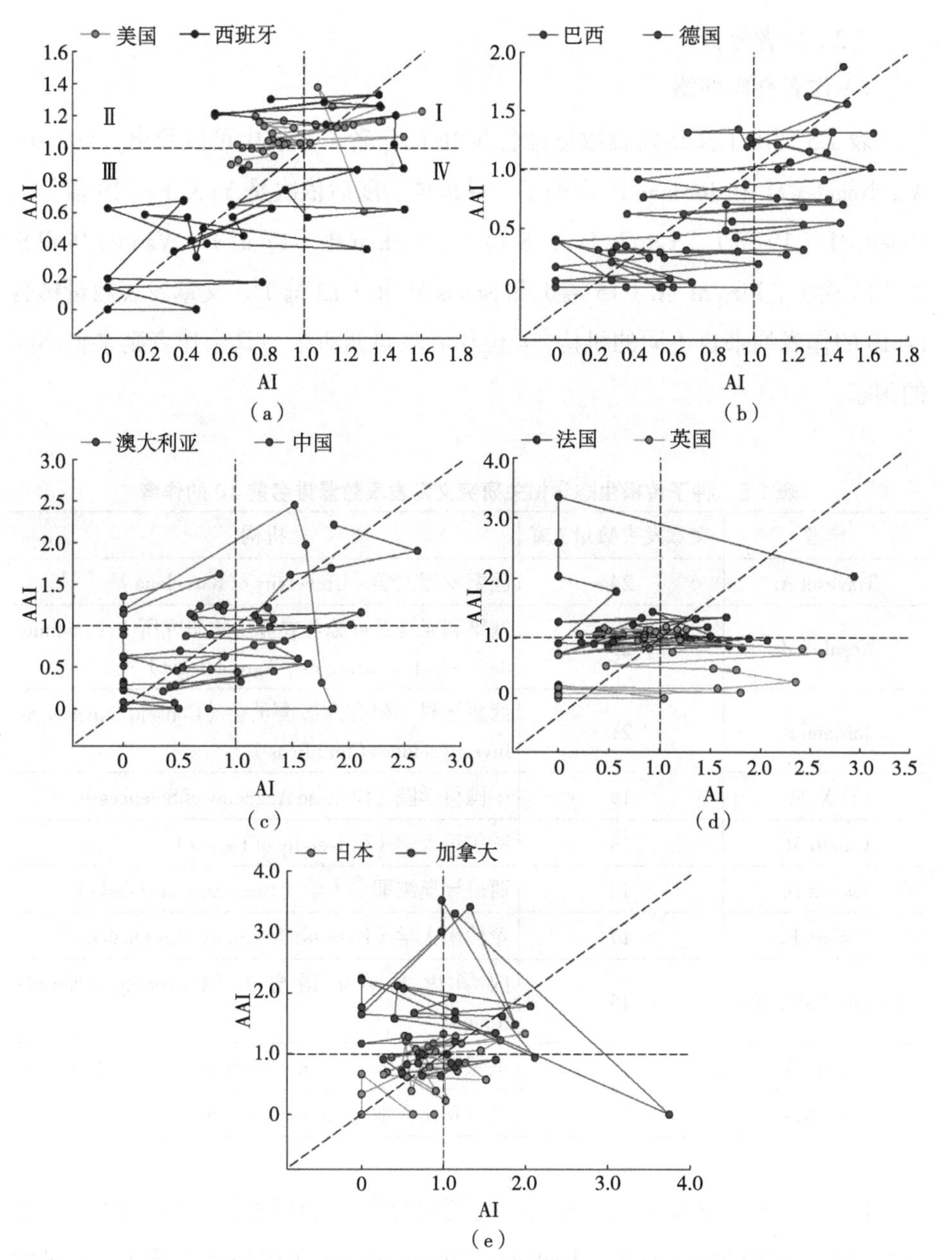

图 1.4 不同国家种子传播生态学相关研究的活力指数和吸引力指数

（注：AI 表示活力指数，AAI 表示吸引力指数）

（2）作者分析

1）作者合作网络

表 1.5 列出了文章发表数量排名前 10 的作者。从表中可以看出，Traveset A.、Nogales M. 和 Jordano P. 占据了主导地位。随后依次是 Yi X. F.（19 篇）、Galetti M.（19 篇）、Garcia D.（18 篇）、Nathan R.（17 篇）、Vander Wall S. B.（15 篇）、Pizo M. A.（15 篇）和 Soons M. B.（13 篇）。文章发表数量排名前 10 的作者均来自不同的机构，4 位作者来自西班牙，其余作者则来自不同的国家。

表 1.5　种子传播生态学相关研究文章发表数量排名前 10 的作者

作者	文章发表数量 / 篇	机构
Traveset A.	24	巴塞罗那大学（University of Barcelona）
Nogales M.	21	塞维利亚自然资源与农业生物研究所（（Instituto de Productos Naturales y Agrobiología）
Jordano P.	21	西班牙科学研究高级委员会（Consejo Superior de Investigaciones Cientificas）
Yi X. F.	19	中国科学院（Chinese Academy of Sciences）
Galetti M.	19	帕尔玛大学（University of Parma）
Garcia D.	18	西班牙奥维耶多大学（University of Oviedo）
Nathan R.	17	希伯来大学（Hebrew University of Jerusalem）
Vander Wall S. B.	15	内华达大学里诺分校（University of Nevada Reno）
Pizo M. A.	15	圣保罗州立大学（Universidade Estadual Paulista）
Soons M. B.	13	乌得勒支大学（Utrecht University）

图 1.5 是种子传播生态学相关研究领域的作者合作网络，由典型的 5 个作者群组成。①由 Traveset A.，Jordano P. 和 Nogales M.（标记在 A 圈）组成的团队，该团队着重研究种子的长距离传播（Nogales et al.，2012；Jordano et al.，2017；Traveset et al.，2014）；②由 Yi X. F.（标记在 B 圈）带领的团队，该团

队主要研究动物－植物间的互作作用（Steele et al.，2020；Yi et al.，2020）；③由 Huynen M. 和 Albert A. 组成的团队（标记在 C 圈），该团队主要研究猪尾猕猴摄食过程对种子传播的影响（Albert et al.，2013；Latinne et al.，2008）；④由 Heleno R. 和 Timóteo S. 组成的团队（标记在 D 圈），该团队主要研究生态网络，如食物网、传粉网络等（Heleno et al.，2020；Timóteo et al.，2018）；⑤由 Schleuning M. 带领的团队（标记在 E 圈），该团队主要研究植物－动物互作及生态网络（Schleuning et al.，2015；Schleuning et al.，2016）。

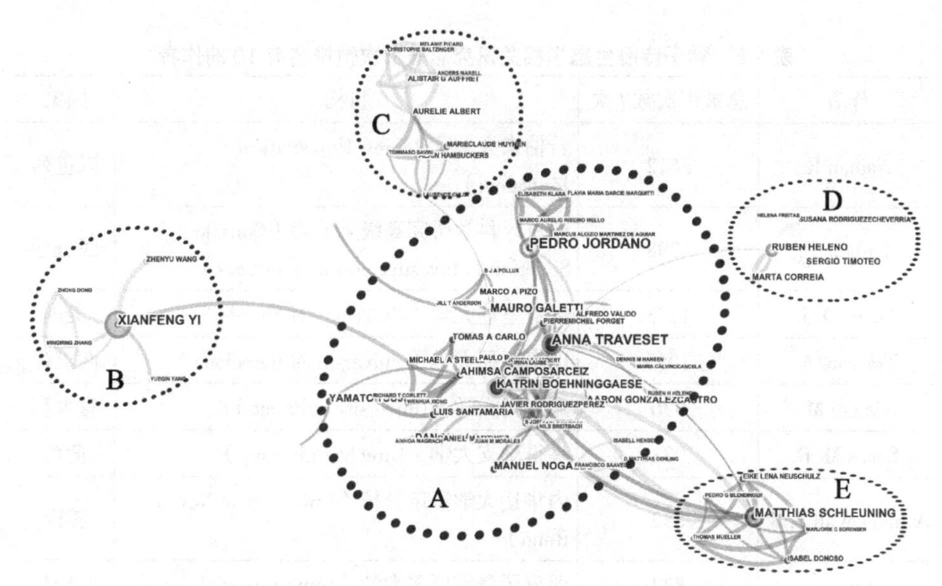

图 1.5 种子传播生态学相关研究领域的作者合作网络

2）作者共引网络

作者合作分析可以反映作者对相关研究领域的贡献及不同作者之间的合作关系，但是却无法全面反映出作者在该研究领域的学术影响力。在此我们使用作者共引分析进行更深入的研究。我们选取了文章总被引次数排名前 10 的作者以确保分析结果的可靠性。从表 1.6 可以看出，总被引次数最高的作者是 Nathan R.（3612 次，以色列），接着分别是 Jordano P.（2798 次，西班牙）、Levey D. J.（1273 次，美国）、Traveset A.（1055 次，西班牙）、Galetti M.（976

次，意大利）、Soons M. B.（933次，荷兰）、Vander Wall S. B.（853次，美国）、Garcia D.（832次，西班牙）、Nogales M.（637次，西班牙）和Guimaraes P. R.（634次，巴西）。其中，4位作者来自西班牙，2位作者来自美国，其他作者则分别来自以色列、巴西、意大利和荷兰。

通过进一步比较表1.6和表1.5发现，总被引次数排名前10的作者与文章发表数量排名前10的作者相关性较高，只有Levey D. J.、Guimaraes P. R.仅出现在表1.6，其余作者两个表中均有出现。

表1.6　种子传播生态学相关研究总被引次数排名前10的作者

作者	总被引次数/次	机构	国家
Nathan R.	3612	希伯来大学（Hebrew University of Jerusalem）	以色列
Jordano P.	2798	西班牙科学研究高级委员会（Consejo Superior de Investigaciones Científicas）	西班牙
Levey D. J.	1273	佛罗里达大学（University of Florida）	美国
Traveset A.	1055	巴塞罗那大学（University of Barcelona）	西班牙
Galetti M.	976	帕尔玛大学（University of Parma）	意大利
Soons M. B.	933	乌得勒支大学（Utrecht University）	荷兰
Vander Wall S. B.	853	内华达大学里诺分校（University of Nevada Reno）	美国
Garcia D.	832	西班牙奥维耶多大学（University of Oviedo）	西班牙
Nogales M.	637	塞维利亚自然资源与农业生物研究所（Instituto de Recursos Naturales y Agrobiología）	西班牙
Guimaraes P. R.	634	圣保罗大学（University of São Paulo）	巴西

3. 关键文献

高被引文献象征着该成果在特定研究领域的高认可度，同时也能反映出该文献的学术影响力（Ebrahim et al.，2013；Yoshikane et al.，2013）。表1.7是种子传播生态学相关研究总被引次数排名前10的文献。其中，总被引次数最高的是 Nathan R. 发表在 *Trends in Ecology & Evolution* 上的文献，总被引次数为 1343 次。通过这篇综述，作者表明随着空间生态学的逐渐发展与兴起，新的研究方法正在将种子传播相关研究推向另一个高潮。种子传播的方式因植物种类、种群及个体间的差异、种子与亲本间的距离、不同的微环境而异，但随着数学模型的逐渐完善，借助数学模型对其相关过程进行深入的理解将成为不二的选择。其余总被引次数较高的文献研究内容表明，大多研究依旧注重种子的远距离传播及不同生境下的传播方式，也正是这些研究为今后的研究奠定了良好的基础。

表 1.7 种子传播生态学相关研究总被引次数排名前 10 的文献

作者	期刊 / 书籍	标题	年份	总被引次数 / 次
Nathan R.	*Trends in Ecology & Evolution*	Spatial patterns of seed dispersal, their determinants and consequences for recruitment	2000	1343
Cain M. L.	*American Journal of Botany*	Long-distance seed dispersal in plant populations	2011	752
Johnson M. L.	*Annual Review of Ecology Evolution & Systematics*	Evolution of dispersal: theoretical models and empirical tests using birds and mammals	1990	674
Clark J. S.	*Ecology*	Seed dispersal near and far patterns across temperate and tropical forests	1999	613
Schupp E. W.	*New Phytologist*	Seed dispersal effectiveness revisited: a conceptual review	2010	593
Liljegren S. J.	*Nature*	Shatterproof MADS-box genes control seed dispersal in *Arabidopsis*	2000	590
Mcpeek M. A.	*The American Naturalist*	The evolution of dispersal in spatially and temporally varying environments	1992	566
Schupp E. W.	*Vegetatio*	Quantity, quality and the effectiveness of seed dispersal by animals	1993	504

续表

作者	期刊 / 书籍	标题	年份	总被引次数 / 次
Levin S. A.	*Annual Review of Ecology Evolution & Systematics*	The ecology and evolution of seed dispersal: a theoretical perspective	2003	481
Bakker J. P.	*Acta Botanica Neerlandica*	Seed banks and seed dispersal: important topics in restoration ecology	1996	475

4. 研究热点

（1）关键词共现分析

关键词能够反映出作者主要研究意向并概括文章主旨。读者可以通过关键词筛选归纳有用的信息，如研究目标、研究方法及主要观点等（Xu et al., 2018）。因此，关键词频次分析及对其周期变化规律的归纳是讨论某一领域研究热点及其前沿趋势变化的重点。

这部分我们将借助 CiteSpace 软件的可视化功能进行关键词共现分析，并绘制种子传播相关研究领域的关键词共现网络，以期能够更加清楚地展示该领域的研究热点（图 1.6）。图中的每一个节点均代表一个关键词，其中较大的节点表示该关键词出现的频次较高。同样，节点之间链接的宽度表示两个关键词同时出现的频次，链接越粗表示这两个关键词同时出现的频次越高。关键词共现网络中共有 624 个关键词，其中，出现频次 100 以上的关键词共 14 个。毋庸置疑，“seed dispersal”作为本研究的主题，其节点也是最大的，该关键词共出现 324 次。其余与之相关的关键词有“pattern”（245 次）、“plant”（165 次）、“frugivory”（160 次）、“recruitment”（160 次）、“ecology”（152 次）、“forest”（152 次）。其他关键词，如“germination”（136 次）、“bird”（122 次）、“predation”（136 次）、“rain forest”（101 次）和“distance”（100 次）依旧具有较高的频次。

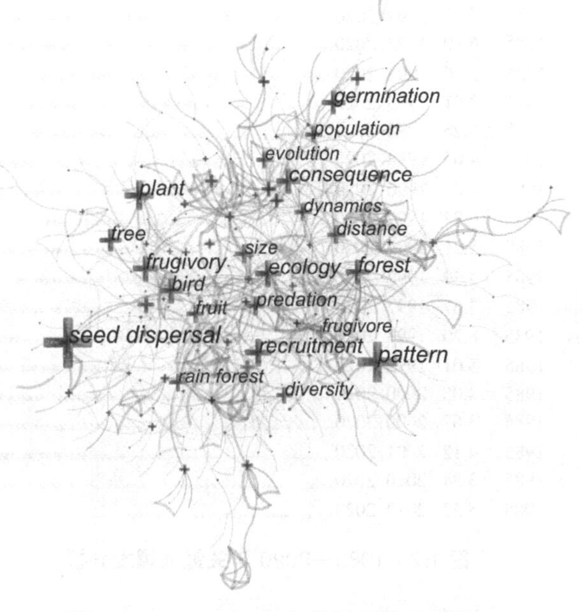

图 1.6 1985—2020 年关键词共现网络

（2）关键词爆发分析

关键词爆发分析可以提取出那些出现频次急剧提升的关键词，常用于在给定时间段内提取出相关研究领域出现频次较高的关键词。鉴于此，关键词爆发分析得出的结果可以作为预测前沿研究趋势的参考。图 1.7 是 1985—2020 年出现频次较高的 20 个关键词。在种子传播相关研究领域，风媒传播（wind dispersal）自 1989 年以来一直是研究热点，随后研究热点逐渐呈现出多元化的趋势，主要包括“selection”（强度：6.80），“bird”（强度：5.56），“dispersal”（强度：5.26），“environment”（强度：5.21），“tropical rain forest”（强度：8.20）和“dynamics”（强度：5.01）。近年来的研究热点主要集中在种子传播过程中的保存及其空间分布格局上。

关键词	年份	强度	开始	结束
wind dispersal	1985	5.08	1989	2020
seed dispersal	1985	14.00	1991	2020
plant	1985	4.55	1992	2020
selection	1985	6.80	1993	2020
bird	1985	5.56	1993	2020
coevolution	1985	3.61	1993	2020
dispersal	1985	5.26	1994	2020
seed	1985	4.03	1994	2020
ant	1985	4.22	1996	2020
french guiana	1985	6.94	1997	2020
environment	1985	5.21	1997	2020
strategy	1985	4.59	1997	2020
population dynamics	1985	3.67	1997	2020
tropical rain forest	1985	8.20	1998	2020
dynamics	1985	5.01	1999	2020
rain forest	1985	4.05	2000	2020
predation	1985	3.67	2000	2020
metapopulation	1985	4.12	2001	2020
conservation	1985	3.84	2010	2020
spatial pattern	1985	5.52	2012	2020

图 1.7　1985—2020 年关键词爆发分析

（3）不同国家关键词分布

由于受区域气候、地理特征、历史、经济差异等因素的限制，不同国家或区域研究发展常常会出现不平衡现象。在种子传播相关研究领域中，国家或地区间的差异并不是很明显。相关研究关键词中，最受关注的是种子传播与食果动物之间关系的研究。例如，1985—2020 年，美国相关研究中出现频次最高的关键词是“seed dispersal”，共出现 162 次，其次是“frugivory”，共出现 75 次；而西班牙相关研究中最常出现的关键词依旧是“seed dispersal”，共出现 41 次，其次是“frugivory”，共出现 26 次。

本节以 Web of Science 数据库核心合集中的 SCI-E 和 SSCI 数据库作为检索来源，借助 CiteSpace 软件构建种子传播相关研究领域的知识图谱。并基于文献计量方法系统分析了种子传播相关研究领域文献基本特征、主要研究机构及研究热点变化。与此同时，我们采用了活力指数与吸引力指数来衡量不同国家或地区在种子传播相关研究领域的研究力度与学术影响力，主要结论如下。

①种子传播相关研究领域的全球文章发表数量一直呈现出稳定的上升趋势。2000 年是篇均被引次数的峰值。文章发表数量排名前 10 的期刊贡献了所有文章总数的 27.7%，其中 *Ecology* 是种子传播相关研究领域最具影响力的期刊。该研究领域的大多科研人员来自美国及欧洲国家，并且逐渐形成了以美国、西班牙、德国、澳大利亚、英国和法国为中心的合作网络，国内在相关研究方面基础还较为薄弱。

②参考活力指数与吸引力指数，我们发现不同国家或地区在种子传播相关研究领域研究能力差异较大。美国在大部分时间内研究贡献与学术影响力均高于全球平均水平，虽然巴西、日本与中国研究贡献与学术影响力在 20 世纪基本低于全球平均水平，但是近年来学术影响力不断提升，尤其中国的学术影响力一直保持稳定上升状态。与此同时，我们还发现种子传播相关研究领域逐渐形成了 5 个研究成果较为突出的典型作者群。

③关键词爆发分析表明，风媒传播一直是种子传播相关研究领域的研究热点，近年来的研究热点主要集中在种子传播过程中的保存及其空间分布格局上。

④就目前情况而言，诸多研究均局限在研究种子传播的数量与传播的距离上，未能系统研究种子更新阶段（种子生产、种子传播、种子萌发、幼苗建成等）的各个过程，由于种子传播后期种子萌发及幼苗建成的监测过程较为费时费力，所以相关研究更为匮乏。此外，科研工作者前期过于关注破坏性的人为干扰对种子传播过程的影响，忽略了有益性人为干扰对种子传播过程的影响。最后，随着种子传播过程中各种数学模型的日益完善，未来我们需要更多地应用数学模型来探讨和研究种子传播过程及其带来的影响。

需要明确的是，本节虽然为种子传播相关研究领域未来的研究方向提供了一定的科学指导，但仍旧存在一定的局限性。首先，我们在文献检索过程中使用主题检索严格限制了检索文献的范围，以期筛选掉与研究主题不符的文献，但是难免会有所遗漏。另外，虽然我们已经明确了主要的研究热点及未来的研究方向，但是依旧需要基于研究热点，借助不同方法进行更加深入的研究。

第二章 种子传播成本与自体传播

第一节 种子传播成本

植物通常被认为是完全固着的有机体，陆地上的植物已经进化出一系列令人印象深刻的生殖特征和形态适应，使其后代远离亲本（Ridley，1930；Salisbury，1942）。对许多植物物种来说，种子或果实传播过程是其生命周期中唯一可以旅行的阶段，虽然所用时间在植物的生命周期中不值一提，但对其幼体命运、种群寿命、物种组成、群落结构等生态过程具有深远影响（Howe et al.，1982；Levin et al.，2003）。

在长期的协调演化过程中，植物与传播者之间构成了较稳定的互利共生网络（mutualistic network）。在种子传播网络中，植物除需要吸引传播者外，还需为其提供生存所必需的养分，作为回报，传播者将植物种子搬运到其他区域，提高植物种群更新的成功概率。在此过程中，需要指出的是，植物吸引食果动物可能具有"高投入"和"低投入"两个模式（Howe et al.，1977）。高投入模式下的亲本植株产生数量少、营养丰富的果实，结果因量少而限制了动物的访问频度，间接地引起动物间的竞争，并促成一些高效的专性传播者。低投入模式下的亲本植株产生数量多、营养较低的果实，故而前来采食的动物间的竞争程度较低，间接促成不同种类的食果动物将种子传播到不同的生境斑块中去。进一步分析发现，动植物间的互作关系中，植物需要付出额外的投资成本来形成形形色色的果肉，而传播者则需要额外取食种子，双方都希望以最少的付出取得最高的收益，因此最终可能达成一种妥协。

植物以部分繁殖体为代价依靠动物传种的策略可能存在巨大的风险。对某种植物而言，食种动物既可能是益大于损的传播者，也可能是损大于益的消耗者。因此，在种子的扩散过程中，动物捕食有着至关重要的影响，这一过程决定性地影响着植物种群的扩散策略。植物的传播策略通常由母体决定，而非种子本身，因为种子的发育成本主要由母体植物支持和供给（De Casas et al., 2012），这即是说，无论是通过可塑性还是形成固有性状变异，这些成本均在种子传播前阶段产生。而在种子发育过程中，生物体也会投资使其能够移动，来增强其移动能力的表型，如发育翅或者促进种子附着到移动媒介的性状。由于这些成本在发育过程中产生，最终由留在原生境的母体支付。因此，深入了解种子传播的成本结构及与其他生活史特征的协变关系对于理解、预测和管理种群的未来至关重要。本节，我们将种子传播过程分解为传播前、传播中和传播后多生活史阶段，探讨了定居前后支付的成本，以及传播过程的能量、死亡成本之间复杂的权衡关系。

一、种子传播的成本类型

按照 Bonte 等（2012）的建议，可以将种子传播的成本分为 4 类：①能量成本，传播中丢失的代谢能量造成的成本，能量成本也包括与扩散相关的特定机制发展所带来的成本，即用于构建特殊扩散器官和组织的能量支出；②时间成本，投入在传播过程的时间而造成的直接成本；③风险成本，增加的被采食风险或在非适宜生境沉积致死的风险，以及损伤（传播器官磨损、受伤）的累积或生理变化所造成的成本支出；④机会成本，放弃熟悉生境所附加的优势。这些成本通常在种子离开母体生境后才会体现其作用，因此发生在离开和移动阶段之后。在这种意义上，种子传播可能会失去通过自然选择在前几代中累积发展的熟悉生境适应优势，增加机会成本的发生。所有成本可以立即发生，抑或在后续事件中发生。例如，传播过程中的器官磨损可能会影响其原定的传播距离。

能量成本和时间成本大概率会影响后续生活史中的机会成本。从实际操作分析，我们很难将机会成本与特定的传播阶段建立关系。例如，植物在寻找新生境消耗的能量和时间本身也会支付机会成本，理论上，植物个体做出的传播决策受到在“新生境”的期望适合度与“旧生境”的期望适合度的影响（Baguette et al.，2007）。因此，个体的机会成本在种子传播过程的所有阶段中普遍存在。机会成本的典型案例是在新生境定居时失去进化获得的优势。例如，新生境适合度下降可直接表现为个体生育率或存活率降低（Bonte et al.，2010；Vandegehuchte et al.，2010）。这种种子传播导致生境变迁所引起的种群适合度降低的现象被称为迁移负荷（Hu et al.，2003）。Burt（1995）的研究认为，植物的迁移负荷显著高于突变负荷，使得迁移负荷补偿了适合度分化效应（Blackledge et al.，2004； Hendry et al.，2007；Hendry et al.，2004；Rasanen et al.，2008），这是因为部分物种可以通过杂合子优势产生的更高繁殖力来补偿（Agren et al.，1993）。

二、不同种子传播阶段的成本与权衡

种子传播前。种子传播前的成本主要指植物种子在发育过程中为实现其传播产生的成本。例如，投资于特殊传播形态结构（翅或绒毛）的开支，或者吸引脊椎动物传播的肉质果实。需要指出的是，生产高质量的果实不一定会传播种子，但会吸引食果动物，间接地影响种子传播效率，但消费部分果实后可能会减少果实的吸引力，使得种子的传播效率呈现非线性变化。此外，与种子传播相关的结构不应被过度视为种子传播前的成本，还可以考虑为传播后定居的投资，因为它有助于种子在崎岖基质上的定居。例如，牻牛儿苗科种子的芒可以吸湿打钻，协助种子进入土壤。能量成本的支出最终也可能会降低母体的适合度，但目前发表的文献中尚未找到量化后的实证案例。

种子传播中。动物体内传播通常指种子通过动物媒介进行传播的过程，如途经动物肠道或利用反刍行为进行传播。当种子通过时间偏长时，肠道通行可能会带来严重的传播成本，使种子被消化失活（Cosyns et al.，2005；Traveset et al.，2003；Traveset et al.，2008）。同样，当种子被二次传播时，如果通过粪甲虫或蚂蚁被埋藏在较深的土壤里会抑制种子萌发，使其成本更高（D’Hondt et al.，2008）。当然，成本也可以降低，如埋藏后逃离种子捕食者、在富营养地发芽（Christianini et al.，2010；Vander Wall et al.，2004）或增加适宜生境的定向传播（Schupp et al.，2010）。许多实证研究显示了与种子传播相关的成本。例如，在传播过程中减少种子休眠阶段的基础呼吸，增加种子内部的有限储备以支持一年甚至更长时间的存活（Arditti et al.，2000）。

种子传播后。现有文献记录最多的是植物的定居成本。在新环境中，种子会经历大量死亡，如被捕食、真菌感染和腐烂（Herrera et al.，1994；Holl，2002；Houle，1992；Howe，1993）。种子发芽和幼苗生长可能会受到抑制（Guariguata et al.，2002；Herrera et al.，1994；Holl，2002；Lehouck et al.，2009），或幼苗死亡率显著增加（Hughes et al.，1992；Jansen et al.，2008；Lehouck et al.，2009）。理论上，这些成本可以在母体生境或与母体植物的任何距离进行支付，但若自然条件下天敌相对较少，种子和幼苗死亡率会随着与亲本植物距离的增加而减小 [Janzen–Connell 效应（Nathan et al.，2004）]。根据这一观点，生境可用性在一定程度上呈空间自相关，Janzen–Connell 效应可能在几十米范围内发生，在更大的距离上，种子到达非适宜生境可能会增加其死亡率。因此，种子传播距离的成本会以非线性形式变化，虽然通过定向的动物体内传播可以补偿远距离生境种子的高死亡率，但竞争增加的密度依赖性调节会为通过非体内传播的种子附加新的成本（Spiegel et al.，2010）。

种子传播的成本权衡。尽管传播成本通常被认为是生命过程的固有属性，但我们发现，在种子传播过程中某些成本可能比其他成本更普遍。因此，一个生活史阶段产生的成本可能会影响其他生活史阶段的成本，并对其他生活史阶段施加选择压力，使总成本最小化。由于成本通常在种子发育或传播前这两个阶段支付，因此在传播过程中表现出的低成本可能是种子发育阶段支付大量成本的直接体现。然而，由于种子传播过程始终高度依赖于环境（如生境条件、天气条件、传播媒介），且在定居成本较高时，植物必然会演化出特定的感知机制（在发育过程中产生成本），并将环境信息转化为离开决策（认知和记忆能力），如种子的光探测能力（Wooley et al.，1978）、温度探测能力（Washitani et al.，1990）。这说明感知能力大概率并非由与种子传播相关的选择压力演化获得，而是多层次选择的结果，如根系的觅食效应。此外，由于传播过程中的风险成本，选择压力可能根据传播后的期望适合度来诱发传播事件，Soons 等（2008）证明了与条件相关的（非随机）种子释放策略，这些策略涉及形态适应，以及根据特定气象条件来判断是否释放种子。感知机制是成本权衡的典型案例，种子传播前支付的风险成本和能量成本会产生积极的反馈，降低定居成本。

种子传播的成本主要通过遗传相关性和（或）上位基因作用于简单或多效遗传来控制，相关的成本可通过表型特征表达，包括形态、生理、行为和生活史特征。当然，成本的大小会根据表型而有所不同，一般来说，环境诱导的种子传播成本将选择表型依赖的传播策略（Clobert et al.，2009）。例如，土壤营养条件、种内竞争、植物高度和邻近植物结构已被证明会影响种子的风媒传播（Soons et al.，2002；Soons et al.，2005）。由于能量限制，局部生境条件恶化及寄生虫的存在会对植物生长产生显著的负效应（Altizer et al.，2000；Goodacre et al.，2009）。此外，生境条件限制会抑制体况不佳的个体传播，但若引起植物体况与传播能力之间的正相关，便会产生“超级传播者”，兼具高适合度和传播能力。当具有这些传播表型的种子沉积在高质量生境斑块中并成功定居时，便会出现银勺效应（生物生长初期的条件对其以后的生长产生影响，较好的环境条件有助于大多数基因型表现的现象；Stamps，2006），相关表型为传播能力强、繁殖体发育快速、繁殖期早和繁殖力高。

第二节　弹射传播

自 Ridley（1930）对植物种子传播研究汇编开始，有关植物传播方式的知识及获得成功传播所必需的特征一直是多数理论和实证研究的主题。例如，种子和果实固有的形态、生物力学形状和结构的多样性是对植物成功传播和适时萌发策略的权衡。弹射传播是植物中常见的种子传播策略。在众多的植物种子传播机制中，弹射传播具有最复杂的机械结构，这个机械结构类似于弹射器，即储存的弹性能被迅速释放，并转化为种子的动能。然而，与弹射器不同，植物并没有类似机械闩锁的东西来积蓄能量，而是通过建造“种子舱”来精细地控制断裂能量成本，即在生物学与物理学间寻求种子传播的最优解，实现种子弹射的高效化能量传递。

研究发现，相比其他种子传播机制，弹射传播更多是作为二次传播的初始阶段（Stamp et al., 1983）。凤仙花属植物可以将种子射到距离母体植物 2.0 m 远的地方，确保其繁殖范围扩大和（或）减少幼苗与亲本植物间的竞争（Hayashi et al., 2009）。在一些物种中，种子的弹射传播也是一种针对食草动物的防御机制。当潜在的食草动物遇到种子舱时，食草动物的触碰引发了弹射机制，迫使昆虫类食草动物逃离。因此，弹射传播不仅是植物扩大生境的一种有效方式，而且还可以在一定程度上保护种子免受食草动物的伤害。

一、弹射传播的种类

根据植物的亲缘关系和进化关系，种子弹射传播机制主要分布在以下科属中，如玄参科（*Scrophulariaceae*）、豆科（*Fabaceae*）、罂粟科（*Papaveraceae*）、百合科（*Liliaceae*）、石竹科（*Caryophyllaceae*）、桔梗科（*Campanulaceae*）、大戟科（*Euphorbiaceae*）、白花菜科（*Capparidaceae*）、茜草科（*Rubiaceae*）、爵床科（*Acanthaceae*）和木樨草科（*Resedaceae*）等。

从弹射过程的能量产生机制角度分析，种子弹射传播机制可分为两大类，即水分吸收机制和水分丧失机制。水分吸收机制指，在果实内部，每粒种子均附有一层蛋白组织，在果实发育膨大期间，随着水分的不断增加，蛋白组织膨胀，开始对果实 / 种子，同时亦对细胞壁施加拉应力，当达到临界压力后，花梗处的细胞壁在脱离区破裂，产生的能量挤出了内部的种子等；与此相对应，水分丧失机制大致相反。

而从具体弹射类型来看，大致可分为流体压力弹射、膨胀盘绕弹射、干燥盘绕弹射、干燥挤压弹射 4 类（表 2.1）。

表 2.1 弹射传播的类型与相关参数

弹射传播类型		种类	种子重量 /mg	弹射速度 /（m·s^{-1}）	弹射距离 /m	弹射持续时间 /ms
水分吸收机制	流体压力弹射	油杉寄生属 *Arceuthobium*	—	—	—	0.1 ~ 0.2
		Arceuthobium americanum	2.0	26.1 ± 0.2	—	—
		Arceuthobium cyanocarpum	0.9	21.3 ± 0.3	—	—
		Arceuthobium cryptopodum	2.3	25.4 ± 0.3	14.6	—
	膨胀盘绕弹射	凤仙花属 *Impatiens*	—	—	—	—
		斑点橙凤仙花 *Impatiens capensis*	10.7 ± 0.4（7.7 ~ 19.7）	1.24 ± 0.14	1.75	—
		腺柄凤仙花 *Impatiens glandulifera*	20.7（8.8 ~ 38.3）	6.19（2.57 ~ 12.4）	0 ~ 10	—
		草茱萸 *Cornus canadensis*	0.024	3.1 ± 0.5	0.025（0.022 ~ 0.027）	0.5
水分丧失机制	干燥盘绕弹射	十字花科 *Brassicaceae*	—	—	—	—
		碎米荠属 *Cardamine*	—	—	—	—
		小花碎米荠 *Cardamine parviflora*	—	—	6.29 ± 2.73	4.7 ± 1.3
		豆科 *Fabaceae*	—	—	—	—

续表

弹射传播类型		种类	种子重量 /mg	弹射速度 /（m·s^{-1}）	弹射距离 /m	弹射持续时间 /ms
水分丧失机制	干燥盘绕弹射	多花金雀儿 *Cytisus multiflorus*	—	—	4	—
		爵床科 *Acanthaceae*	—	—	—	—
		蓝花草 *Ruellia simplex*	—	—	2 ~ 3	—
		牻牛儿苗科 *Geraniaceae*	—	—	—	—
		野老鹳草 *Geranium carolinianum*	—	—	3.29 ± 0.7	—
		斑点老鹳草 *Geranium maculatum*	—	—	3.02 ± 0.76	—
	干燥挤压弹射	大戟科 *Euphorbiaceae*	—	—	—	—
		响盒子 *Hura crepitans*	—	43（14 ~ 70）	30（最大值 45）	0.01 ~ 0.035
		芸香科 *Rutaceae*	—	—	—	—
		美洲八角 *Illicium floridanum*	—	—	2.5 ± 1.4（最大值 5.8）	—
		Viola eriocarpa	—	—	1.2（0.2 ~ 5.4）	—

资料来源：Sakes 等（2016）。

二、不同弹射机制的典型案例

流体压力弹射，最典型的植物当属油杉寄生属（*Arceuthobium*），一种寄生于非洲、亚洲、欧洲、中美洲和北美洲的松科和柏科的植物。油杉寄生属的成熟果实由附着在短茎上的纺锤形球形种子组成，当果实成熟后，内部的水压大于果梗处细胞壁承压极限后，在 4.4×10^{-4} s 内，种子会以大于 20 m/s（初始加速度大于 4700g）的速度弹射而出，传播距离长达 14.6 m（Hinds et al., 1965）。

另一个例子是葫芦科（*Cucurbitaceae*）的喷瓜（*Ecballium elaterium*），主要分布于地中海沿岸地区、安纳托利亚和中国新疆。其种子被半液态的黏液包围，随着果实成熟，果实壁上的细胞层产生了张力，努力向外伸展，当底部的组织断裂时，果实从果梗上脱落，含有喷瓜种子的黏性果肉会被内部压力迫出（图 2.1）。

图 2.1　喷瓜果实流体压力弹射

膨胀盘绕弹射，最典型的植物为凤仙花属（*Impatiens*），约有 900 余种，分布于热带、亚热带山区和非洲等部分地区，少数种类也产于亚洲和欧洲温带及北美洲。在我国已知的 220 余种，主要集中分布于西南部和西北部山区，尤以云南、四川、贵州和西藏的种类最多，果实为肉质弹裂的蒴果（中国科学院中国植物志编辑委员会，2004；Hayashi et al.，2009）。在该属中，繁殖单位通过细胞的盘绕运动启动，具体而言，种子包裹在5个果瓣之内，每个果瓣均是双层结构，即逐渐缩短的内层细胞和通过吸水而膨胀的外层细胞，长此以往，荚片积蓄了大量能量，当果瓣曲率达到临界度时，快速开裂使果瓣能够迅速（3 m/s）恢复成松弛的形状，将之前积蓄的势能转化为种子的弹射动能，快速弹出种子，完成种子的初始传播。

干燥盘绕弹射，最典型的植物为碎米荠属（*Cardamine*），约有160种，分布于全球，主产温带地区。生于平原或高山、砂地、细石地或岩石，少有生于石灰质土，多数生于阴湿处，我国约有39种和29种变种，广布南北各地（中国科学院中国植物志编辑委员会，2004）。在这个属中，繁殖单位由植物细胞的卷曲运动弹射而出，具体来说，果实由两个果瓣组成，种子附着在分隔裂片的胎座框上。在果实开裂过程中，果瓣快速向外弯曲，暴露并发射种子，最大发射速度为12 m/s（平均6.3 m/s）。

干燥挤压弹射，最典型的是大戟科（*Euphorbiaceae*）响盒子属（*Hura*）的响盒子和山靛属（*Mercurialis*）的一年生山靛。该种植物果实为类南瓜形的硕果，由围绕中心轴排列的几个隔室（心皮）组成，果实沿着心皮之间的分离线裂开或在心皮表面出现小的裂开，心皮在脱水过程中，其最薄弱的区域（心皮之间的连接或沿着心皮本身圆周的所谓缝合线）产生张力，最终导致心皮开裂，心皮分裂成两半或心皮与中心柄分离，产生的“挤压”力将其内部的种子弹射而出。在响盒子中，峰值发射速度为70 m/s（平均43 m/s），峰值发射距离为45 m（平均30 m）。

三、弹射传播机制

弹射传播机制的一个重要生态限制因子为种子大小，特别重或特别轻的种子都不能有效地弹射，这是因为种子质量过高的话植物所能积蓄的势能不足以进行有效弹射，而种子质量太轻的话在弹射过程中易受到其他非生物因素的干扰（表 2.2）。此外，每个果实内部种子数量也可能会干扰弹射传播，而该种形式传播所达到的距离，本身亦会受到物理机制的直接限制（Stamp et al.，1983）。

表 2.2　斑点橙凤仙花种子质量、数量、弹射速度、角度及相关能量

指标	平均值 ± 标准误差（样本量）	范围
果实内的种子数 / 个	3.46 ± 0.16（13）	2 ~ 5
种子质量 /mg	10.7 ± 0.4（45）	7.7 ~ 19.7
平均种子弹射速度 /（$m \cdot s^{-1}$）	1.24 ± 0.14（45）	0.20 ~ 4.08
相对于水平方向的平均种子弹射角 /°	17.4 ± 5.2（45）	–57.5 ~ 82.7
种子平移动能 /μJ	13.0 ± 3.1（45）	0.16 ~ 88.9
种子的转动动能 /μJ	0.043 ± 0.011（45）	0.001 ~ 0.46
附加引力势能 /μJ	0.049 ± 0.020（45）	0 ~ 0.27
每粒种子的总转移能量 /μJ	13.1 ± 6.0（45）	0.16 ~ 89.2
每个果实的转移能量 /μJ	45.3 ± 22.0（13）	1.7 ~ 289.7
每个果实储存的势能 /μJ	8870 ± 1360（13）	3000 ~ 16 400
储存的势能转移至种子的百分比 /%	0.51 ± 0.26（13）	0.04 ~ 2.60

资料来源：Hayashi 等（2009）。

植物繁殖单元弹射传播所需的势能，通常是在果实成熟期间累积的。一般而言，果实会在干燥 / 吸涨期间变形，其结构的维持直到应力超过组织所能承受的强度后崩塌，由此产生的断裂十分突然，将使果实壁迅速移位，使种子进入传播轨道，然而，Hayashi 等（2009）的结果显示，植物的弹射结构存在一定程度的不可靠性，导致种子的传播距离离散程度较高、变异幅度较大。进一步分析发现，果实所能积蓄的势能与其结构的含水量密切相关，随含水量降低其储存能量的能力显著下降，理论上，果瓣曲率越高其所能积蓄的能量越高，但植物果瓣的曲率与其细胞排列方式、承受能力高度相关，而细胞的排列方式和承受能力受其含水量的影响，因此，果瓣曲率与含水量间存在权衡机制。

种子离开亲本的距离取决于崩塌过程中释放总能量转移至种子动能的百分比，研究发现，植物果实储存的势能转移至种子动能的百分比通常不到3%，这是否暗示了弹射传播是一种不可靠或效率低的传播方式呢？单从能量转化的观点来看，弹射传播这一种子传播方式在这些物种中几乎是无效的，而从种子实际传播的距离来看，植物的种子分布具有更大的平均传播距离，并且很少有种子在亲本植物附近落地。这可能是因为：亲本植物对幼苗存活产生的选择压力、二次传播机制，以及发射部位的机械设计。此外，弹射距离也受到种子弹射角度、种子质量、种子形状和空气阻力的影响（Beer et al.，1977）。尽管目前还没有关于种子弹射过程中能量转移效率的可比数据，但不同物种中弹道机制的相对有效性可以从它们产生的种子传播模式中推断出来（图2.2）。

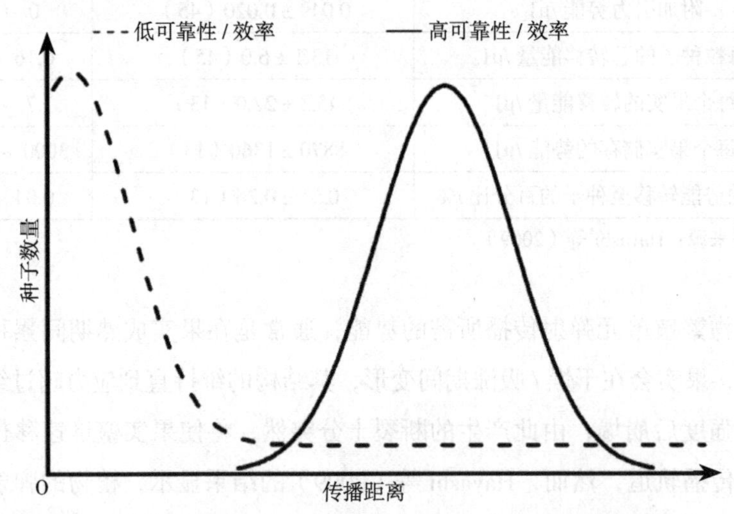

图2.2　不同可靠性/效率的植物种子数量与种子传播距离关系

第三节　吸湿性传播

种子是植物种群延续和拓展空间的重要载体。同植株上的各个器官一样，种子及其附属物形态结构和生理功能都会对环境变化做出响应，而表现出一系列的适应性特征。同时，作为植物生活史的起点和终点，种子具有独立存在的时间和空间，本身就可以作为一个完整的个体，承担着植物适应进化的选择作用。

图 2.3 为短花针茅（*Stipa breviflora*）种子，是一种多年生草本植物，分布于内蒙古、宁夏、甘肃、新疆、西藏、青海、陕西、山西、河北、四川等省份。多生于海拔 700 ~ 4700 m 的石质山坡、干山坡或河谷阶地上。颖果长圆柱形，绿色，长约 4.5 mm，芒两回膝曲扭转，第一芒柱长 1 ~ 1.6 cm，第二芒柱长 0.7 ~ 1 cm，具 0.5 ~ 0.8 mm 的柔毛，芒针长 3 ~ 6 cm，具 1 ~ 1.5 mm 的羽状毛，花果期 5—8 月。

图 2.3　内蒙古荒漠草原短花针茅种子的吸湿性运动

当种子干燥时，芒内会产生压力，导致芒突然分离，并将种子抛离母体植物一段距离（弹射传播）。脱离母体植物后，种子可借助风力作用和芒的吸湿作用在土壤表面行走（图 2.4）。这种由种子附属物主导的运动通常被称为“吸湿性运动”（hygroscopic movement），吸湿性运动是一种依赖于死亡组织含水量变化的被动运动，通常这些组织由死细胞构成，且细胞富含硬质纤维素微纤维、半纤维素、木质素、多糖和结构蛋白等不定型基质，并以螺旋形式呈现。其中，有一类繁殖体既可以通过附有的芒进行运动，又可以通过繁殖体基部尖端穿入土壤，被称为锥形繁殖体（*Trypanophorous diaspore*）。其芒和基部尖端共同构成了一种叫吸湿打钻的结构，这种结构使繁殖体拥有一些独立于其他繁殖体的适应特征，也使得它在选择进化过程中的适应意义更广泛、更复杂。

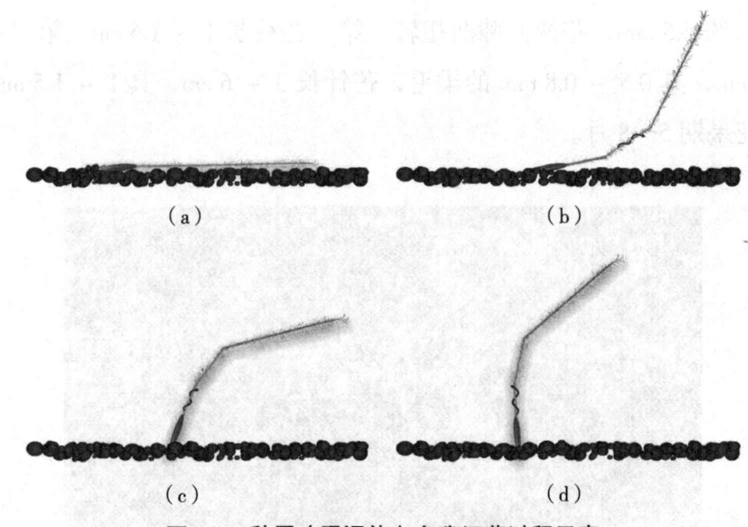

图 2.4 种子（吸湿体）自我埋藏过程示意

一、吸湿性繁殖体的结构

吸湿性繁殖体的结构，主要是指除种子以外的附属结构，包括芒、刚毛、柔毛等几种形态。其中芒是一个附属于心皮、颖、外稃或内稃的顶点、背部或基部延长的类似于刚毛的结构，在功能上可以分为吸湿性主动芒（hygroscopically active awn）和刚性被动芒（rigid passive awn）。吸湿性主动芒在形态上由于膝曲的有无和数量（一回膝曲、两回膝曲），芒在各个部分（第一芒柱、第二芒柱）的长度、资源分配、弯曲度等存在很大的差异。锥形繁殖体的另一重要结构就是种子基部的顶端，从形态上可分为尖端和钝端两种，这在一定程度上代表了繁殖体穿透土壤定殖的能力。此外，刚毛或柔毛附着于繁殖体基部、种子、芒等不同的位置构成了繁殖体多种多样的形态特征。

在禾本科植物中，芒是穗部的重要结构，属于叶的变态，是植物长期适应环境和进化的产物。芒是禾本科植物小花外稃或颖片顶端的一种针状延伸，从基部到顶端逐渐变细。其表皮含有不同形态的细胞，如较狭长的细胞、卵状或方形的短细胞和厚壁而尖细的单细胞。其中，较狭长的细胞具有波状加厚的壁；卵状或方形的短细胞表现为芒表皮上的乳头状突起；厚壁而尖细的单细胞向前斜生，使得芒表面较为粗糙。芒的近轴端无气孔和绿色细胞，是芒的非绿色区域，其表皮细胞的细胞壁明显增厚，这对于减少水分散失和维持芒的形态起到重要作用。

芒表现出各种形态，以适应不同的种子传播模式。吸湿芒是繁殖体吸湿打钻结构中最重要的部分，通常分为螺旋部、膝曲部和尾部。虽然吸湿芒的长度、大小和形状在不同属内甚至相同属不同物种间存在差异，但却具有一个共同的结构特征，即螺旋部和尾部。吸湿芒对大气湿度极为敏感，会随着大气的干湿变化而循环地发生扭转螺旋和解螺旋的现象，这被称为芒的吸湿运动。空气湿润时，芒的螺旋部会发生解螺旋现象，空气干燥时，则发生旋转扭成螺旋。芒的尾部并不扭转，通常与螺旋部呈一角度。

锥形繁殖体主要存在于牻牛儿苗科和部分禾本科的植物中，这种特征代表了这两个不同科植物在进化上的适应趋同（Ghermandi，1995）。在禾本科植物中，进行吸湿运动的结构是通常意义上的芒，具有一回或两回膝曲。同时，芒的基部还存在一个关节点（articulation point），在这个位置上很容易与种子分离。除此之外，在繁殖体的基部常常存有基盘（callus），上面附有向后的细硬短毛。有一些禾本科植物，除吸湿芒外还拥有刚性芒。在牻牛儿苗科植物中，进行吸湿运动的结构是心皮芒（carpel-awn），附属于心皮，是花柱的一部分。繁殖体的基部没有基盘的结构，但仍拥有尖端（心皮尖），且质地较硬，有类似于禾本科植物基盘的作用。

二、吸湿性运动的生物学机制

繁殖体的打钻过程主要是指芒螺旋部的解螺旋和再扭成螺旋的过程。从细胞学的角度来看，芒螺旋部的这个动作是一种吸涨机制，它的产生是基于芒内两个邻近细胞群的拮抗行为，细胞变形的程度由微纤维和细胞长轴之间的角度，即微纤丝角（microfibril angle）决定。Stinson 和 Peterson 在 1979 年以野燕麦（*Avena fatua*）的芒为例解释了芒吸湿运动的细胞学机制。他们指出，芒螺旋部的中间区域存在着对称的加厚细胞，这些细胞高度木质化，不受环境湿度变化的影响。螺旋部的外层细胞木质素含量很低，干燥时细胞壁变薄，细胞半径变短。而细胞壁上呈螺旋状排列的纤维素微纤维的长度是恒定的，当细胞半径变短时，只有细胞长度增加才能维持纤维的原有长度。在外层细胞延长的时候，调节内外层细胞长度差异的唯一途径就是较长的外层细胞围绕内层细胞扭转成螺旋。扭转过程中，由于外层与内层的细胞束缚在一起压缩了内层细胞，这导致干燥时芒螺旋部要比湿润时短。即便如此，干燥时芒外部螺旋的长度仍然比湿润时的芒螺旋部要长（Stinson et al.，1979），这是外层细胞在干燥时延长的结果。

而从生物物理学角度来看，涉及弯曲的吸湿运动是基于双层结构的细胞，其中一层在干燥时比另一层收缩更多，导致弯曲运动（Fahn et al.，1972）。2013 年，Abraham 等定义了两种角度来描述微纤维的方向：倾斜角表示纤维素螺旋轴和细胞长轴之间的角度，以及与纤维素螺旋轴相关的纤维素微纤丝角。正常的纤维素螺旋构型倾斜角为零，普遍存在于具有机械作用的细胞中（Barnett et al.，2004）。当这些细胞干燥时，细胞壁的吸湿成分（非晶体基质）各向同性收缩。非倾斜的螺旋纤维素支架在干燥细胞中引起扭曲（Gillis et al.，1973），即纤维素螺旋轴相对于细胞的长轴倾斜时，引起了垂直于细胞长轴的收缩，导致细胞在扭曲时弯曲，这导致细胞的卷曲（Aharoni et al.，2012）。

从芒内外两层的细胞功能来看，内层细胞在干燥过程中会产生较大的形变，表现出高的纤维素微纤丝角，这一层决定了芒的形状是弯曲的还是卷曲的。通常，由纤维素螺旋的细胞组成的内层将产生弯曲的芒，而由卷曲的细胞（倾斜的纤维素螺旋）组成的内层细胞将把芒卷成线圈。外层细胞具有相对较低的纤维素微纤丝角（10° ~ 20° ）和 0° ~ 2° 的螺旋倾斜度，具备将芒的质地变硬的功能。在储能或弹射植物种子的装置中，芒的刚度对于干燥过程中的张力积累至关重要。

三、打钻过程与影响因素

1. 吸湿性繁殖体打钻过程

吸湿性繁殖体成熟后从植株上脱落，通过芒的吸湿运动在土壤表面行走，当遇到障碍时不再移动。此时繁殖体基部尖端可以穿透土壤表层，并依赖其上所附有的向上或者向后的细硬刚毛来锚住土壤。一旦繁殖体锚住土壤后将会固定在这个位置上，芒的吸湿运动使其在垂直方向上移动。刚毛的锚住作用使繁殖体在运动过程中只能前进不能后退，从而使繁殖体不断地进入土壤。

锥形繁殖体在打钻过程中要使行为有效必将向土壤施加压力，只有这个压力大于土壤产生的抵抗力时繁殖体才能进入土壤，这类似于根穿透土壤。大多研究者认为，种子能够钻入土壤是由于芒的尾部抵在地面或者其他障碍物上的结果，这使芒被阻力束缚时获得了一个杠杆作用。因此，在锥形繁殖体打钻过程中有 3 种力可能发生作用，一是解螺旋过程中芒产生的扭力；二是解螺旋过程中芒螺旋部伸长所引起的向下穿透的力；三是芒尾部作为曲柄在旋转过程或者抵住障碍时所产生的杠杆力。Stinson 等（1979）测得野燕麦的芒在解螺旋的过程中可以产生 6.5×10^{-5} Nm 的扭力。

此外，Elbaum 等（2007）的研究显示，小麦种子芒的弯曲运动是可逆的，循环性的湿度变化可导致芒的周期性运动，类似于蛙腿的游泳动作。需要注意的是，在小麦种子成熟后的干燥期，其自然生境亦存在一个循环性的湿度变化；白天，空气干燥，但到了晚上，随着温度下降，湿度上升。这意味着芒可以提供种子传播所需的运动能力。禾谷类作物的种子从母穗上脱落时，每个种子播散单元中2个明显的芒可以起到保持平衡的作用，使得成熟种子的胚端先着地，促进种子萌发。为了将种子钻入到土壤中，种子表面与土壤间必须存在巨大的摩擦力，这很可能是由硅质毛提供的，这些种皮毛以棘轮的方式将繁殖体与土壤连接起来。当芒弯曲时，芒表面斜生的倒刺可固定在土壤中，阻止种子向上移动，这说明芒在促进种子繁殖上起到“自我掩埋”作用。同时，芒表面坚硬的硅质毛可阻碍害虫和鸟类飞落，减少害虫在穗上产卵的机会，有利于预防鸟害和虫害；尖锐的芒还可阻止动物摄食，起到保护种子的作用；进入到土壤中的种子还可以减轻极度干旱、火灾等自然灾害的损失。

2. 吸湿性繁殖体打钻效果及其影响因素

一般来说，锥形繁殖体的打钻作用是由空气湿度引发的，微量的水甚至是露水也可以启动这个机制。一旦开始打钻后通常需要几个循环的螺旋和解螺旋的动作才能够使种子完全进入土壤。Schöning 等（2004）指出细茎针茅（*Stipa tenacissima*）需要 6 ~ 14 个循环来使种子进入土壤。种子埋入土壤后打钻的动作并不会立即停止，而是会继续进行，直至其中的某一个环节停止运转。因此，打钻作用的结果就是使种子埋藏在一定的深度。

不同吸湿性繁殖体对空气湿度变化的反映也不同，一些繁殖体的芒螺旋部可以在润湿后迅速打开，有些则需要较长的时间。这些差异影响着繁殖体的打钻过程，主要反映在最终的埋藏深度上。此外，打钻作用还要受到所处环境中土壤基质的影响。例如，在土壤粒度较细的地表上，种子更倾向于沿着土壤表面移动，而在土壤粒度变幅较大的地表上，更有利于种子打钻定殖。一般而言，在相同植物群落内，结构性土壤中含有更多具吸湿性芒的种子，这意味着稳定的大小不同的孔隙和团聚体系统土壤，种子更容易固定。Stamp（1984）设置了沙土（< 1 mm）、中等沙砾［（25 ± 2）mm］、粗砾［（74 ± 6）mm］、混合土样等几种土壤基质，研究了白茎牻牛儿苗繁殖体的打钻过程。他发现种子完全埋入在中等沙砾层需要 5 个干湿循环，在粗糙的沙砾层需要 8 个干

湿循环，而在各种粒级的混合土壤基质里则需要 40 个干湿循环。显然中等沙砾的基质更有利于繁殖体的打钻。

凋落物的覆盖或者土壤有裂缝都会影响繁殖体进入土壤的深度。凋落物的存在被认为可以使吸湿芒在移动中获得杠杆作用，促进打钻的进行。土壤裂缝对吸湿性打钻非常重要，目前尚没有研究明确指出繁殖体可以在一个没有裂缝的表面完成打钻过程。裂缝的大小也影响打钻的效果。过大的裂缝虽然可以使繁殖体掉入，但是其在缝隙内却左右晃动不易锚住；裂缝过小，则需要通过繁殖体的穿透作用来移动土壤颗粒。

四、吸湿性繁殖体的功能和适应

植物繁殖体的结构通常被认为是实现繁殖体趋远传播的一种适应。例如，冠毛、翅和柔毛等结构可以增加繁殖体与空气接触的表面积，降低繁殖体降落的速率，使种子被风媒传播得更远。钩、刺等结构可以黏或扎在动物的皮毛上，借助动物进行传播。锥形繁殖体也有类似的结构，芒的存在可以降低繁殖体下降的速度，芒上的柔毛在空气干燥时竖起增加空气浮力，增强风力的传播。芒、刚毛和繁殖体基部尖端等结构可以增加动物的传播。此外，锥形繁殖体的吸湿芒也可以通过吸湿运动使繁殖体在土壤表面“行走”。例如，麝香牻牛儿苗（*Erodium moschatum*）的锥形繁殖体通过吸湿运动可以在地表移动 7 cm。

但是，锥形繁殖体的结构却不仅仅是为趋远传播服务的，有些结构甚至阻止趋远传播或者和趋远传播没有必然的联系。在这之中，每一部分都分担着不同的功能。繁殖体上附有的向上或向后的刚毛或钩状毛有锚住作用，除锚在动物皮毛上借助动物传播外，更重要的是可以锚住土壤，阻止远距离传播。繁殖体上柔毛的覆盖可以减少由于蒸发所带来的水分损失。吸湿芒的膝曲可以指导繁殖体降落的方向，还有一些刚性芒、刚性冠毛等也具有同样的作用。对于繁殖体尖端的作用，大部分研究提到它可以穿透土壤表面，但多限于有裂缝的土壤。吸湿芒螺旋部的吸湿运动广为人知，芒上的柔毛本身也可以通过吸湿带动繁殖体的运动。繁殖体上刚性芒的存在可以束缚吸湿芒所发生的扭转，导致束缚被解除时释放出更大的力量。Raju 等（1983）对野燕麦的研究表明，吸湿芒还可以通过外稃的背脉和花梗的脉管系统吸收和运输水分。

因此，锥形繁殖体的结构不仅是对传播的适应，它们的功能几乎在植物生活史的各个阶段上都有表现，是对生活史各个阶段的适应。芒吸收和运输水分一方面有助于颖果从植株上脱落后完成后熟；另一方面也可能促进种子萌发。Schöning 等（2004）在繁殖体的去芒实验中发现带有完整芒的繁殖体萌发更迅速，推测与芒增加了繁殖体的水分吸收有关；而 Liu 等（2019）认为繁殖体的芒柱抑制了种子的萌发（图 2.5），种子成熟以后，繁殖体借助芒的扭转从小穗上脱落（Raju et al.，1983），在风或其他动物媒介的帮助下进行种群的扩散，在此过程中，芒柱的存在抑制着种子的萌发，避免其在不利的条件下萌发，试想如果种子在扩散过程完成前进行了萌发，显然不利于种群的拓殖与繁衍。

种子成熟以后，繁殖体借助芒的扭转从小穗上脱落，减少繁殖体在植株上的滞留时间，这可能和避免错过适宜的建成机会有关。繁殖体降落的方向对锚住土壤有很大的影响，竖直或者以一定角度着地能够促进繁殖体的自我埋藏行为。而且，锥形繁殖体的小胚位于几乎邻近基部尖端的位置，以这个位置充分接触土壤有利于繁殖体对水分的吸收，可以获得更高的萌发率。因此，具有导向作用的结构是繁殖体自我埋藏和更好萌发的一种适应。吸湿芒在土壤表面缓慢移动，可以增加发现安全地的可能性。繁殖体的锚住作用在水平方向上表现为阻止繁殖体的远距离传播，有利于种子滞留于母体植物附近，是对适宜萌发地的选择。在垂直方向上锚住作用表现为阻止种子从埋藏的裂缝中退出，辅助自我埋藏。此外，这种锚住作用还可以在种子萌发时固定住繁殖体，帮助胚根在实生苗干化死亡前穿透土壤表面，从而增加了实生苗成活的机会。

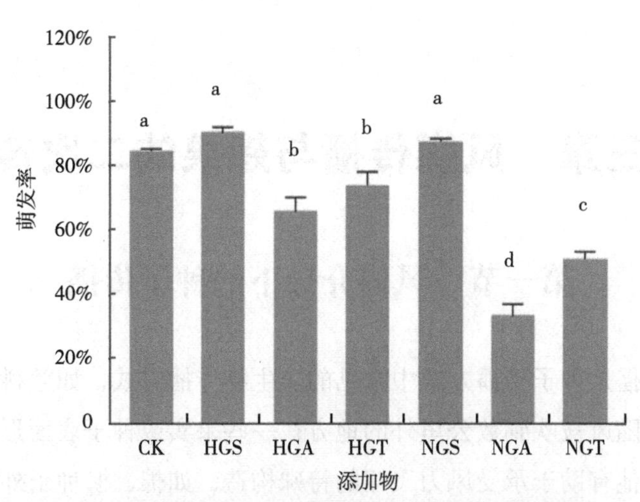

图 2.5　短花针茅添加物对供试白菜种子萌发的影响特征

（注：图中 HGS、HGA、HGT 依次表示重度放牧处理下短花针茅种子、芒、种子 + 芒；NGS、NGA、NGT 依次表示不放牧处理下短花针茅种子、芒、种子 + 芒；CK 为对照处理。不同小写字母表示存在显著性差异，$P < 0.05$）

然而，锥形繁殖体最重要的功能仍然是通过吸湿打钻结构使种子完成自我埋藏。锥形繁殖体上许多部分的结构最终都是为这个总功能服务的，通过这个特有的功能使植物形成了对环境压力的有效适应。繁殖体打钻的自我埋藏作用可以使繁殖体有效地躲避火烧和捕食所带来的损失。Schöning 等（2004）认为细茎针茅的芒在种子钻入土壤以后从关节点脱离，可以避免被食谷类动物发现而取食，这是对动物捕食的一种适应。在火灾频发的西非萨旺纳草原，短梗苞茅（*Hyparrhenia diplandra*）吸湿芒的多样性使种子被埋藏在不同深度的土壤中，保证了不同火灾强度下都有一定数量的实生苗可以存活，是对火灾的适应。

第三章　风媒传播与翅果的二次传播

第一节　风媒介导下的种子传播

风媒传播是种子传播方式中常见的非生物传播方式，如兰科植物的种子小而轻，可随风被吹到数公里外的地方；一些果实或种子表面形成了絮毛、果翅，或其他有助于承受风力飞翔的特殊构造，如棉、柳种子外面都长有长长的絮毛，蒲公英果实上长有降落伞状的冠毛，槭、榆等种子的一部分果皮和种皮铺展成翅状，酸浆的果实外面包有花萼形成的气囊，这些都是适应于风媒传播的特有结构。在温带植物群落中，10% ~ 30% 的种子及约 70% 的植物物种更适合通过风媒进行传播（Willson et al.，1990）。更有研究认为，任何种子都会受到风的影响（Van Rheede et al.，1999），任何类型的植物繁殖体也都会受到风的影响(Nathan et al.,2011)。风可以加快种子的横向传播速度，水平方向的强风可以延长种子的传播时间和传播距离。

种子附属物结构将显著影响种子的传播方式，并且具毛或翅的种子会受到上升气流的影响，这更有利于风媒传播。具翅的种子通常会以旋转的方式下落，翅大小与传播速度密切相关，其中，终端速度和翼载荷一般被认为是评估种子风媒传播的重要指标。

一、依靠风媒传播的植物种子特征

依靠风媒传播的植物果实和种子一般具有以下特征。①细小质轻，能悬浮在空气中被风力吹送至远处，如兰科植物、稗（*Echinoch loa crusgalli*）、马唐（*Digitaria sanguinalis*）、反枝苋（*Amaranthus retroflexus*）的种子。②果实或种子的表面常生有絮毛、果翅，或其他有助于承受风力飞翔的特殊构造。例如，棉花（*Gossypium hirsutum*）、萝摩科（*Asclepiadaceae*）、杨柳科（*Salicaceae*）的种子外面都有细长的绒毛（棉絮和柳絮）；蒲公英属（*Taraxacum*）、紫茎泽兰（*Eupatorium adenophorum*）、小飞蓬（*Conya canadensis*）、一年蓬（*Erigeron annuus*）、飞机草（*E. odoratum*）、康香飞廉（*Carduus nutans*）等菊科瘦果上有花萼特化形成的降落伞状冠毛；白头翁（*Pulsatilla chinensis*）果实上带有宿存的羽状柱头；槭属（*Acer*）、榆属（*Ulmus*）等的果皮边缘及油松（*Pinus tabuliformis*）、云杉属（*Picea*）、滇油杉（*Keteleeria evelyniana*）等的种皮铺展成翅状；酸浆属（*Physalis*）、叶子花（*Bougainvillea spectabilis*）、栾树（*Koelreuteria paniculata*）、木荷（*Schima superba*）、檀香紫檀（*Pterocarpus santalinus*）等的果实有薄膜状的气囊；马兜铃（*Aristolochia debilis*）种子边缘具白色膜质宽翅；何首乌（*Polygonum multiflorum*）种子包于宿存增大的花被内。③在草原和荒漠上，有些植物种子成熟时，球形的植株在根颈部断离，随风吹滚，分布到较远的场所，如风滚草、刺藜（*Teloxys aristata*）、猪毛菜（*Salsola* sp.）等。风滚草指的是一类能随风滚动的草，在滚动过程中不断散放种子。例如，叉分蓼（*koenigia divaricata*）种子近熟时，茎基部就变得很脆，天气干燥和强风吹刮时，茎与根部断开，植物就随处滚动；二色补血草（*Limonium bicolor*）种子成熟时，整个植株会被强风连根拔出，脱离原处而滚动；每当晚夏或初秋季节，草原时常下雨，并有大量霜露，这时防风（*Saposhnikovia divaricata*）茎与根交接处易腐烂，断开后随风滚动；鬣刺（*Spinifex littoreus*）是生长于华南及东南亚沿海地区的植物，被称为热带海滩风滚草，果序呈放射状圆球形，果实脱落后可以在海边沙滩上遇风飞快地滚动，种子落地不久即能萌发成苗。

二、风媒下植物种子的空间传播力

沉降速度是风媒传播能力的一个重要指标，与传播体的形态和重量相关。水平传播距离亦是重要的风媒传播特征，能直接反映种子的传播能力。这部分以具有附属毛的杂草种子为试验材料，探究其在风的作用下传播能力及其与种子外表结构、生境之间的关系，以期了解这些物种种子的结构特征、风传潜力及其对环境的适应策略。

1. 植物种子的传播能力

不同植物种子个体间沉降速度的离散程度随着高度增加而逐渐变大，说明种子自身特点对于沉降速度的影响随着下落高度的增加逐渐显现，即种子在空中停留时间越长，个体差异越显著，标准差越大，离散程度越大。在低空条件下，种子的冠毛和质量等宏观特征对散落距离的影响不明显，伴随着高度的增加，冠毛和质量等因素对于滞空时间延长和飞行距离增加的影响更加凸显。不同植物种子的水平地面传播能力与果长、毛长及毛数都呈极显著正相关，而在垂直降落中仅与毛长相关，且相关系数较小，据此可推测当种子在水平地面上传播时（自身重量影响减小时），毛长和毛数对传播的辅助影响效果增大。这也是植物适应环境及自身需求的表现。不同杂草种子的沉降速度越小（越容易飘浮于空中），受到瞬时恒定风力后在水平地面的传播距离相应越远。据此推测，在自然条件下，大部分具有附属毛的风传种子，无论是飘浮于空中或是已经落地，都有横向飘动传播的可能，且下落速度越缓慢的种子，其横向传播潜力相应越强。

2. 传播能力与毛重 / 果重、种重 /（毛长 × 毛数）的关系

毛重 / 果重与沉降速度、水平移动距离不存在相关性，说明种子传播能力不能单从质量分配考虑，其结构是影响种子水平传播的重要因素，如毛长、毛数等。种重 /（毛长 × 毛数）即种子的重量与毛长和毛数乘积的比值，表示单位毛长上所承受的种子重量。不同植物种子的沉降速度与单位毛长上承受的重量呈极显著正相关，说明不同植物每根冠毛或附属毛负担的重量越大，种子沉降速度越大。假设种子冠毛或附属毛的宽度一致，即可理解为单位面积的冠毛上承受的重量越大，种子沉降速度越大。在固定风速下，植物种子的水平移动距离分别与单位毛长上承受的重量呈极显著负相关，其中菊科植物表现得更为明显，即每根冠毛或附属毛负担的阻力（此处仅考虑种重引起的摩擦力）越小，移动的距离越远。禾本科植物种子的水平移动距离与种重 /

（毛长 × 毛数）不存在相关性，有可能是因为禾本科种子的附属毛分布不如菊科的冠毛分布有规律，附属毛与颖果夹角大小不一，部分附属毛作用不大，导致承受种子阻力和风力的附属毛数量与参与计算的附属毛数量不符。

3. 菊科种子的沉降速度、水平移动距离与结构的相关性

菊科种子的沉降速度和结构特性（种长、毛长、毛数、小刺对数）呈极显著正相关，而郝建华等（2010）试验结果表明，冠毛数量与沉降速度呈负相关，冠毛长度和小刺对数与沉降速度之间均呈极显著负相关；张建等（2014）报道，菊科种子沉降速度与种长、种宽、小刺对数呈极显著正相关，与毛长和数量均无相关性。该试验结果与郝建华等（2010）和张建等（2014）研究结果不同，可见所用菊科种子种类不同、形态不同，导致结构数据对传播效果影响程度不同，种子个体的饱满程度、成熟度及水分、冠毛张角等差异也可能影响整体试验结果。

花奕蕾等（2017）试验结果表明菊科植物种子的水平移动距离与种长呈极显著负相关，与毛长呈显著负相关，与其余结构因素不相关。郝建华等（2010）报道菊科植物种子的水平扩散距离与冠毛的长度呈显著正相关，与花奕蕾等的试验结果恰恰相反，其原因可能在于花奕蕾等的研究方法是测量种子在水平面上受风力影响后的移动距离，而郝建华等的研究方法是将种子在一定高度受风后释放。

花奕蕾等（2017）试验结果表明，越长的冠毛对应于越长的瘦果长度（$r = 0.880$，$P < 0.001$），可能对应于越大的瘦果质量，即冠毛越长，可能受到的水平面摩擦力越大。在横向传播过程中，冠毛、瘦果与空气间的摩擦力小于与水平面接触的摩擦力。郝建华等（2010）研究结果表明，冠毛长度对于种子横向传播更具辅助功能。

4. 禾本科种子的传播能力及传播策略

禾本科植物种子在水平移动距离上普遍大于菊科植物种子。这可能与菊科植物和禾本科植物的种子结构有关，二者种子形态相似又不尽相同，以钻叶紫菀、蒲苇为例，菊科植物种子多为伞状，冠毛排列较为整齐且有明显的

圆面或圆锥面结构，毛的质地较硬，伸展平直，且毛上有小刺，瘦果表面凹凸不平或有小刺，仅一端与冠毛相连；禾本科植物种子带附属毛，其附属毛质地柔软易变形，无小刺，伸展向各个方向，附属毛基本包围颖果，颖果多呈纺锤形，有些颖果拖有长尾（如蒲苇、芦苇），表面较菊科瘦果无刺，相对光滑。

卫智军、吕世杰在苏尼特右旗长达10年的观测发现，针茅植物种群的种子传播策略比较复杂。首先，短花针茅和克氏针茅植物种群的种子具有尖锐基盘，容易刺入动物皮毛或土壤；芒两回膝曲扭转或光滑（短花针茅扭转，克氏针茅光滑），在风力的作用下，针茅植物成熟的种子容易掉落，或者当有动物经过时附着动物皮毛上，然后在风力作用下，依靠芒的旋转进一步固定在动物皮毛上或者钻入土壤；也有报道指出，相对于风力的作用，可能干湿交替会对针茅种子钻入土壤更为有利。

同样在苏尼特右旗，糙隐子草和无芒隐子草在种子成熟后，其整个植株（或单个分蘖枝条）容易从近地表处脱落，形成类似于球状（或圆形）的结构，在秋冬甚至春季风力的作用下，沿风向迅速滚动，可远距离传播；在存在围栏的情况下，其常与猪毛菜等混合挂在围栏上，形成松软的植物墙，容易引发火灾。当地的牧民根据隐子草（无芒隐子草和糙隐子草）在风力作用下的滚动状态，称之为“八条腿”。隐子草在滚动的路径中，完成其有性繁殖中种子传播的过程。

5. 沙尘暴对植物种子的传播

沙尘暴（sand-dust storm）是沙暴（sand storm）和尘暴（dust storm）两者兼有的总称，是指强风把地面大量沙尘卷入空中，使空气特别混浊，水平能见度低于1 km的天气现象。沙尘暴是一种强劲的风动力，是生物扩散过程中传播距离最远的自然传播方式，是微生物和植物的果实及种子进行异地传播的主要途径。沙尘暴具有全球性，这对于以风媒进行扩散的植物繁殖体是最好的方式，特别是那些在进化和适应过程中果实或种子具扩散器、种子千粒重较小的植物，借助于沙尘暴不仅在沙源区进行扩散，完成沙源区植物的恢复与更新，也促进全球不同区系植物种子的分布。

内蒙古阿拉善荒漠灌木果实类型分析表明，果实千粒重由大变小，形状由卵形向球形和圆形变化，同时还衍生出特殊的种子扩散器，如冠毛、翅等，这些形态特征完全是适应荒漠中风动力而形成的。沙尘暴作为一种种子远源传播媒介，对有上述特征繁殖器官的植物应具有更强的传播能力，所以沙尘暴对荒漠区植物种子传播和荒漠植物的更新具有重要的生态流作用。

卫智军、吕世杰和刘红梅等在苏尼特右旗的长期野外试验观测中也发现这一现象，在苏尼特右旗朱日和镇哈登胡舒嘎查的荒漠草原，虱子草（*Tragus bertesonianus schult.*）植物种群在2005年出现大面积爆发，且在2010年零星出现，原因可能是2004年的一场大的沙尘暴将虱子草种子广泛引入，其属于一年生禾本科植物，颖果第一颖退化成微小体，膜质，第二颖革质，背部具5条肋刺，顶端无明显伸出刺外的尖头。一般情况下，其颖果芒刺通过附着在动物皮毛或者人类衣服上达到远距离传播效果，但是沙尘暴能够使其远距离传播的过程未见报道。因此，虱子草可能依靠风媒进行远距离传播，颖果芒刺和膜质构造符合特定条件下空气动力学特征，但这一推断需要通过一系列的观测和科学研究验证。

三、风媒传播植物种子的非随机释放

在风媒传播的植物物种中，风介导下的种子释放（或种子脱离母体）不仅仅是种子传播的第一步，也是植物移动关键性决定因素（Wright et al.，2008；Nathan et al.，2011）。具体而言，果实/种子成熟和释放阶段的环境条件可以显著影响传播距离（Kuparinen，2006；Nathan，2006；Soons et al.，2008）、传播方向（Savage et al.，2010）及到达有利生境的概率（Cousens et al.，2008）。研究发现，种子释放时间首先会受到植物物候的调控，而物候则受到日积温和日照长度的影响（Cleland et al.，2007）。对于风媒传播的植物物种，一旦到达种子释放的物候阶段，白天种子释放时机受到许多短期外源性和内源性因素的控制。在几乎所有被子植物中，白天（或长时间的）低湿条件会加速种子与植物连接处维管组织的干燥，促进产生阻力的纤维膨胀（Greene et al., 1992; Roberts et al., 2000; Greene et al., 2005; Greene et al., 2008)。维管组织的脆化为种子释放奠定了基础。

部分纯理论研究认为，种子脱离母体植物是一个瞬时过程，当风力大于种子与植物之间组织连接的阻力阈值种子便会释放，超过阈值后，种子释放与风速无关（Schippers et al., 2005; Stephenson et al., 2007; Bohrer et al., 2008; Soons et al., 2008）。从母体植物脱落区解剖学角度分析发现，机械应力（风力作用）加速了组织的破裂，导致脱落区破损面积的发展（Elgersma et al., 1988; Roberts et al., 2000; Thurber et al., 2011）。因此，尽管在没有任何风（仅有重力）的情况下种子自发性释放也会发生，但风阻提供的机械作用加快这一进程，表明阻力在种子释放过程中起着核心作用，因为在自然界中极少存在完全无风环境。目前，研究人员提出两种风阻对种子释放影响的假说：①最大偏转角，即存在种子脱离母体植物的最大偏转角阈值，风会将种子推至与维管束成锐角，一旦偏转超过最大角度，脆性组织立即发生开裂并导致种子释放；②金属疲劳效应，即脱落区的组织存在金属疲劳，当脱落区组织和结构受到风力多次重复变化的载荷作用后，应力值虽然始终没有超过脱落区组织的强度极限，甚至在比弹性极限还低的情况下便可能发生破坏，进而释放种子。这意味着在高风速场景中，种子驻留母体植物的时间会缩短，由于单位时间的累积应力高，种子会在中风速至高风速下释放（Pazos et al., 2013）。相反，在低速环境中，平静时期的累积应力较低，尽管在低风速下种子也会自发脱落，但（平均）驻留时间更长，增加了在高湍流风速事件中脱落的机会。例如，Blattner 等（1991）发现，较长的驻留时间会导致植物空间传播格局更为均匀。此外，上述过程还会受到空气湿度的调节。例如，高相对湿度会减慢维管束和脱落层细胞的干燥（Roberts et al., 2000; Greene et al., 2005; Marchetto et al., 2012），减少脱落区的累积应力，延迟种子的脱落。这即是说，不仅瞬时风速，种子成熟“史”及成熟期内的风速“历史”均会对种子脱落发挥作用。种子释放是一个非随机过程现象，可减少低风速和高风速情况下种子释放的差异。

也有研究认为，风速的变化（多数由湍流引起）在种子释放–种子传播的整个过程中发挥了重要作用，高风速环境比低风速环境更容易发生远距离传播事件（García et al.，1998）。然而，在低风速时期与偶尔的高风速、湍流事件（如欧洲夏季的几场夏季风暴）交替出现的情况下，非随机种子释放引发的种子传播距离甚至会高于高风速情景。因此，非随机种子释放的适应性在风平浪静和大风环境下均能显著增加传播距离。Soons et al.（2008）的研究支持了这一观点，其认为种子传播主要始于阵风，阵风对远距离传播的贡献甚至远大于大风事件。

四、风媒传播与种子生物量及竞争能力权衡

风媒传播中影响种子传播效果最主要的两个影响因素是风速和种子的形状尺寸。尽管种子风媒传播的距离在很大程度上依赖于风速，但同时也与飞行结构的表面积直接相关，与种子的尺寸大小呈负相关。事实上，其根本上是为了使飞行结构获得上升气流，从而发挥其空气动力学方面的功能。例如，禾本科中普通大小的风传种子，其附属毛与风力接触面越大，其传播距离越远。有实验证实，在小于 2 m/s 的低风速情况下，种子的传播距离和风速之间呈线性正相关，但在高风速的情况下，两者会呈现二次指数相关关系。如果植物种子极其微小，如重量小于 0.0001 mg 的兰科种子，即便没有辅助飞行的结构，也可通过风传到达数百公里之外。与之相反的，仅有约 1% 的大型种子在风速 20 km/h 情况下传播至百米外。另外，自然中还有气体湍流、地形因子、气候、上升气流等对种子风传产生影响。

研究发现种子的风媒传播功能和种子的生物量（即母体赋予种子的配给）之间存在着一种“不可兼得”的权衡关系。有实验证实，种子生物量和传播能力之间存在负相关性。此外，种子的生物量越大表示其萌发生长的能力越强，且种子的尺寸和重量与其对应籽苗的竞争性呈正相关。由此种子的传播能力和种子的萌发生长、籽苗的竞争性呈负相关，即传播较远的种子对应籽苗的竞争性较弱，而生存能力较强的籽苗离发源地和亲缘植株较近。种子生物量和传播能力之间的平衡关系很可能是使不同植物物种得以共存的关键因素。

可能是进化趋向导致了种子传播能力和竞争能力这两种特性之间的权衡。

第二节　翅果的二次传播

翅果（samara）是指果实的果皮或其他部位延伸呈翅状并依靠风媒传播的一类果实，是植物适应风媒传播的“典型案例”。狭义的翅果仅指果皮延伸成翅且不开裂的干果（Harris et al.，2001），而广义的翅果则涵括各类依靠风媒传播的带翅的果实，包括由非果皮部分（如苞片或萼片等）特化成翅状的各类果实（Eriksson et al.，1992；Friis et al.，2011；Van Der Niet et al.，2012）。在翅果发育过程中，脱落层发育，最终翅果在合适的气候条件下释放。

翅果的种子命运极难追踪，因为从种子到幼苗的过程可能涉及多个步骤，且每个阶段都可能发生死亡。此外，种子传播过程还会受到以下 3 种机制的影响（Higgins et al.，2003）：①传播媒介的异常，如在风媒传播过程中经历强上升气流（Nathan et al.，2002）；②繁殖单位特征，如种子（即使来自同一亲本）质量不同（Delgado et al.，2009）；③非标准传播媒介，如啮齿动物、节肢动物等对未成熟果实的摄取或种子在风媒传播后经历啮齿动物的分散贮藏（Vander Wall，1994）。最后一种机制通常涉及种子的二次传播。

Vander Wall 等（2004）认为，种子二次传播（多阶段传播，diplochory）由两个或两个以上的步骤或阶段组成，且每个步骤或阶段涉及不同的传播媒介（图 3.1），第一阶段指种子离开母本植株的初次传播，第二阶段是由另一种或几种机制共同引起的后续传播，通常传播距离更远或生长环境更适宜。植物种子的二次传播通常与其传播组织、结构、媒介密切相关，且对不同的传播媒介呈现多种形式的适应。与任何单一传播过程相比，种子的二次传播效率更高，降低了种子被捕食率，形成了多生境的种子库。

在翅果的二次传播过程中，初次传播（指种子从亲本植物到地表的移动，通常位于亲本植物下方或附近的地面）已有大量的数学模型用于预测翅果的初级扩散，包括翅果形态与下降速度的联系（Planchuelo et al.，2017）、种子脱落所需最小风速（Bohrer et al.，2008）、种子质量与传播距离的关系（Greene et al.，1993），以及树冠叶片对种子扩散的影响（Nathan et al.，2005）。然而，尽管初次传播可以最大限度地减少种子被捕食，使幼苗建成尽可能靠近亲本植物（Bontemps et al.，2013），但有翼种子的初次传播距离往往较短（Venturas et al.，2014），即使在此阶段发生了长距离的传播，但如果种子的落点不利于萌发，种子也不一定萌发、生长（Nathan et al.，2002）。如果二次传播增加了幼苗的建植机会和植物的整体适合度，那么种子的二次扩散将会是植物种群空间格局的重要驱动因素。本节将从翅果分布与类型、初次传播和二次传播几个方面进行阐述。

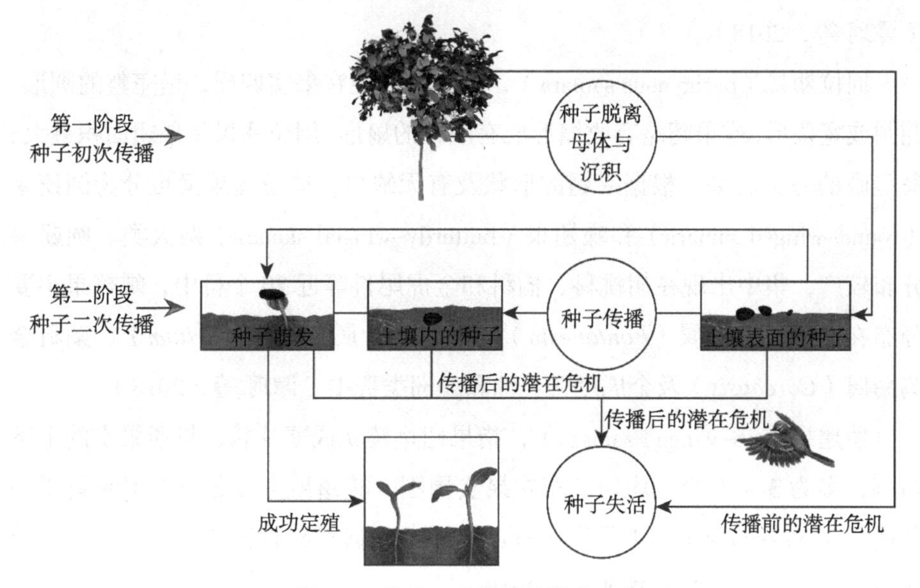

图 3.1　种子二次传播的模式示意

一、翅果分布与类型

除了南极洲没有发现，在沙漠、热带雨林、温带和高山地区等栖息地，每一块大陆均发现了翅果植物，包括乔木、藤蔓、灌木和草本植物。Manchester 等（2010）对比全球各大数据库发现，翅果植物分布于 45 科 25 目 140 余属。化石证据表明，早在晚中新世，翅果已在梣属（*Fraxinus*）中出现（王磊等，2012），第三纪槭属（*Acer*）植物也出现了翅果（黄永江 等，2013），说明翅果在被子植物演化早期就已出现（Eriksson et al.，2000）。

根据果翅形态、着生位置及发育来源的不同，谭珂等（2018）把翅果分为6大类：单侧翅果（单翅果、双聚单翅果、三聚单翅果）、周位翅果（圆翅果、蝶翅果）、披针翅果、棱翅果、翼状萼翅果、叶状苞翅果（表3.1）。

单侧翅果（single-winged samara），指果实只有一个狭长果翅，且果翅位于果实的单侧，通常为干果且不开裂，内具1粒种子，主要出现在木犀科梣属（*Fraxinus*）、梧桐科银叶树属（*Heritiera*）、远志科蝉翼藤属（*Securidaca*）、鼠李科翼核果属（*Ventilago*）和榆科刺榆属（*Hemiptelea*）等木本植物中（谭珂 等，2018）。

周位翅果（perigynous samara），指果翅环绕在果实四周，呈完整的圆形、椭圆或宽条形，或果翅略有收缩形成有缺口的扇形。周位翅果是果翅面积最大、最显眼的一类翅果。根据果翅的形状及有无缺口，周位翅果又可分为圆翅果（round-winged samara）和蝶翅果（butterfly-winged samara）两大类。圆翅果分布较广，集中出现在胡桃科、榆科和金虎尾科等近20个科中，蝶翅果主要分布在木犀科雪柳属（*Fontanesia*）与六道木叶属（*Abeliophyllum*）、菊科金鸡菊属（*Coreopsis*）及金虎尾科美洲和非洲类群中（谭珂 等，2018）。

棱翅果（rib-winged samara），指果翅呈棱状或薄片状，贯通果实的上下两端，多为3～5个，均匀分布在果实周围。棱翅果主要分布在卫矛科雷公藤属（*Tripterygium*）和卫矛属（*Euonymus*）、薯蓣科薯蓣属（*Dioscorea*）及蓼科的大部分物种中（谭珂 等，2018）。

披针翅果（lanceolate-winged samara），指果实具不少于3个狭长呈披针状的果翅，且多呈辐射状均匀排列在果实的赤道面。披针翅果主要分布在使君子科萼翅藤属（*Getonia*）、金虎尾科亚洲和非洲类群，如风筝果属（*Hiptage*）、三星果属（*Tristellateia*）等（谭珂 等，2018）。

翼状萼翅果（sepal-winged samara），指果翅由萼片或苞片发育而来，而非果皮或种皮的延伸。例如，热带地区的优势乔木龙脑香科（*Dipterocarpaceae*）

和钩枝藤科（*Ancistrocladaceae*）的一些物种花萼筒与果实愈合在一起，萼片增大，特化成翅状（谭珂 等，2018）。

叶状苞翅果（bract-winged samara），指果翅由苞片发育而来，通常是苞片特化和增大呈叶片状位于整个果实的一侧，主要分布在败酱科败酱属（*Patrinia*）、胡桃科黄杞属（*Engelhardia*）和枫杨属（*Pterocarya*）等，马鞭草科楔翅藤属（*Sphenodesme*）花序的总苞也呈翅状（谭珂 等，2018）。

表 3.1 被子植物翅果主要类型及其系统分布

翅果类型			主要分布类群
单侧翅果	单翅果		金虎尾科（异翅藤属 *Heteropterys*，蛾果木属，通灵藤属，*Barnebya*，*Bronwenia*，*Cordobia*，细金藤属 *Cottsia*，*Dinemagonum*，*Diplopterys*，*Ectopopterys*，*Janusia*，*Peixotoa*，槭金藤属 *Sphedamnocarpus*，叶柱藤属 *Stigmaphyllon*），木犀科梣属，远志科蝉翼藤属 *Securidaca*，鼠李科翼核果属 *Ventilago*，榆科刺榆属 *Hemiptelea*，梧桐科银叶树属 *Heritiera*
	双聚单翅果		槭树科槭属，木犀科梣属
	三聚单翅果		金虎尾科翅实藤属 *Ryssopterys*，异翅藤属 *Heteropterys*
周位翅果	圆翅果		金虎尾科（盾翅藤属 *Aspidopterys*，*Alicia*，*Amorimia*，*Calcicola*，*Caucanthus*，*Christianella*，*Diaspis*，*Excentradenia*，扇翅藤属 *Flabellaria*，*Madagasikaria*，*Malpighiodes*，蝶翅藤属 *Mascagnia*，*Mezia*），胡桃科（青钱柳属 *Cyclocarya*，化香树属 *Platycarya*），豆科（紫檀属 *Pterocarpus*，黄檀属 *Dalbergia*），十字花科（菘蓝属 *Isatis*，屈曲花属 *Iberis*），桦木科（桤木属 *Alnus*，桦木属 *Betula*），榆科（榆属 *Ulmus*，青檀属 *Pteroceltis*），蓼科山蓼属 *Oxyria*，木犀科雪柳属 *Fontanesia*，槭树科金钱槭属 *Dipteronia*，苦木科臭椿属 *Ailanthus*，杜仲科杜仲属 *Eucommia*，芸香科榆橘属 *Ptelea*，蓝果树科喜树属 *Camptotheca*，莲叶桐科青藤属 *Illigera*，鼠李科马甲子属 *Paliurus*，马尾树科马尾树属 *Rhoiptelea*

续表

翅果类型		主要分布类群
周位翅果	蝶翅果	金虎尾科（*Adelphia*，*Aenigmatanthera*，藤翅果属 *Hiraea*，*Amorimia*，*Callaeum*，*Carolus*，*Christianella*，红金英属 *Dinemandra* 等），菊科（金鸡菊属 *Coreopsis*，偶雏菊属 *Boltonia*，蟛蜞菊属 *Sphagneticola*），木犀科（雪柳属 *Fontanesia*，六道木属 *Zabelia*），使君子科（榄仁属 *Terminalia*，榆绿木属 *Anogeissus*）
棱翅果		金虎尾科（*Aspicarpa*，*Calcicola*，*Digoniopterys*），蓼科（翅果蓼属 *Parapteropyrum*，大黄属 *Rheum*，沙拐枣属 *Calligonum*），卫矛科（雷公藤属 *Tripterygium*，卫矛属 *Euonymus*），使君子科（风车子属 *Combretum*，榄仁属 *Terminalia*），无患子科（车桑子属 *Dodonaea*，黄梨木属 *Boniodendron*），椴树科（滇桐属 *Craigia*，蚬木属 *Excentrodendron*，柄翅果属 *Burretiodendron*，一担柴属 *Colona*），鼠李科咀签属 *Gouania*，莲叶桐科青藤属 *Illigera*，茶茱萸科心翼果属 *Cardiopteris*，薯蓣科薯蓣属 *Dioscorea*，藜科四翼滨藜 *Atriplex canescens*，胡颓子科翅果油树 *Elaeagnus mollis*
披针翅果		金虎尾科（风筝果属 *Hiptage*，三星果属 *Tristellateia*，*Lophopterys*，*Dicella*，*Microsteira*，*Niedenzuella*，*Rhynchophora*，*Tetrapterys*），椴树科六翅木属 *Berrya*，卫矛科斜翼属 *Plagiopteron*，十字花科沙芥属 *Pugionium*，使君子科萼翅藤属 *Getonia*
翼状萼翅果		龙脑香科，钩枝藤科钩枝藤属 *Ancistrocladus*，旋花科（飞蛾藤属 *Dinetus*，三翅藤属 *Tridynamia*，白花叶属 *Poranopsis*，地旋花属 *Xenostegia*）
叶状苞翅果		桦木科（鹅耳枥属 *Carpinus*，铁木属 *Ostrya*，桦木属 *Betula*，桤木属 *Alnus*，榛属 *Corylus*），胡桃科（黄杞属 *Engelhardia*，枫杨属 *Pterocarya*），败酱科败酱属 *Patrinia*，旋花科盾苞藤属 *Neuropeltis*，马鞭草科楔翅藤属 *Sphenodesme*，檀香科米面翁属 *Buckleya*

资料来源：谭珂等（2018）。

尽管翅果的发育过程中存在着趋同的进化（Manchester et al.，2010），但是翅果的结构在种间和种内都表现出差异（Sipe et al.，1995）。例如，翅果多出现在木本和藤本植物中，而在草本植物中相对较少；具有翅果的科或属也普遍比没有翅果的近缘类群具有较高的物种多样性和较广的地理分布，翅果的整个演化过程呈现果翅数量增加、果翅偏向单侧、果翅负荷降低的趋势，这可能有助于提高传播距离和适应二次传播等。因此，翅果的出现有可能促进了植物的物种形成与分布区的拓展。

二、翅果的初次传播

翅果在空中的运动姿态可以分为自旋式（autogyro）、翻滚自旋式（rolling autogyro）、波浪式（undulator）、直升机式（helicopter）、滚筒式（tumbler）及不确定式（nonclassified）。其中自旋式翅果（如单翅果）在空中停留的时间最长，直升机式（如披针翅果、翼状萼翅果和叶状苞翅果等多个果翅位于果实一端）和波浪式（如周位翅果）的空中运动较为稳定，传播方向较明确，是扩散距离较远的一类翅果（Augspurger，1986）。从翅果对称性角度来看，可以将其分为两类："旋转型"和"非旋转型"翅果。旋转型翅果通常具有长轴对称性，围绕这条轴旋转，向下螺旋飞行；而非旋转型翅果往往不具对称性（图 3.2）（Augspurger，1986）。研究发现，翅果的潜在扩散距离与其下降速率成反比，其两种类型的翅果的机翼载荷和末端速度之间的关系相似，但非旋转型翅果的下降速度相对较慢，因此非旋转型的翅果的初次传播距离更远（Augspurger，1986）。

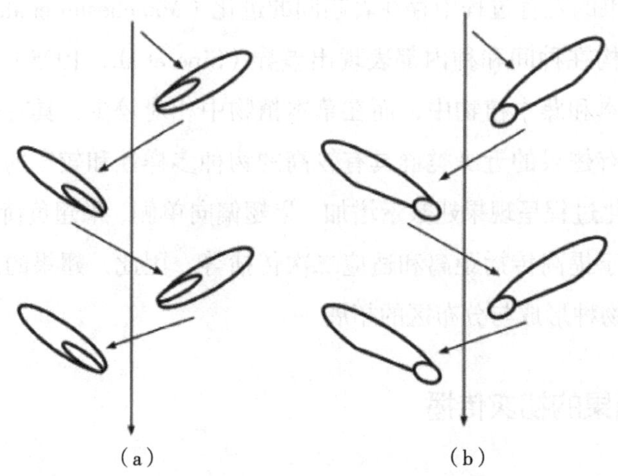

图 3.2　旋转型翅果（a）与非旋转型翅果（b）

从翅果的运动轨迹来看，翅果通过自旋转方式延长了种子在空中的停留时间，降低了翅果降落速度，证实了植物果实可以借助“翅”这一结构提升风媒传播的效果（Green，1980），使其传播距离更远。进一步研究发现，果实或种子的降落速率与果实质量 / 果翅面积的平方根呈极显著相关关系，Augspurger（1986）把果实质量与果翅面积的比值称为“果翅负荷”（wing loading），并作为衡量翅果风媒传播能力的一个重要指标（图 3.3）。

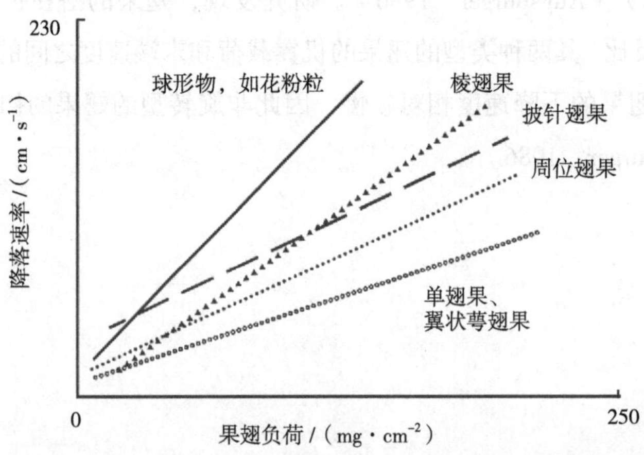

图 3.3　不同类型翅果的降落速率与果翅负荷（果实质量 / 果翅面积）的相关性

在翅果形态中，果实的质量分配、含水量、个体大小、果翅大小与传播距离密切相关，但空气动力却是约束其传播距离的基础（Greene et al., 1993）。Greene 等（1993）认为，种子的传播能力代表的是权衡，而非最佳，因为种子除传播之外还有其他功能。种子质量被认为与传播能力成反比，但与建植潜力直接相关（Delgado et al., 2009）。例如，质量较轻的种子传播距离更远，而质量较重的种子往往会萌发更具竞争力的幼苗（Nathan et al., 2002）。因此，翅果种子质量的变异性影响种子的传播潜力和幼苗存活的概率，值得注意的是，这种潜在的关系仅在风媒传播的翅果种子中被发现。

翅果脱离母体通常发生在能够进行风媒传播的条件下，且多数种子是在最佳传播时机，即沿气流方向的拖曳力大于翅果离层的支撑力时，进行的脱离过程（Bohrer et al., 2008）。在湿度较低的条件下，离层形成速度也会加快，如果湿度足够低，离层可以在几个小时内形成（Greene et al., 1992）。研究发现，翅果种子在较快的风速下更容易释放，一般来说，风速越快种子的传播距离越远；湍流现象和垂直上升气流的盛行亦有助于翅果脱离（Savage et al., 2014; Maurer et al., 2013）。有趣的是，一些翅果植物表现出了大风条件下释放种子的适应性。例如，美国白梣（*Fraxinus americana*）只在风速较大时才释放种子，这可能由其离层的属性引起（Horn et al., 2001）。

季节和临近树叶规模会显著影响翅果脱落时间和初次传播距离。在郁闭度高的森林中，种子必须离开冠层树木方可进行远距离传播（Horn et al., 2001; Nathan et al., 2002），这是因为树冠上方的风力条件在确定翅果的传播距离方面起着重要作用（Horn et al., 2001），树叶密度的变化能够显著改变树木上方的气流模式来影响风媒传播（Nathan et al., 2005）。例如，树冠上方的风力条件将根据叶面积指数的不同而变化，当叶面积指数较高时，冠层以上的平均风速随着叶面积指数的增加而增加（Poggi et al., 2004）；相反，当叶面积指数较低时，由于高叶面积指数与低叶面积指数之间的涡旋运动不同，更多的种子会被抬升高度，因此，低叶面积指数下有利于翅果种子远距离传播，即早春或晚秋脱落的种子有可能比在生长季脱落的种子传播得更远。

尽管翅果适应了风媒传播，但其初次传播距离仍然偏低，研究发现，95%翅果的初次传播距离在 30 m 以内（Venturas et al.，2014）。如此近的传播距离可能有助于维持当地种群，但却无法解释风媒传播的物种如何入侵或定居新环境，因此，传播超过 30 m 的 5% 的种子需要担起物种寻觅新生境的职责（Clark et al.，1998），即最远传播距离的种子将对种群空间动态产生重大影响。例如，上一次冰河时代后全新世植物传播的证据表明，罕见的种子远距离运动使得冰河后栖息地范围迅速扩张（Clark et al.，1998）。然而，种群的维持仅靠种子传播是远远不够的，必须完成定殖才能算阶段性成功（Nathan et al.，2002），如果种子所处的微气候、微生境不适宜发芽，那么，翅果的二次传播机制可能将会为种子的萌发与物种入侵提供新的机会。

三、翅果在不同媒介下的二次传播

1. 水媒传播

Säumel 等（2010）的研究发现，通过水媒进行二次传播的翅果可能不需要对其进行针对性的适应与进化，在不同物种中，比重低、表面积大的种子漂浮的时间更长（Säumel et al.，2013），物体所受的表面张力随着其周长的增加而增加（翅果细长的形状可能会使其最大化）。在德国的施普雷河上，Säumel 等通过控制 3 个主要是风媒传播的挪威枫（*Acer Platanoides*）、梣叶槭（*A. Negundo*）和臭椿（*Ailanthus Altissima*）的试验发现，试验释放的种子可以漂浮约 3 h；而在臭椿中，较轻的种子保持漂浮的时间更长（表 3.2）（Planchuelo et al.，2016）。

表 3.2　不同物种翅果在施普雷河中的漂浮时间（平均值 ± 标准误差）

物种	A–B（20 m）	A–C（200 m）	A–D（1200 m）
挪威枫	（2 ± 1）min	（22 ± 2）min	（170 ± 11）min
梣叶槭	（2 ± 1）min	（19 ± 6）min	（167 ± 14）min
臭椿	（2 ± 1）min	（20 ± 14）min	（170 ± 14）min

尽管实验室模拟结果显示，翅果种子可以在水中漂浮长达 20 d，并可漂浮至少 4.05 km（Kaproth et al.，2008），但长时间的漂浮会降低翅果种子的发芽率，尤其是对于完全浸泡于水中的种子，长期的厌氧条件可能会诱导种子休眠、种子活力降低的发生。然而，有趣的是，短期的漂浮能够显著提高种子的发芽率。因此，通过水媒进行二次传播的翅果的远距离散播可能利弊兼而有之，其阈值可能取决于种子在水中停留的时间及漂浮状态占淹没状态的比值。

叙尔特塞火山岛（位于冰岛南部）为评估不同植物传播和定殖潜力提供了一个理想的研究系统。该岛在 1963—1967 年从海面升起，通过广泛的调查，研究人员记录了所有植物物种的初步演替情况（Higgins et al.，2003）。1967—1972 年先后抵达该岛的 48 种植物中，78% 是由海流运载而来的，而这些物种中仅有 1/4 表现出对水媒传播的适合度。在这个研究地点，海水的盐度可能阻止了部分物种的萌发，这些物种在淡水中传播后仍可存活。根据翅果的透水性及在水中腐烂的速度，翅果有可能为种子提供物理保护，使其免受水的不利影响。因此，研究翅果“翅”的自然腐烂过程可以加深我们对翅果种子二次传播潜力的理解。

2. 动物传播

动物媒介对种子二次传播发挥着举足轻重的作用（Vander Wall et al.，2004）。例如，小型哺乳类动物使美国花旗松（*Pseudotsuga menziesii*）散落地表种子的损失率达 63%，仅有 12% 的种子在第二年的春季萌发；也有研究发现，仅 7% 的种子在次年的 5 月萌发。通常人们认为已萌发的种子一定没有被动物发现，尽管不是所有被动物侦查到的种子都会存活，但被动物贮藏的种子比没有经历二次传播的种子有更大的成功萌发机会（Vander Wall，1992）。例如，一项关于松树翅果二次传播的研究发现，啮齿动物不会将种子藏在母体植物 6 m 内，55.2% 的贮藏点产生了幼苗，其中 82.6% 的幼苗生长健康（Vander Wall，1992）。

目前关于翅果“翅”的存在如何影响种子搬移和种子捕食知之甚少，虽然一些研究发现，翅的存在不会影响动物搬移种子（Fornara et al.，2005），但也有研究发现，种子在与翅分离后被频繁地搬移或采食（Vander Wall，1994）。动物在移动种子之前可能会分离种子与翅（Vander Wall，1994；Tanaka，1995），但通过比较不同物种的种子形态，不能直接证明动物移动种子与翅的关系（Hulme et al.，1999；Fornara et al.，2005；Jinks et al.，2012），这是因为种子捕食者可能为了种子化学成分或最大化能量效益选择种子。

野外观测发现，分散贮藏型啮齿动物会就地采食小粒种子，并优先将大粒种子储存在储藏室（Vander Wall，2003），试验数据进一步验证了种子质量和动物数量之间存在正相关关系（Vander Wall，2003；Jinks et al.，2012）。Vander Wall（1994）的研究发现，已经脱落翅的翅果种子，或者其翅被泥土或植物凋落物遮挡的种子可能会逃过动物的侦查。翅果"翅"结构的存在很可能对陆生食谷类动物消耗种子产生了复杂的影响：①翅会影响种子在地面停滞的微生境和方向；②翅增加了动物视觉侦查的简易性；③翅增加了动物在食用或运输之前的处理时间（需要将种子从翅果结构中取出），降低了翅果的吸引力。此外，翅果结构在分解过程中的物理变化也可能对这些机制产生不同的影响，因此，加深对翅果结构的理解将有助于更好地阐述翅果种子与种子捕食者之间的相互作用。

3. 风媒传播

翅果在经历了风媒传播降落到地面之后，翅果种子仍旧有可能会进行风介导的二次传播（Schurr et al.，2005）。然而，在风洞试验中，松树和云杉翅果会被表面粗糙度在 2 mm 或更小的缝隙拦截（Johnson et al.，1992），在自然环境中，松树种子在 37 d 的时间里被风二次移动距离不到 1 m（Vander Wall et al.，1998），且多数移动过程发生在前 8 d 内，平均每天 5 cm 左右，之后大多数种子都会被困在植物的枯枝落叶中，只有 3% 的种子移动超过 1 m。另一项研究发现，3 年的时间中，欧洲白榆（*Ulmus Laevis*）翅果风媒介导的二次传播距离不超过 30 m（Venturas et al.，2014）。Von der Lippe 等（2013）

评估了移动车辆气流引起的臭椿种子二次传播，发现气流引起的种子二次传播距离为 5.14 m（一次车辆通过）至 10.83 m（八次车辆通过）。

风媒介导的翅果二次传播还将取决于靠近地面的风速和翅果“翅”结构保持的完整性（Schurr et al.，2005）。总体而言，风媒可能是一种相对无效的二次传播媒介，尤其是在翅果种子结构容易受损的情况下，更可能的情况是，翅果在异常大风的条件下获得了更强的传播潜力。

第四章　水媒传播与鱼类传播

第一节　水媒介导下的种子传播

水媒传播是植物种子的重要传播方式之一，是河岸和湿地系统物种远距离扩散的重要机制（Cain et al.，2000；Nilsson et al.，2010），有效的传播范围从数百米到数公里（Boedeltje et al.，2004；Nilsson et al.，1991；Riis et al.，2006）。研究发现，水的单向流动会导致不对称的基因流动（Gornall et al.，1998；Pollux et al.，2009）。例如，Pollux 等（2009）发现小黑三棱（*Sparganium emersum*）种群遗传多样性随着下游距离的增加而显著增加，基因流动在下游大约比上游高出 3.5 倍。在没有上游传播机制的情况下，通过水媒传播不断向下游漂移的种子理论上会导致遗传多样性的丧失，最终导致源头地区大型植物种群的崩溃（Honnay et al.，2010；Pollux et al.，2009）。水媒传播不仅影响河岸植物的多样性、结构和组成，还会影响地貌过程，如河岸稳定和地貌形态的演替，进一步影响河流中沙洲、岛屿上植物的定居模式（Carthey et al.，2016）。

水生植物繁殖体也促进了沉积物的黏结、沉积，形成植物和河流系统间持续调整的反馈回路。种子在河流等水系统中的传播可分为表面传播（种子在水面传播）、在水流中传播、嵌入河床与河床共同移动 3 个所段（Carthey et al.，2016），其传播距离一般会受到种子的大小、形状、密度和寿命，以及河道的宽窄和形态、洪水峰值的时机和规模等因素的影响（Kubitzki et al.，1994；Merritt et al.，2002；Nilsson et al.，2010）。有研究证实在种子或果实成熟掉落的峰值时期，往往也是雨季即将来临的时期，种子掉落的时间和降雨时期、径流时期的同步性也是部分水媒传播植物的一大特征。另外，还有种子利用雨滴的击打飞溅来传播的方式。这类植物基本上都是小型草本，在种子成熟时，其呈开口器皿状以容纳种子的荚结构可以接纳雨滴，当雨滴落入并飞溅时，将种子挟带出荚外。水媒传播的种子数目极大，研究人员可从河道内直接收集到大量种子。传播的种子沉积到消涨带，便可能形成长期种子库，为消涨带异质水情和环境条件下的植物恢复提供种源。

一、依靠水媒传播的植物种子特征

1. 沼泽植物和海滨植物

沼泽植物和海滨植物，如莲（*Nelumbo nucifera*）的果实（莲蓬），呈倒圆锥状,通气组织疏松,质轻,漂浮于水面,随水流传播于各处；睡莲(*Nymphaea tetragona*)果实成熟后，落于水中逐渐腐烂，海绵状外种皮使种子漂行在水面，最后沉入水底生根发芽；“胎生植物”红树科红树（*Rhizophora apiculata*），如棋盘脚、莲叶桐及榄仁，种子在果实脱离母体前发育为长棒状幼苗后落水，沿海岸漂流一段时间后扎根定居；椰子（*Cocos nucifera*），其中果皮疏松，富含纤维，适应于水中漂浮，其内果皮坚厚，可防止水分侵蚀，加之果实内含椰汁，可满足胚的发育，这就使椰果能在咸水的环境条件下萌发。热带海岸地带多椰林分布，与果实的传播有一定关系。

2. 旱生植物

有些旱生植物也靠水传播种子，如番杏科松叶菊属（*Mesembryanthemum*）等的果实在雨中涨大、开裂，既可使种子扩散，亦可得到萌发所需的水分；一些葫果类植物的果实开裂后其种子由雨水冲刷而传播,如石竹属(*Dianthus*)、马齿苋属（*Portulaca*）等。对一些旱地杂草而言，水的传播作用虽小，但在灌溉频繁的稻麦轮作田，灌溉水流可传播大量种子。Qiang（2005）研究发现，农田中的千金子（*Leptochloa chinensis*）、菵草（*Beckmannia syzigachne*）、棒头草（*Polypogon fugax*）、水苋菜（*Ammannia baccifera*）、牛繁缕（*Malachium aquaticum*）、鸭舌草（*Monochoria vaginalis*）、异型莎草（*Cyperus difformis*）、日本看麦娘（*Alopecurus japonicus*）、看麦娘（*A. aequalis*）、鳢肠(*Eclipta prostrata*)、稗、稻槎菜(*Lapsana apogonoides*)、泥胡菜(*Hemistepta lyrata*）、小藜（*Chenopodium serotinum*）、马齿苋（*Portulaca oleracea*）、牛筋草（*Eleusine indica*）、硬草（*Sclerochloa kengiana*）等约 34 种优势和主要杂草种子可以随灌溉输入或随排水输出。

3. 风媒传播种子

许多主要以气流（风）传播的杂草种子同样可以漂浮在水面。有些具冠毛的杂草种子也能利用表面张力漂浮在水面，如薇甘菊（*Mikania micrantha*）。一些杂草种子具有特殊组织如含油、含气室或含比重较轻的组织（如木栓组织），帮助杂草种子漂浮在水面，典型的如萬草种子具有气室，水芹（*Oenanthe javanica*）的果皮有发达的木栓质，漂浮能力强。有研究发现，在稻麦连作田中，由于频繁的灌溉，灌溉水流能传播大量的杂草子实。根据截流的单位体积灌溉水中的杂草子实数量，推算出随水流输入的子实数可占整块田当年种子库输入子实总量的 5% 以上。因而，在中国特定的稻 – 麦（油）连作方式的农田系统中，水流传播成为杂草子实传播扩散的最重要因素。

二、水媒传播种子的漂浮及沉降特征

漂浮能力被认为是植物繁殖体进行水媒传播的关键因素，随水流扩散能力是影响种子在水体持续运动的重要因素。一般来说，水生植物的果实和种子大都具有充气组织，使得它们能在水中长时间漂浮。例如，椰子等植物的果实较大，种皮和果皮间有疏松结构的椰衣纤维填充，因此可以随洋流进行远距离传播。除外层结构的阻水特性外，低密度、滞留空气、低体表面积比等都可以增强植物种子漂浮能力，从而延长其在水中存活时间，最终延长水媒传播的距离。研究发现，种子的漂浮能力强会加快传播速率和延长距离（Nilsson et al.，2010）。例如，记录到的蓼属（*Polygonum* sp.）漂浮种子的传播速率高达 15 km/h（Staniforth et al.，1976）。

种子的浮力是影响新岸定殖的重要因素，因为它增加了种子搁浅在岸边的可能性，特别是具有高浮力种子的植物会受益于水位逐渐降低，因为这有助于种子在岸边更大面积的沉积。种子漂浮的持续时间也是影响因素之一。

例如，落羽杉（*Taxodium distichum*）和水紫树（*Nyssa aquatica*）的种子可以保持漂浮 2 ~ 3 个月。自然界中，沉水种子与漂浮种子都具有一定比例，不同水域可能有一定差异。研究溪流各层水体中种子数量，发现 44% ~ 69% 的种子存在于水中或河底，31% ~ 56% 的种子漂浮在溪流表面。此外，具有亲水种皮的漂浮种子在吸水后会悬浮于水中直至沉降，因此，沉水种子的水力特性也需要格外关注。

三、水媒传播的一般过程与主要影响因素

水媒植物种子的运动主要历经以下几个阶段并伴随不同的运动方式和路径。第一阶段，成熟种子从母本植株掉落至水中或植株附近地面，掉落在地面的种子随后可以借风或者坡面漫流运动。水位上升同样可以带动这些种子移动。第二阶段，当种子达到水面时，其运动方式依据浮水和沉水两种类型出现分化。漂浮种子在水面运动很容易受到风应力和表面张力的作用，同时在传播过程中易被植物茎叶等障碍物俘获，如果种子的惯性力能够克服这种吸引力，则可解俘继续向下游传播，反之则被永久俘获就此止步。沉水种子以悬浮状态随水输运，或沉于河床就地扎根，或做阶段性停留。沉于河床的种子可能会在大流量情况下启动继而随水传播，其运动形式类似悬移质泥沙。此外，一些具有亲水种皮的漂浮种子在吸水后也将沉降。在传播一定距离后，这些种子可能被植株俘获，随水位下降而着陆，最终将沉积于河床或在河岸扎根繁殖。

传播距离与沉积过程之间的关系不仅会受到河流形态、障碍物、河道粗糙度、河道宽度、河内植物等外部因素的影响，还会受到种子特征（如大小、形状和重量）等内在因素的影响（Danvind et al.，1997；Chambert et al.，2009；Nilsson et al.，2010），且在不同尺度表现各异。例如，在小尺度上，Peruzzo 等（2012）归纳为 3 种机制：惯性碰撞、表面张力和由于植物重叠形成的类网状结构陷阱。在斑块尺度上，河流的流速和流量通常被认为是种子沉积动力学中的主要控制变量（Gurnell et al.，2008；Chambert et al.，

2009），如急流下游的涡流（Nilsson et al.，1991）、急流旁边（Levine，2001）和砾石滩（McBride et al.，1984）。这些观察结果表明，复杂的流动结构决定了浮力种子的输送和沉积。也有研究发现，许多物种的种子释放时间与河流高流量时间相重合，以便进行远距离传播（Catford et al.，2014）。

从种子特征的角度来看，大种子比小种子传播得更远。其中网状陷阱和表面张力更容易捕捉小种子，而只有尾流陷阱（wake trapping）会频繁地捕捉大种子。一般来说，河流和岸边的植物形成的网状陷阱更容易捕捉小种子，而尾流陷阱捕捉种子发生频率较低，只是一种暂时的捕捉机制，对传播距离产生的影响较小，从而导致种子大小与传播距离之间呈正相关关系。

在河岸生态系统中，水位波动事件是影响种子传播的重要因素，其波动的幅度、季节性和频率，决定了河流波动传播的种子范围、物种组成和数量（Hopfensperger et al.，2009；Merritt et al.，2002）。例如，洪水事件会显著改变土壤种子库的组成和空间分布，大幅减少物种多样性和种子数量；一般来说，物种多样性和种子数量的空间分布通常在水位波动带的中部最高（Weiterova，2008；Zhang et al.，2016）。这即是说，调节河流中水位波动模式，会改变河流种子的传输及河岸暴露的时间和持续时间，进而影响种子沉积、幼苗建成和存活（Poff et al.，2007）。

第二节　鱼类传播

石炭纪植物多样性和分布格局的化石证据显示，鱼类传播植物种子的现象可追溯于距今7000万年前，是目前已知的第一批脊椎动物。鱼类的食果现象主要发生在淡水鱼中，如鲤形目、鲶形目和脂鲤目（Horn et al.，2011）。研究发现，至少存在276种鱼类会在其生活史的某个时刻吞食植物果实或种子（Horn et al.，2011；Beaune et al.，2013），且大多数物种栖息在热带地区的洪泛林地和稀树草原，以洪水事件中植物掉落的果实和种子为食（Horn et al.，2011）。仅在新热带界，约有17个科6个目150种的食果鱼（约占全球食果鱼类 60% 以上；Horn et al.，2011），它们吞食了约 82 科 566 种植物的果实和种子（Correa et al.，2015）。其中，一些鱼类表现出明显的生理、形态特征和复杂的行为适应性，以有效地采食果实和种子，如类臼齿状牙齿（Goulding，1980）、长肠道（Correa et al.，2007）、与碳水化合物消化相关的酶（Drewe et al.，2004），以及巡逻（Goulding，1980；Costa-Pereira et al.，2010）、在快流速水域中进行漂移等行为（Krupczynski et al.，2008）。相比“随波逐流”的水媒传播，鱼类是植物向上游和侧向扩散的重要载体之一（Horn et al.，2011）。因此，鱼类传播和水媒传播的生态进化后果可能完全不同。

一、食果 / 种鱼类的生理结构与食性选择

食果鱼类的饮食习性具有较高的可塑性，且与其个体大小、口裂宽度、颌部形态、牙齿类型、咬合力、消化道长度、消化能力、取食技能（Moermond et al.，1985；Moran et al.，2010）、植物可用性（即空间分布和时间变化；Herrera，1982；Sasal et al.，2013）、替代食物的可用性（Blendinger et al.，2011），以及与其他食果动物的相互作用（Carlo，2005）密切关联。从个体大小来看，相比体尺小的鱼类，体尺大的鱼类能更有效地传播种子，在相同物种中，无论是种子数量或是种子质量，较大体尺的个体也是更优秀的种子传播者。这是因为大体尺的食果鱼具有较低的种子咀嚼率、吞食种子数量更多、吞食物种更多样化（Correa et al.，2015），大体尺的个体具有更灵活的食性选择，抑或无须进行选择性采食，而是按照果实的可获得性来进行采食。Correa 等（2015）的研究直观地显示，鱼类体尺每增加 1 cm，种子传播的概率增加 28%。

鱼类与果实和种子的相互作用可分为两类：食果类和食种类。食果类鱼顾名思义会食用肉质果实，通常在食用或通过消化道时不会破坏种子。这一类的物种主要是鲶鱼（鲇形目），它们有大的口裂，可以吞下整个果实和种被。其他食果鱼类的目标是肉质果实和干果，其中一些具有尖锐、扁平臼齿状的牙齿，有助于压碎果实和坚硬的种子。也有部分属的鱼[如石脂鲤属（*Brycon*）、

锯啮脂鲤属（*Pristobrycon*）、锯脂鲤属（*Serrasalmus*）］具有锋利的多尖齿，可以切割种子。大型鲤科（鲤形目）的鱼一般没有胃，嘴里也没有牙齿，但咽颌部的牙齿发达，食物在下臼齿和角质化咀嚼垫之间被物理研磨。食种类鱼以干果（包括谷物）的种子为食，一般在消化过程中会损伤种子。与食果类鱼类似，食种类鱼也进化出一套相应的生理结构以适应其食性选择。例如，非洲骨舌鱼（*African bonytongue*）具有用于碾碎种子的砂囊，甲鲶科的部分物种具有宽大的咽颌和较多臼齿状牙齿。此外，以植物果实为食的鱼类肠道长度大于以肉类为食的鱼类，摄入的种子越多，鱼类的消化效率就越低。

二、鱼类与植物果实 / 种子的相互作用

动物的食植性是维持热带和温带生态系统生物多样性的关键环节（Stevenson，2011；Aslan et al.，2013；Harrison et al.，2013）。食果者可以对果实大小、形态、颜色和营养成分及果实特征之间的协变施加自然选择（Valido et al.，2011）。从时间维度来看，植物果实的成熟通常与洪水同时发生，种子的高度适应水和 / 或鱼类传播。例如，洪泛平原森林和稀树草原植物的果实生产高峰期多处于洪水季节，且在洪水季节，保护区内的捕鱼压力较低，超过 90% 的种子均可被传播到适当的栖息地。

Correa 等（2015）研究发现，具肉质果实的种子被鱼类吞食传播的概率更高（肉质组织含有更高的碳水化合物和脂质，是食果者 – 植物互利共生的基础；Herrera，2002）。例如，在亚马孙中央的洪泛林地，80% 的果实具有肉质组织（如果肉、种皮），此外，多肉组织可赋予种子漂浮能力，围绕种子的薄、低密度、富含脂质的组织与苏里南油脂楠（*Virola surinamensis*）果实的短期漂浮密切相关（$<$ 10 d；Lopez，2001）。从果实颜色角度分析发现，相比浅色或与水体对比度弱的果实，鱼类更易发现和采食颜色较深的果实（Krupczynski et al.，2008）。也有研究发现，具有水溶性有机化合物的果实更易被鱼类定位采食（Rodriguez et al.，2013）。相比体尺较大的鱼类，小型和中型鱼类更倾向于咀嚼干果和种子。其他的果实特征，如开裂、种子大

小和形状，大概率不影响鱼类与种子的相互作用结果，这是因为鱼类消费果实的分类水平多样性极高，说明食果鱼类可能对果实形态特征并未施加太多选择。

大型鱼类是大型肉质果实［如捷尔星果椰子（*Astrocaryum jauari*）等］的主要传播媒介（Goulding，1980；Kubitzki et al.，1994；Piedade et al.，2006）。新热带界洪泛平原森林中大型肉质果实的物种多样性和丰富度极高，如番荔枝科、棕榈科、可可李科、藤黄科、樟科、山榄科（Peres et al.，2002；Haugaasen et al.，2006；Wittmann et al.，2006），若大型鱼类在这些生态系统灭绝，中小型鱼类将无法替代它们的种子传播功能，进而限制了诸多植物物种的扩散能力。

三、运动和消化行为权衡对种子传播的影响

种子滞留时间和鱼类活动距离是种子传播的重要预测因子（Schupp，1993）。与其他种子传播者相比，鱼类对种子的保存时间较长。例如，Pollux等（2006）发现鲤鱼消耗的50%的种子在大约7 h后被排出体外，罗非鱼和草鱼摄食约40 h后，排出相同比例的种子；Horn（1997）报道，危地马石脂鲤约在24 h后排出30%的种子，36 h排出84%，48 h排出88%。进一步研究发现，鱼类在消化过程中的体力活动会影响其种子排泄的时间格局，即运动和消化对动物的代谢需求形成竞争，运动肌肉的工作和消化道内营养吸收都会增加氧气需求（Jobling，1983；Farrell et al.，2001）。Van Leeuwen等（2016）的研究支持了这一观点，鱼类消化过程中的体力活动显著延迟种子的排出时间，表明鱼类在运动过程中优先将血液流向运动系统（如心脏和肌肉），符合运动优先模式假说（Palstra et al.，2013），虽然鲤鱼在中等水平的运动量下其消化道种子滞留时间显著高于低水平运动量，但进一步提高其运动量并不会线性地增加种子滞留时间，表明运动量增加与体内种子滞留时间并非简单线性关系，存在一个可预测的运动量阈值。

关于鱼类的这一发现与我们目前对大多数恒温动物运动如何改变胃排

空率的观点完全相反，在恒温动物中，消化系统中加速食物处理的蠕动会随着体力活动而改变。例如，人类的轻度体力活动（以 5 km/h 的速度行走 15 min）会刺激胃肠运动，而剧烈运动则限制了这一过程；绿头鸭（*Anas platyrhynchos*）轻度体力活动也会缩短种子在消化道内的滞留时间并增加种子存活率。Van Leeuwen 等（2016）认为，变温动物和恒温动物的运动量对消化道排空率的影响是相反的，因为其消化系统代谢成本存在根本差异。变温动物的新陈代谢率和维持代谢成本低于恒温动物，相对于基础代谢率，变温动物在食物进入消化系统后，消化吸收营养物质所需的能量较高（Hicks et al.，2004；Klaassen et al.，2008），所以即使是轻度运动，胃排空也会减慢；而在恒温动物中，保持运动水平轻度的情况下，蠕动刺激可能占主导地位，这导致种子更快排泄。尽管中低水平的运动量会增加种子在消化道的滞留时间，却不会影响种子的萌发率或发芽速率（Van Leeuwen et al.，2016），这可能是因为鲤鱼的消化道相对较短且相对简单（如不具备胃这一器官），因此增加的滞留时间增加了种子的传播距离。

第五章　节肢动物介导下的种子传播

第一节　蚂蚁传播

白垩纪和第三纪被子植物的异常多样化已经产生了 25 万 ~ 30 万种活的被子植物，并从根本上改变了陆地生态系统。长期以来，植物与传粉者或种子传播者的相互作用一直被认为是被子植物多样化的驱动因素，其中蚂蚁传播植物种子是动植物间互利互惠的典型案例。蚂蚁介导下的种子传播从根本上影响植物的更新、定殖能力和种群的持久性，植物提供部分“食物”回馈蚂蚁，进而形成了理想的闭合回路。更有研究发现，蚂蚁传播种子可能会推动植物物种的多样化，因为它通过为植物提供选择优势来减少或避免种群灭绝，并以其极有限的传播距离加强地理隔离来提高物种形成率。

蚂蚁传播（myrmecochory）指蚂蚁对植物种子进行传播与扩散。按蚂蚁的行为可将其分为“高质量传播者”和“低质量传播者”。高质量传播者主要是一些腐食性（scavenging）或杂食性（omnivorous）的蚂蚁，它们一般单独觅食，将种子搬运至蚁巢，取食油质体（elaiosome）（图 5.1）而不会破坏种子，并将种子丢弃在蚁巢内或蚁巢周围。蚂蚁将种子搬运到巢中后，以油质体为食物，去掉油质体的种子被作为垃圾扔在巢中或巢周，种子的发芽能力并未丧失，从而依赖蚂蚁完成了传播。这一过程中，蚂蚁获得了食物，植物种子得到了传播，二者在进化过程中，适合度都能得到提高，形成稳定的互利共生关系。低质量传播者主要为一些小体形蚂蚁，这类蚂蚁一般很难搬动种子，喜欢在原地取食油质体，或将油质体切割后搬运至蚁巢，而将种子丢弃在原地，对植物来说蚂蚁是纯捕食者。种子或果实也有可能未被全部吃掉，或在搬运过程中散落因而得以传播，但这并不是真正意义上的蚂蚁传播。例如，圆叶铺道蚁（*Tetramorium cyclolobium*）和布立毛蚁（*Paratrechina bourbonica*）只取食种子油质体而留下完好无损的种子（张智英 等，2001）。

图 5.1 种子油质体示意

显然高质量传播者的行为更加有利于植物，而低质量传播者的行为一定程度上对种子传播是无效的或者有害的。有研究表明，许多植物种子附着的油质体成分与死亡昆虫尸体的成分类似，具有一定的诱导作用，蚂蚁常将油质体误认为后者，且蚂蚁觅食和搬运行为影响蚂蚁对种子的传播距离、搬运效率及种子传播后的初始位置，另外也有研究发现种子大小影响蚂蚁传播。

一、油质体

油质体是种子植物长期适应环境而形成的。植物在生长过程中，要耗费一定的能量和营养才能生成这些能吸引蚂蚁的物质，使其种子得以传播，从而繁衍其种群。在全球尺度上，产生油质体的植物有 80 多科的 3000 种（Beattie，1985；Gomez，1998），其中北美东部森林草本植物占 30% ~ 40%（Beattie，1985；Bond，1983），东欧落叶林草本植物占 40% ~ 50%（Gorb et al.，2003），南非蕨类植物占 20%（Bond et al.，1983），澳大利亚的植物涉及 134 属不少于 1500 个物种。油质体作为引诱蚂蚁种子的附着物，一般呈白色或乳白色，也有少数为红色或黄色。

重量。种子的形状多种多样，其重量因种而异，大部分为 0.4 ~ 2 mg，为草本植物种子的平均重量，比风媒传播体稍重，比其他传播体要轻，这是因为油质体既要发达而种子整体又不能太重。油质体不仅在形态上适应蚂蚁传播，而且去除油质体的种子萌发率要高于未去除的种子。此外，也有研究发现种子大小影响蚂蚁对种子的搬运。例如，Gorb 等（1995）发现种子对蚂蚁的吸引力随着 5 种植物种子［*Violo matutina*、白屈菜（*Chelidonium majus*）、*V. mirabilis*、*V. hirta* 和欧细辛（*Asarum europaeum*）］体积的增大而增加。

营养。油质体富含各类氨基酸、脂肪、糖类、油类等蚂蚁嗜食的成分及矿物质。脂质是最重要的吸引蚁类的成分（图 5.2），油质体内的一些附属化合物也具有强烈的吸引作用。与依赖鸟类传播的浆果类相比，油质体的营养价值要低得多，这是因为通过蚂蚁传播种子的植物多数生长于贫瘠区域。

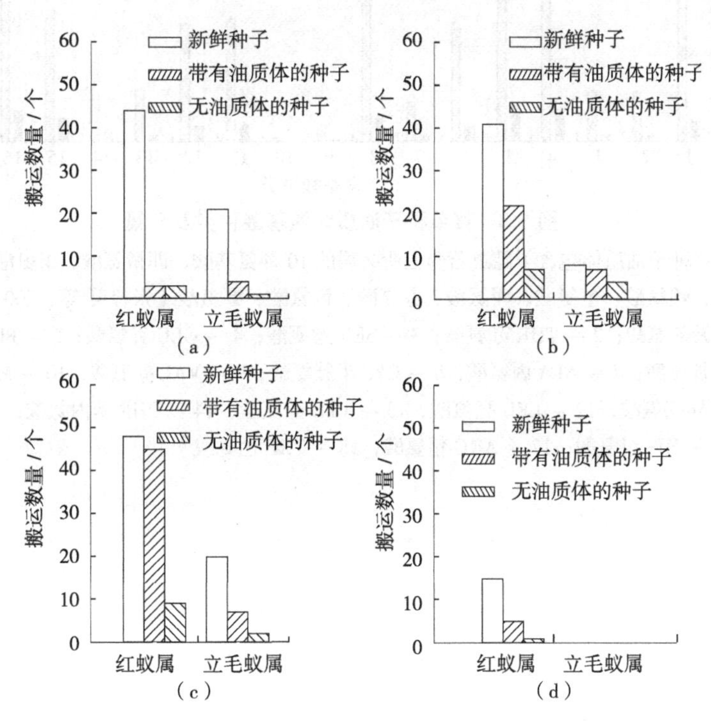

图 5.2 蚂蚁对不同处理种子的搬运

［注：研究发现新鲜的种子和带有油质体的种子更能够吸引蚂蚁（祝艳，2019）。（a）假刻叶紫堇（*Corydalis pseudoincisa*）；（b）羽毛地杨梅（*Luzula plumosa*）；（c）柔毛淫羊藿（*Epimedium pubescens*）；（d）铁筷子（*Helleborus thibetanus*）］

功能。油质体不仅为蚂蚁提供食物，其化学成分一定程度上还能调节蚁群的雌雄比例，影响蚁群的生长和繁殖（图5.3、图5.4）。例如，Morales等（1998）发现用血根草的油质体喂食盘腹蚁后，其蚁群的雌蚁比例比对照组高3.5倍。此外，油质体的形状有利于蚂蚁传播，因为光滑的种皮使种子不易被蚁颚咬住。

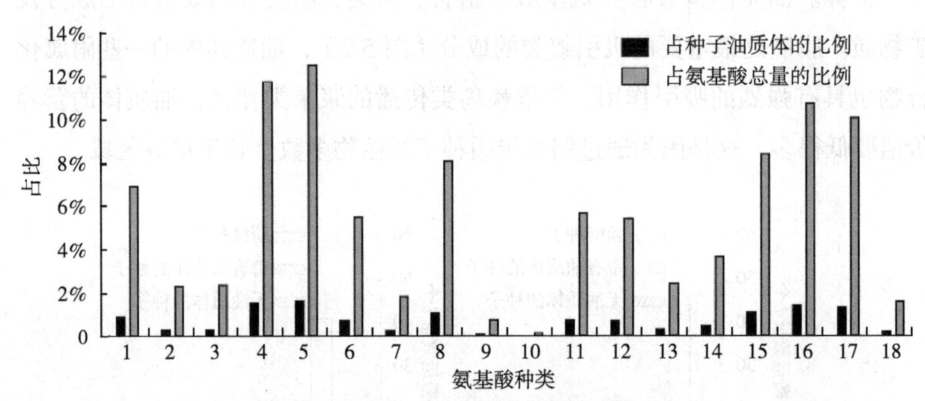

图5.3　舞草种子油质体氨基酸种类及含量

［注：种子油质体包含了昆虫营养上所必需的10种氨基酸，即精氨酸、组氨酸、亮氨酸、异亮氨酸、赖氨酸、蛋氨酸、丙氨酸、苏氨酸、色氨酸、缬氨酸（张智英 等，2001）。图中，1 — ASP天冬氨酸；2 — THR苏氨酸；3 — SER丝氨酸；4 — GLU谷氨酸；5 — PRO脯氨酸；6 — GLY甘氨酸；7 — ALA丙氨酸；8 — CYS半胱氨酸；9 — VAL缬氨酸；10 — MET蛋氨酸；11 — ILE异亮氨酸；12 — LEU亮氨酸；13 — TYR酪氨酸；14 — PHE苯丙氨酸；15 — LYS赖氨酸；16 — HIS组氨酸；17 — ARG精氨酸；18 — TRP色氨酸］

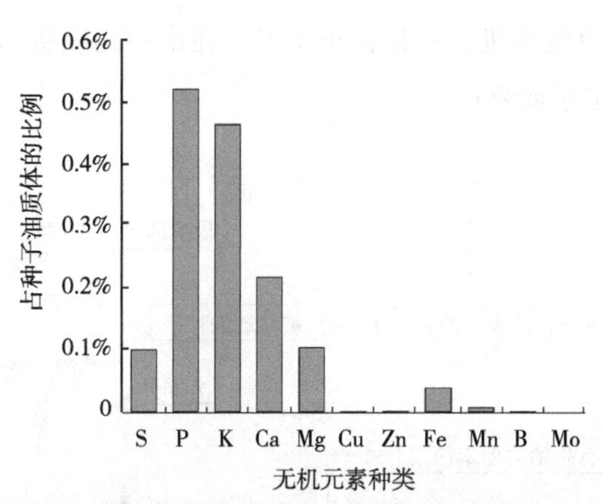

图 5.4　舞草种子油质体无机元素种类及含量

［注：无机元素是蚂蚁外骨骼的主要成分，同时它们对维持各器官的正常生理功能具有重要作用。蚂蚁必需的无机元素有钙、磷、铁、钾、铜、锰、镁、锌、碘等。舞草种子油质体中含有除碘外蚂蚁必需的无机元素（张智英 等，2001）］

二、蚂蚁介导下的种子命运

图 5.5 综合了蚂蚁介导下的种子在传播过程中可能出现的事件。当种子成熟后受重力或风力等因素影响落在地上，它可能留在原地，或被其他有机体搬运离开原始着落地。研究发现，落下的附有油质体的种子大多在 1 ~ 2 d 被蚂蚁搬运离开，极小部分留在原地或被其他动物带走采食，如被啮齿动物和鸟类等带走。从这一节点开始，蚂蚁的搬运将明显地影响种子命运。低质量传播者可能在搬运途中将种子丢弃进而使其进入下一个传播循环，而高质量传播者会将种子搬运回蚁巢。到达蚁巢的种子被蚂蚁吃完油质体后，被丢弃在巢外、被吃掉或被留在巢里包埋。被丢在蚁巢外的种子进入下一个传播循环，而被埋在适宜深度的种子需要一个契机即可进入下一阶段。通常火烧后，埋藏较浅的种子极大概率在火烧过程中失去生命，而埋藏较深的种子无力打破休眠状态，因此在蚁巢里的种子深度可根据萌发情况分为适宜出苗埋藏深度和不适宜出苗埋藏深度。处于适宜萌发深度的种子可能在火烧前后萌发，也可能在火烧时种子死亡或火烧后种子保留活性但不萌发。有活性但未萌发

的种子继续等待萌发契机。一旦种子萌发，在出苗期或将面临死亡，而若成功出苗则或成功定殖或死亡。

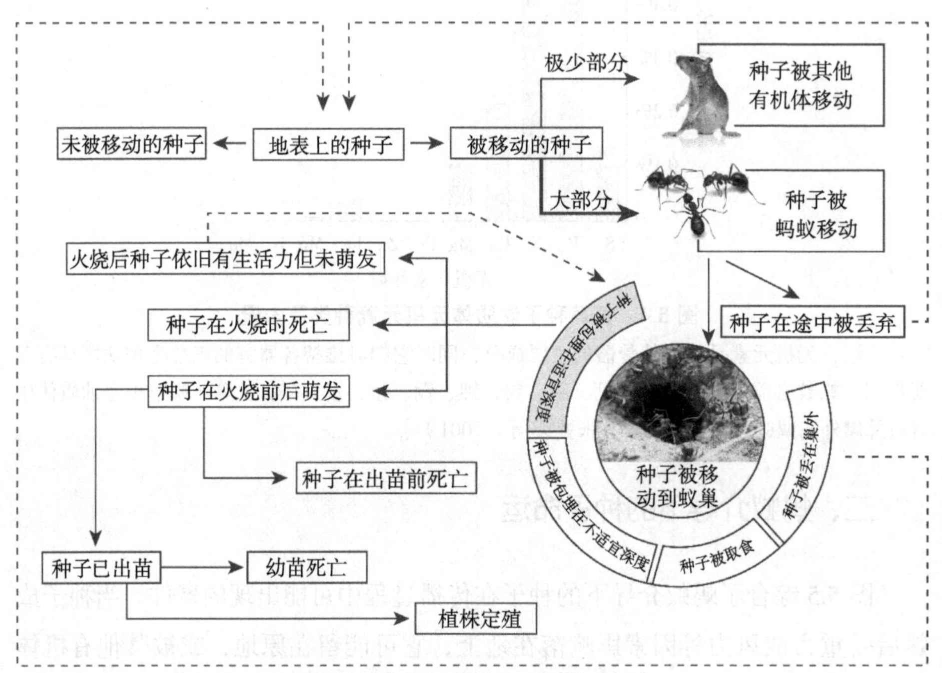

图 5.5　蚂蚁传播的种子命运模式

（注：改绘自 Hughes et al.，1992）

三、蚂蚁传播的特征

1. 蚂蚁传播植物的数量与分布

蚂蚁传播植物至少涉及 77 科 334 属 11 000 多种，约占已知被子植物种类的 4.5%（Lengyel et al.，2009）。蚁播植物的分布范围也非常广，在很多生境中均有分布。多数种类为多年生草本，果实类型不一，如浆果、蒴果、小坚果等，少数为低矮灌木。较为典型的有百合科的延龄草属（*Trillium*），堇菜科的堇菜属（*Viola*），马兜铃科的细辛属（*Asarum*），莎草科的苔草属（*Carex*）等。蚂蚁传播植物从热带至寒温带均有分布，大体上可以分为三大区域。一是北半球的温带森林的林下。温带的夏绿阔叶林的林下植物很多是春花植物，上层的树叶展开之前就发芽，开花，至夏季时，地上部已经枯死，这些多数属蚂蚁传播植物。例如，美国西弗吉尼亚州林下约 30% 的植物是蚂蚁传播植物（Beattie et al.，1981）。二是土壤贫瘠且干燥的草原和热带稀树草原。这些生境的自然条件恶劣，种子被搬入蚁巢大大地提高了种子萌发的可能性，因此，蚂蚁传播植物种类较多且集中。三是热带雨林的林下。热带雨林的蚂蚁种类和蚂蚁传播植物种类均非常丰富，而且共生关系更加复杂。

2. 蚂蚁行为

蚂蚁是一类高度进化的社会性昆虫，其行为复杂。不同种蚂蚁对种子可能会有不同的行为反应，这会直接影响种子的成活率、种子传播格局、种子萌发和幼苗建立的机会。蚂蚁觅食的时候，由于环境中的食物呈随机、小块等多种不可预测性分布及觅食环境的复杂性，蚂蚁发现食物后常会招募其他个体搬运食物。蚂蚁一般使用简单协作募集（simple cooperative recruitment）、小组募集（group recruitment）和群体募集（mass recruitment）等方式搬运食物。

简单协作募集指的是一些单独觅食的蚂蚁，发现食物后释放信息素吸引附近少量其他个体协作搬运食物；小组募集是指当某一觅食者发现食物后，做好标记，然后返回蚁巢带领一小组蚂蚁搬运食物；群体募集是指当一只蚂蚁发现食物后回巢告知同伴，大批的工蚁一起涌向食物。

目前，关于蚂蚁在搬运种子过程中募集行为的研究较少，并且存在一定争议。例如，Hughes 等（1992）观察到大头蚁（*Pheidole* sp.）和盘腹蚁（*Aphaenogaster longiceps*）发现种子后会招募一些同伴搬运种子，而同生境中另一种蚂蚁却不会招募同伴；Servigne 等（2008）发现黑毛蚁（*Lasius niger*）和小红蚁（*Myrmica rubra*）搬运其他类型食物的时候会招募同伴，而面对蚁播植物白屈菜（*Chelidonium majus*）和香堇菜（*Viola odorata*）种子时没有表现出募集行为。一方面可能是因为种子的数量较少，不能够触发募集行为。另一方面，由于油质体成分与死亡昆虫尸体的成分类似，蚂蚁常将油质体误认为后者，因此认为能够很容易地将食物搬运回巢而不需要召集同伴。

3. 传播距离

基于 7889 条观察值，在全球尺度上分析，蚂蚁传播的平均距离为 1.99 m（范围：0.01 ~ 180 m；表 5.1），中位数距离为 0.73 m，将蚂蚁种类作为独立数据后，蚂蚁的平均传播距离为（2.24 ± 7.19）m。从植物类型角度分析，硬叶植物平均传播距离是中型叶植物的 2.56 倍，其中硬叶植物的最大传播距离为 180 m，将蚂蚁种类作为独立数据后，硬叶植物的平均传播距离是中型叶植物的 1.47 倍。从地理位置角度分析，南半球蚂蚁传播平均距离是北半球的 3.20 倍，其中中位数甚至达到 6.23 倍。从蚂蚁分类角度分析，臭蚁亚科平均传播距离最远（Gómez et al.，2013）。

表 5.1　蚂蚁传播距离　　单位：m

分类	平均值（研究数量）	最大值	中位数	不同种蚂蚁平均值（研究数量）
全球	1.99（*n* = 7889）	180	0.73	2.24 ± 7.19（*n* = 183）
植物类型				
中型叶植物	1.09（*n* =3684）	70	0.62	1.73 ± 0.31（*n* =67）
硬叶植物	2.79（*n* =4205）	180	1.54	2.54 ± 0.82（*n* =116）
地理位置				
北半球	1.16（*n* =5321）	70	0.53	1.31 ± 0.26（*n* =77）
南半球	3.71（*n* =2568）	180	3.30	2.91 ± 0.89（*n* =106）
蚂蚁分类				
臭蚁亚科（*Dolichoderinae*）	7.39（*n* =383）	180		4.86 ± 2.74（*n* =34）
刺猛蚁亚科（*Ectatomminae*）	2.19（*n* =702）	8.1		2.04 ± 0.26（*n* =27）
蚁亚科（*Formicinae*）	1.12（*n* =227）	70		1.89 ± 0.65（*n* =21）
切叶蚁亚科（*Myrmicinae*）	1.68（*n* =3005）	25.2		1.54 ± 0.24（*n* =81）
猛蚁亚科（*Ponerinae*）	1.51（*n* =167）	18.7		1.28 ± 0.45（*n* =20）

资料来源：Gómez 等（2013）。

4. 传播时间

蚂蚁众多的数量、不分昼夜的活动，使蚂蚁的搬运能力比其他类群都强（表 5.2），并且热带的许多蚂蚁发现种子后不许其他动物介入。

表 5.2　舞草种子的移动率

地点	时间	对照	蚂蚁净移动率	啮齿动物净移动率	排除蚂蚁和啮齿动物
景谷	昼	76.0%	77.0%	2.0%	0
	夜	44.0%	35.7%	28.3%	0

注：种子掉落地上，立即被蚂蚁发现，并将种子搬运回巢，因而更多的种子由蚂蚁搬运，避免了啮齿动物对种子的取食。这是蚁运植物与蚂蚁互惠共生关系上的一种进化上的适应对策，种子集中在白天释放是为了避开啮齿动物取食活动的时间，而让蚂蚁搬运种子。该研究认为蚁运植物的种子集中在白天释放，可克服种子上的油质体既吸引蚂蚁搬运又引来啮齿动物取食的矛盾。试验处理：对照，蚂蚁和啮齿动物均参与移动种子；蚂蚁可以移动种子，但啮齿动物不能；啮齿动物可以移动种子，但蚂蚁不能；蚂蚁和啮齿动物均不能移动种子（张志英，2006）。

5. 传播目的地

虽然运送距离短，但蚂蚁传播属定向传播，即不仅将种子搬离种源，而且使种子移至有利于萌发和生长的小环境，因为蚂蚁是将种子放置在巢中或在废弃物里，基本上是埋藏起来的，不同于食浆果鸟类。此外，研究认为蚁巢是一个特别有利于种子萌发、出苗和建群的微环境。蚁巢的土壤比周围的土壤有更丰富的营养，如较高的N和P的含量。

6. 传播的随机性

蚂蚁一般同时收集多种植物种子，没有太明确的喜好，而植物也同时依赖多种蚂蚁传播，稍大型的蚂蚁有收集大种子的趋势，反之亦然。蚂蚁传播是较低对应水平上的互利共生关系，即广食共生。

四、影响蚂蚁传播种子的因素

1. 植物因素

蚂蚁对种子的传播是自然界中一种重要的相互关系，蚂蚁和植物都从这种相互作用中获益。蚁播植物常进化出多种特征来增加种子被蚂蚁发现和搬运的可能性。目前，有学者研究发现油质体大小和化学成分、种子形态、初次传播机制、植物高度、种子释放时间和种子的空间分布会影响蚂蚁和蚁播植物种子间的相互关系。

挥发性有机化合物。很多植物会释放出挥发性有机化合物，这些挥发物能够影响植物与动物间的多种关系，如作为抑制剂趋避食草动物和病原体，或作为吸引物引诱传粉者和种子传播者。有学者研究发现，蚂蚁与植物的相互关系中，如蚂蚁 - 植物保护性相互关系和蚂蚁 - 植物传粉相互关系，蚂蚁会对植物的挥发性气味做出反应。然而，很少有研究关注挥发性气味在蚂蚁 - 种子相互关系中所起的作用。目前存在的少量研究结果也不一致。例如，oungsteadt 等(2008)发现蚂蚁被被子植物的种子气味吸引，而 Sheridan 等(1996)发现蚁播植物的种子并没有吸引蚂蚁。植物体营养器官（如叶片）的气味也会调节蚂蚁和植物间的关系。例如，Brouat 等（2000）发现非洲一种乔木的叶子气味能够吸引蚂蚁攻击食植性昆虫。Giladi（2006）的分析显示，很多植物特征会影响蚂蚁对种子的搬运。例如，油质体中的油酸和聚二油酸酯会影响蚂蚁对种子的传播行为（Hughes et al.，1994；Pfeiffer et al.，2010）。

种子大小。种子大小影响蚂蚁对种子的搬运（Nakanishi，1994；Gorb et al.，1995）。Gorb 等（1995）发现种子对蚂蚁的吸引力随着 5 种植物种子体积的增大而增加。然而，蚂蚁搬运的种子越大，其在巢外被捕食的风险越高，因此，将种子搬运到较远距离时，蚂蚁可能会选择搬运相对较小的种子，以减小被捕食的风险，而当种子离蚁巢较近时，蚂蚁可能会选择搬运相对较大的种子。该研究结果说明蚂蚁对种子传播过程的影响不仅取决于蚂蚁种类及其觅食和搬运行为，也与种子特征有关。

种子初次传播机制。植物种子常通过弹力传播或重力传播掉落到地表，不同初次传播机制会影响种子与蚂蚁间的关系，主要体现在以下两个方面：①初次传播机制与种子特征。弹力传播植物种子的油质体较小，能够减少种子弹射过程中的空气阻力，而重力传播植物种子常附生于相对较大的油质体。显然，从种子特征看，蚂蚁会偏好于搬运重力传播植物的种子。②初次传播机制与种子在地表的分布。弹力传播的种子一般在地表呈"分散状"，而重力传播的种子常聚集分布。Gorb 等（2010）发现弓背蚁对呈分散分布的种子有更高的搬运效率，但对体积较大的种子却没有类似情况。但也有研究报道不同蚂蚁对聚集程度的响应不同。例如，Hughes 等（1992）发现大头蚁对聚集分布的种子搬运快，盘腹蚁对单独的种子搬运较快。因此，初次传播机制对种子传播的影响可能具有蚂蚁和植物物种依赖性。

种子释放时间。蚁播植物种子在特定的时间释放增加了种子被蚂蚁发现和搬运的概率（Oberrath et al.，2002；Boulay et al.，2005）。在季节的尺度上，依赖蚂蚁传播的植物常早春开花，并在初夏完成结实和种子传播，而此时地表蚂蚁也到达年际活动高峰期，即蚁播植物种子果期物候与蚂蚁季节性活动期高度重叠。因此，有学者提出"典型蚁播植物的早春开花物候是适应蚂蚁传播的特征"假说，根据该假说，种子释放期间蚂蚁对种子的搬运效率应高于种子释放期结束后。此外，在天的尺度上，研究发现蚂蚁的日活动规律与种子一天中的掉落时间存在显著相关性。Aranda-Rickert 等（2012）发现收获蚁会在一天当中温度较高的时候觅食，而这个时间段正好是大戟科植物一天中种子掉落的高峰时段。Boulay 等（2005）发现在西班牙落叶林中铁筷子一天中种子释放高峰期是 12：00—14：00，而在此时段，蚂蚁的觅食活动最为频繁。

2. 动物因素

蚂蚁种类。蚂蚁是无脊椎动物中重要的种子传播者，蚂蚁种类是影响蚂蚁传播的重要因素（表 5.3）。祝艳研究发现，双针棱胸蚁使用群体募集方式搬运种子，而束胸平结蚁使用简单协作方式搬运种子，双针棱胸蚁对 2 种种子的搬运效率均高于束胸平结蚁。Huges 等（1992）发现在搬运一种豆科植物种子时，使用群体募集方式搬运种子的蚂蚁比单独搬运种子的蚂蚁有更高的搬运效率。束胸平结蚁搬运阜平黄堇和小花黄堇种子及双针棱胸蚁搬运小花黄堇种子时都为 1 只蚂蚁搬运 1 粒种子，而双针棱胸蚁常 1 ~ 2 只共同搬运 1 粒阜平黄堇种子，显然，蚂蚁在搬运行为上的不同会影响搬运效率，不同种的蚂蚁搬运效率亦有不同。

表 5.3　不同属蚂蚁平均传播距离

亚科	属	传播距离 /m	*n*	地理位置	植物类型
臭蚁亚科	虹臭蚁属 *Iridomyrmex*	10.49	258	南半球	硬叶植物
	锥臭蚁属 *Dorymyrmex*	1.59	56	北半球	硬叶植物
	酸臭蚁属 *Tapinoma*	0.57	56	北半球	硬叶植物
	Papyrius	0.49	4	南半球	硬叶植物
	臭蚁属 *Dolichoderus*	0.10	9	北半球	中型叶植物
刺猛蚁亚科	皱猛蚁属 *Rhytidoponera*	2.30	663	南半球	硬叶植物
	外刺猛蚁属 *Ectatomma*	0.42	39	北半球	中型叶植物
蚁亚科	蚁属 *Formica*	10.29	7	北半球	中型叶植物
	织叶蚁属 *Oecophylla*	4.65	6	南半球 – 北半球	中型叶植物 – 硬叶植物
	负蜜蚁属 *Melophorus*	2.47	1	南半球	硬叶植物
	弓背蚁属 *Camponotus*	2.06	25	南半球 – 北半球	中型叶植物 – 硬叶植物
	多刺蚁属 *Polyrhachis*	1.6	31	南半球 – 北半球	中型叶植物 – 硬叶植物
	立毛蚁属 *Paratrechina*	0.61	18	南半球	硬叶植物
	毛蚁属 *Lasius*	0.50	47	北半球	中型叶植物
	尼氏蚁属 *Nylanderia*	0.20	71	南半球 – 北半球	硬叶植物
	捷蚁属 *Anoplolepis*	0.15	21	南半球	硬叶植物

续表

亚科	属	传播距离 /m	n	地理位置	植物类型
切叶蚁亚科	须蚁属 *Pogonomyrmex*	8.54	81	南半球－北半球	硬叶植物
	柔切叶蚁属 *Sericomyrmex*	7.21	5	南半球	中型叶植物
	皱切叶蚁属 *Trachymyrmex*	6.14	22	南半球－北半球	中型叶植物
	顶切叶蚁属 *Acromyrmex*	5.91	37	南半球	中型叶植物
	隐切叶蚁属 *Myrmicocrypta*	4.59	8	南半球	中型叶植物
	驼切叶蚁属 *Cyphomyrmex*	4.15	6	南半球	中型叶植物
	菇园蚁属 *Mycocepurus*	3.97	34	南半球	中型叶植物
	收获蚁属 *Messor*	3.26	615	北半球	硬叶植物
	芭切叶蚁属 *Atta*	3.01	87	南半球	中型叶植物
	小家蚁属 *Monomorium*	2.6	23	南半球	硬叶植物
	盘腹蚁属 *Aphaenogaster*	1.77	466	北半球	中型叶植物－硬叶植物
	举腹蚁属 *Crematogaster*	0.47	166	南半球－北半球	中型叶植物－硬叶植物
	广西巨首蚁属 *Pheidologeton*	0.46	14	北半球	中型叶植物
	大头蚁属 *Pheidole*	0.42	978	南半球－北半球	中型叶植物－硬叶植物
	红蚁属 *Myrmica*	0.36	342	北半球	中型叶植物
	盾胸切叶蚁属 *Meranoplus*	0.21	8	南半球	硬叶植物
	铺道蚁属 *Tetramorium*	0.2	20	南半球－北半球	硬叶植物
	Ephebomyrmex	0.19	13	南半球	中型叶植物
	窄结蚁属 *Stenamma*	0.17	8	北半球	中型叶植物
	冠胸蚁属 *Lophomyrmex*	0.11	9	北半球	中型叶植物

续表

亚科	属	传播距离 /m	*n*	地理位置	植物类型
切叶蚁亚科	火蚁属 *Solenopsis*	0.04	59	北半球	中型叶植物 – 硬叶植物
	沃氏蚁属 *Wasmannia*	0.04	4	北半球	中型叶植物
猛蚁亚科	双刺猛蚁属 *Diacamma*	1.93	6	北半球	中型叶植物
	大齿猛蚁属 *Odontomachus*	1.68	37	南半球 – 北半球	中型叶植物 – 硬叶植物
	厚结猛蚁属 *Pachycondyla*	1.52	108	南半球 – 北半球	中型叶植物 – 硬叶植物
	细颚猛蚁属 *Leptogenys*	1.5	2	北半球	中型叶植物
	齿猛蚁属 *Odontoponera*	1.05	11	北半球	中型叶植物
	短猛蚁属 *Brachyponera*	0.04	2	南半球	硬叶植物
	姬猛蚁属 *Hypoponera*	0.03	1	北半球	中型叶植物

资料来源：Gómez 等（2013）。

蚂蚁分类在“蚂蚁网”（http：//www.ants-china.com/index.html）进行。

关联效应。蚁播植物种子释放期间，环境中存在蚂蚁可以利用的其他食物，如昆虫、蜜露和其他植物种子等。这些食物的存在会影响蚁播植物种子对蚂蚁的吸引力，这种影响称为“关联效应”（associational effects；Ostoja et al.，2013a，2013b）。若其他食物的存在降低了目标植物种子的搬运，称为“联合抗性”（associational resistance；Ostoja et al.，2013a，2013b），若其他食物的存在提高了目标植物种子的传播，称为“联合易感性”（associational susceptibility；Emerson et al.，2012）。例如，Boulay 等（2005）发现其他食物（如黄粉虫、芝麻种子）的存在促进蚂蚁对铁筷子种子的搬运。

干涉竞争。蚁播植物种子释放期间，常有其他竞争者或捕食者干扰蚂蚁对种子的搬运（Tanaka et al.，2016）。不同蚂蚁种类之间的干涉竞争（interference competition）现象比较常见，这种干扰可能会影响蚂蚁对种子的搬运（Leal et al.，2014）。如一些“高质量”的种子传播蚂蚁的搬运活动常受到一些在原地取食油质体的蚂蚁活动的影响，从而导致"高质量"传播蚂蚁对种子的传播距离较近（Leal et al.，2014）。并且，较强的干涉竞争也会影响蚂蚁对种子的选择偏好，进而影响种子特征的进化（Tanaka et al.，2016）。

3. 非生物因素

非生物因子一般通过影响蚂蚁的觅食活动或种子的特性进而影响两者间的相互作用（Stuble et al.，2014）。例如，在北美东部森林中通过升温受控实验发现，温度升高改变了蚂蚁的多度和活动水平，进而影响了蚂蚁对种子的传播（Stuble et al.，2014）。Guitián 等（2002）也发现强光照下狗牙堇种子油质体容易失水，对蚂蚁的吸引力也随之降低。当然，非生物因素对蚂蚁与种子相互作用的影响并不一定是负面的。有研究发现火和水的干扰一定程度上促进了蚂蚁对种子的搬运（Prinzing et al.，2008），这可能是因为这些因素减少了蚂蚁可以利用的其他食物，蚂蚁只能将种子上的油质体作为主要的食物来源，也有可能是因为油质体可以为蚁群的重建提供必需的营养来源。近些年来，也有研究关注较大尺度下，温度对蚂蚁活动规律和植物物候同步性的影响，他们发现温度的变化会改变两者长期以来形成的"默契"，从而影响蚁播植物分布。

五、蚂蚁传播的意义

长期以来，植物与种子传播者间相互作用被认为是被子植物多样化的驱动因素，昆虫传播者在被子植物的早期格局形成中起到了举足轻重的作用，其中植物与种子传播者间的互惠关系被认为是第三纪后期维持较高物种多样性的重要因素。但早期的研究多为描述性质，缺乏严谨的实验证据。Janzen（1966）首次用实验手段在金合欢属（*Acacia*）植物和蚂蚁之间确定了互利关系之后，涌现出了大量以蚂蚁和植物的互利关系为对象的研究（Rico-Gray et al.，2007）。这二者间的互利是自然界众多互利关系中的一种经典例子，其中蚂蚁对植物的保护作用由于便于控制，已成为种间关系的生态与进化研究的模式系统之一（Heil et al.，2003；Stadler et al.，2005）。

蚂蚁对植物种子的传播、传粉和对植物的保护，从根本上影响了植物的更新、定殖和种群的持久性。植物种子与蚂蚁传播互惠关系为植物提供了一个可靠的合作伙伴，大大提高了植物的适合度和种群的增长速度，进而减少了物种的灭绝速度。此外，蚂蚁传播的定向性和距离局限性，可能会减少种群间的基因流动，提高植物的局地适应性，逐渐形成区域植物的生殖隔离，增加了新植物的物种形成概率。此外，蚂蚁传播的生态、进化意义还体现在以下4个方面:①避免竞争。美国东部森林林下的研究表明,种子被放入蚁巢中,能够有效地避免和其他种子和幼苗之间的竞争。②避免火烧。美国西部及澳洲的一些顶极群落中,种子在土层下的蚁巢里可避免火烧，又不会影响萌发，甚至火烧时适当的高温能刺激种子发芽。③避免捕食。油质体吸引蚂蚁的同时也面临步行性甲虫、啮齿动物和鸟类的捕食，被搬入蚁巢中能有效地避开这些捕食者。④有利于萌发和生长。蚁巢及废弃物环境有助于种子萌发和幼苗的生长，土壤较之周围营养成分高，疏松，透气性好，湿度大。但也有研究报道，土壤养分高而萌发率和幼苗生长提高得并不显著。在热带区域，温度和光是影响幼苗的更重要的因素。

第二节　蜣螂传播

蜣螂（Geotrupidae），隶属于鞘翅目（Coleoptera）金龟科（Scarabaeidae），已知12族230属5900余种（Bai et al.，2011），因其独特的行为和食性被称为屎壳郎、圣甲虫，在多种生态功能中扮演着重要的角色，广泛存在于各类生态系统（包括沙漠、农田、森林和草原等），是一类具有丰富的物种多样性且经济意义重大的昆虫，一直受到学者们的关注。我国现存最早的药物学专著《神农本草经》记载，蜣螂，一名蛣蜣；《本草纲目》记载其亦称推丸、推车客、黑牛儿、铁甲将军、夜游将军。

研究发现，蜣螂与脊椎动物粪便有着良好的关系，并且扮演着分解者和分散者的角色,其对哺乳动物粪便的快速破碎化、营养物质转移起到关键作用。

粪便经过蜣螂的消化系统后，少量被吸收消化，大部分被蜣螂排泄到土壤中增加了土壤的肥力，而且蜣螂在土壤中的掘洞作用也疏松了土壤（白明 等，2010），因此在景观尺度上理解生态系统的结构和功能是极其重要的环节，其生态效益包括增加土壤肥力和通气性（Mittal，1993）、增加养分循环的速率和效率(Nealis,1977; Miranda et al.,1998)、增加植物养分吸收和产量(Miranda et al.，1998）、防止草地土壤养分流失（McKinney et al.，1975）、控制害虫及脊椎动物肠道寄生虫（Bergstrom et al.，1976）和种子的传播。

很多植物种子在食草动物消化道中不会被破坏，随着食草动物的粪便而被传播到其他地方。例如，在野外可以见到在地表时间比较长的粪便上会有种子萌发。蜣螂收集粪便并制成球状物，在移动过程中利用后足和中足滚动粪球，或者利用后足或头部推动粪团进行移动。蜣螂对种子的传播包括种子在地面的水平运动和埋藏种子的垂直运动，且对植被重建有多方面的影响。最重要的是，与地表上种子相比，埋藏于土里极大地降低了种子被捕食的可能性（Crawley，2000）。这是因为种子传播后，其被采食率依旧很高（Janzen，1971），长此以往，捕食压力微小变化的累积效应会对植物种群结构产生重大影响（Crawley，2000）。此外，种子埋藏也会影响种子所经历的小气候，如光照大幅减小、湿度显著提高。这些变化会影响种子的存活、萌发和幼苗的建立（Price et al.，1986；Chambers et al.，1994；Fenner，2000）。

一、蜣螂介导下的种子命运

种子与蜣螂相互作用的结果（图5.6），即种子是否被二次传播到有利于建立或死亡的地点，取决于许多因素。有些因素是内在的，它们与相互作用中的参与者相关，并对相互作用产生直接影响。内在因素包括蜣螂的特征，如体重和粪便处理行为，以及种子或幼苗特征，如种子大小和幼苗的功能形态。外在因素可通过影响当地蜣螂群落的组成，间接影响相互作用的结果，包括与蜣螂相关的特征，如排便模式或环境特征，如一天中的时间、季节和栖息地干扰。

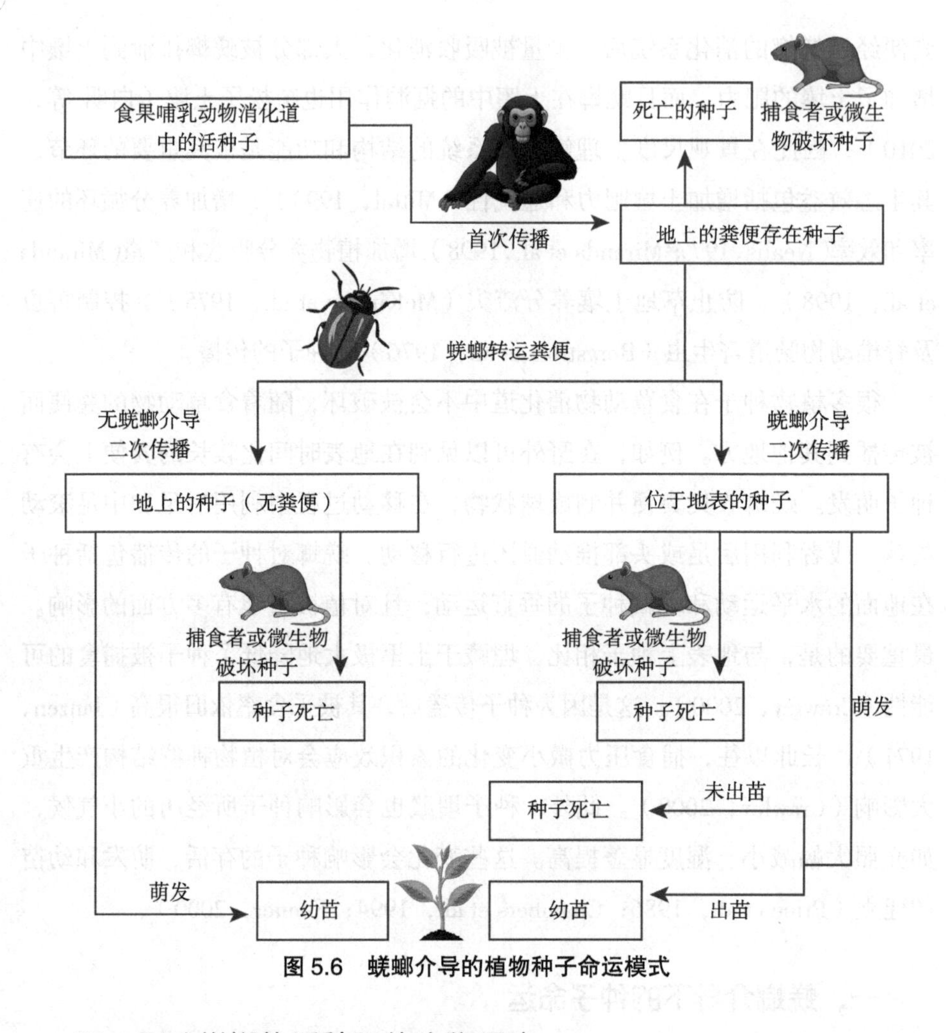

图 5.6　蜣螂介导的植物种子命运模式

二、影响蜣螂传播种子的生物因素

1. 蜣螂的类型

蜣螂最开始属腐食性，而后逐渐演变为粪食性。粪食性蜣螂以哺乳动物粪便为食或将其作为繁殖场所，根据其筑巢、育幼行为及处理粪便的方式可分为掘洞型（tunneller，在粪便下掘洞，通过拉和推将部分粪便转移进洞穴中）、滚粪球型（roller，制作粪球，并在地表滚动一定距离后埋入土中）和粪居型（dwellers，在粪便内或紧邻粪便下方处理粪便，而非地下挖洞）3 种类型。

从以上定义可以看出，掘洞型蜣螂和滚粪球型蜣螂具有传播种子的能力，可以充当种子传播的媒介并将种子从最初的落点移开。

掘洞型蜣螂需要在粪堆下直接挖掘洞穴并将粪便转运到洞穴中，而哺乳动物粪便具有稀缺性、分散性和短暂性（白明 等，2010），这就要求掘洞型蜣螂尽快挖掘洞穴，而转运粪便则并非第一要务。因此，掘洞型蜣螂通常具有发达的前胸背板，可用于容纳更多的前足开掘所用肌肉，中足与后足并未直接参与开掘过程，故其附着肌肉并未有进一步的特化。滚粪球型蜣螂一般认为起源晚于掘洞型蜣螂（Cambefort，1991），据推测是一部分掘洞型蜣螂无法适应高效率和高竞争性的粪便下直接掘洞需求，而将地面上的粪便转运到其他地方。故滚粪球型蜣螂体形扁平，后足肌肉发达，成束的肌肉两端附着在叉骨基部和叉臂上，弯曲的长叉臂有利于增加肌肉的附着面积及附着的稳定程度，靠近叉骨主干一侧的肌肉同时贴靠在叉骨主干的背立脊上，可以起到滚粪球运动过程中减力的作用，同时可以提高叉骨的稳定性。

研究显示，在秘鲁（Andresen，1999）和墨西哥（Estrada et al.，1991）雨林，滚粪球型蜣螂移动粪球的平均水平距离分别为 1.0 m 和 1.2 m，最大距离可达 5 m，而在非洲雨林中的距离可达 10 m（Engel，2000）。与滚粪球型蜣螂相比，掘洞型蜣螂物种丰富度较高，且掩埋的种子更多（Peck et al.，1984；Feer，2000；Anresen，2002a）。

在收集粪便时，滚粪球型蜣螂似乎比掘洞型蜣螂更挑剔。研究发现，在粪球重量和大小受到限制时，滚粪球型蜣螂可以最大限度地提高粪球质量。例如，在粪球形成过程中剔除植物种子。掘洞型蜣螂在将粪便运过“隧道”时，也会将许多种子从粪便中剔除出去。由此可见，蜣螂仅采食粪便，而不采食种子，这意味着种子是粪便中的污染物，蜣螂是优秀的种子传播者。此外，由于掘洞型蜣螂活动范围集中在靠近粪源的地方，这可能对植物的更新和物种的延续是不利的（Howe，1989），而滚粪球型蜣螂通过去除粪便中的部分种子来进行更高质量的传播，从而降低幼苗竞争和（或）依赖密度的种子被捕食的可能性（Anresen，1999，2002b），更有利于植物的生存和发展。

2. 蜣螂个体大小

相较小体形蜣螂，相同时间内，个体较大的蜣螂能够处理更多的粪便，需要的粪源也更多（Doube，1990；Hanski et al.，1991）。因此，在给定固定大小的种子时，大体形蜣螂能够容忍的粪便中种子多于小体形蜣螂，即大体形蜣螂能够传播更多的种子，几项研究也证明了体形较大的蜣螂比体形较小的蜣螂埋在粪便中的种子比例更高（Feer，1999；Vulinec，2000，2002；Anresen，2002）。研究还发现，大体形蜣螂不仅能埋入更多种子，还能比小体形蜣螂埋入更大的种子。与小体形蜣螂相比，大体形蜣螂往往会将种子埋得更深（Feer，1999；Vulinec，2000，2002）。从平均值来看，掘洞型蜣螂个体更大（Estrada et al.，1991）。

3. 种子埋藏量和埋藏深度

对蜣螂而言，粪便资源的竞争是极其激烈的，从生物统计角度分析，尽快搬运粪便是有利种群生存的（Hanski et al.，1991）。因此，蜣螂需要在投入时间于粪便中清理种子和直接搬走粪便间抉择。如果不清除粪便中的种子，种子会占用蜣螂用来觅食的地下巢室，影响其搬运效率，但种子会被埋在土壤表面和蜣螂巢室间的中间深度；如果蜣螂埋藏粪便之前或期间清除了粪便中的种子，种子很可能会留在地表。而这显然不利于种子萌发，幼苗出苗、建立或存活。例如，当种子在土壤表面时，其萌发会受到抑制，进而避免水分有效性低的生境条件（Pons，2000）；而种子被埋藏时，埋藏深度会限制出苗率，埋藏太深使得幼苗无法到达表面（Pons，2000）。然而，许多大种子植物即使被埋得太深不能成功出苗也会萌发，造成种子资源的浪费（Fenner，1987；Vander Wall，1993；Daling et al.，1994；Chen et al.，1999）。

此外，相比散落土壤表面的种子，埋藏于土壤内的种子逃脱捕食的概率明显更高（Chambers et al.，1994；Crawley，2000）。巴西的一项研究使用了11种被蜣螂掩埋的树木种子，结果表明，掩埋种子使啮齿动物捕食种子的可能性降低了2/3（Andresen et al.，2004）。此外，对墨西哥、秘鲁和乌干达热带雨林的研究表明，种子被捕食的概率随着埋藏深度的增加而降低（Estrada et al.，1991；Shepherd et al.，1998；Andresen，1999）。墨西哥的这项研究使用了一种实验装置，将种子埋在一个装有圈养啮齿动物的大笼子里（Estrada et al.，1991），发现埋在 5.1 ~ 8 cm 深的种子遭受 17% 的被捕食率；而在乌干达和秘鲁进行的一项研究评估了埋藏在森林横断面上的种子的被捕食率（Shepherd et al.，1998；Andresen，1999），结果表明，埋在 1 ~ 5 cm 深的种子只遭受了 1% ~ 4% 的被捕食率。用圈养啮齿动物做实验很可能会高估自然捕食率，尽管如此，我们仍然可以总结出，被蜣螂埋在 3 cm 深的种子最有可能逃脱啮齿动物的捕食。

种子埋藏有利于植物再生，因为它降低了被捕食的可能性，但如果幼苗的嫩枝不能到达土壤表面，它也可能产生负面影响（Fenner，1987）。此外，随着种子埋藏深度的增加，不出苗的可能性也会增加，大多数物种的出苗率随着埋藏深度的增加而大大降低。这种关系已经清楚地显示在一些热带森林树种中，它们的种子被实验播种在不同的深度（Fenner，1987；Daling et al.，1994；Shepherd et al.，1998；Feer，1999；Engel，2000；Pearson et al.，2002；Andresen et al.，2004），在某些植物物种中，蜣螂深埋种子会严重阻碍种子出苗，在这些物种中，超过 90% 的埋藏种子无法出苗（Andresen et al.，2004）。

4. 排便模式

根据体形、社会行为、运动模式和消化生理等特征，不同的食果动物在排便方式和排便地点上存在较大差异。这些特征影响了种子初始传播事件，决定了粪便和种子在森林地面上的初始空间分布（Andresen，1999，2002；Zhang et al.，1995；Julliot，1997；McConkey，2000）。一般来说，种子周围的粪便数量会影响它们的短期命运。粪便数量的增加显然会吸引更多种类的蜣螂，在某些情况下也会吸引更大体形的蜣螂（Peck et al.，1984；Andresen，2002）。通过模拟对比试验发现，被较多粪便包裹的种子被蜣螂掩埋的次数更多、深度更深。因此，粪便 / 种子的比例较高时，种子被捕食率低、未出苗率高，相反，粪便 / 种子的比例较低时，种子被捕食率升高、未出苗率降低。

这些相反的影响通常是相互补偿的，粪便的数量对种子的长期命运没有显著影响，即由较多粪便埋入的种子与由较少粪便埋入的种子形成的幼苗数量相同（Andresen，2001）。

三、影响蜣螂传播种子的非生物因素

1. 时间因素

昼夜。在大多数生境中，根据蜣螂昼夜活动生活习性，其群落的物种组成和结构完全不同。例如，在热带森林中，夜间活动的蜣螂个体数量更多，平均个体尺度更大，掘洞型蜣螂所占比例更高（Hanski et al.，1991；Halffter et al.，1992；Feer，2000；Andresen，2002）。Andresen（2002）在 4 个独立的实验中发现，相比白天，蜣螂夜间掩埋的种子更多且更深。这项研究还报告了一天中的时间对粪便清除量的显著影响，夜间粪便的清除量高于白天。同样，Hingrat 等（2002）发现种子埋藏率与夜间大体形掘洞型蜣螂的加权丰度存在正相关。

季节。Andresen（2002）发现巴西雨林中旱季和雨季的短期种子命运有显著差异：雨季埋藏的种子（39%）比旱季（32%）多。然而，埋藏深度在两个季节都是相同的。该研究还发现，与雨季相比，旱季 24 h 后完全清除的粪便堆要少得多。即使在这片森林中发现了这些差异，但就像在其他季节不明显的森林中一样，蜣螂群落的组成和丰度在季节之间变化很小（Peck et al.，1982；Andresen，2002）。

2. 栖息地干扰

蜣螂的种群结构很大程度上受环境特征的影响，如植物覆盖、土壤特征和气候条件。此外，由于蜣螂依赖其他动物获取粪便，它们的数量受到其他动物，特别是哺乳动物种群变化的影响。因此，蜣螂会对其栖息地的生物和非生物变化做出反应，无论这些变化是自然因素还是人为干扰导致的。栖息地干扰导致蜣螂种群物种丰富度、物种组成、时间结构（白天或夜间活动的物种）和类型（掘洞型、滚粪球型或粪居型）发生变化。事实上，在几个热带森林中，蜣螂已经被用作森林干扰的生物指示器。

如果蜣螂群落受到栖息地干扰的影响，其作为次级种子传播者的生态重要性可能也会受到影响。然而，栖息地干扰的功能或间接效应很少被直接测量，而是基于物种丰富度和丰富度的直接效应数据来进行预测（Didham，1996）。因此，虽然有几项研究测量了栖息地干扰（如森林碎片化）对蜣螂群落结构的影响，并间接预测了对种子二次传播和植物种群更新的不利影响（Estrada et al.，1998，1999；Vulinec，2000，2002），但只有几项研究直接测量了干扰对蜣螂二次传播的影响。在巴西的一项研究中，Andresen（2003）对连续森林、1 公顷森林斑块和 10 公顷森林斑块中的种子命运进行了比较，发现连续森林中的蜣螂埋藏的种子比例明显高于森林斑块。然而，所有种子（埋藏和不埋藏）的成苗总数在不同地点之间没有显著差异。尽管如此，对于其中一种植物而言，森林斑块中埋藏种子与地表种子的成苗差异远大于连续森林。因此，在森林斑块中埋藏种子似乎比在连续森林中更有利，这很可能是因为森林斑块中的表层种子会受到非常高的捕食压力（Andresen，2003），但需要进行更多的实验来证实这一点。在法属圭亚那的另一项研究中，Hingrat 等（2002）发现，在连续的森林中被蜣螂掩埋的一种树种的百分比，与在人工洪水景观中的岛屿相比没有明显差别。同样，他们没有发现不同栖息地啮齿动物捕食种子的差异。因此，得出这样的结论似乎是合理的，即如果蜣螂群落受到森林干扰的负面影响，那么蜣螂对种子传播的影响将会减弱，但这一点需要通过观察或实验研究直接证实。此外，巴西的研究（Andresen，2003）表明，简单地量化蜣螂对种子的二次传播是不够的，还必须连续观测种子传播和不传播的后续影响。

四、影响蜣螂传播种子的其他因素

在这一部分中，我们将只关注那些在蜣螂传播种子的背景下研究过的其他因素。然而，许多其他外部因素影响着当地蜣螂群落的组成，但它们对种子传播和种子命运的影响尚不清楚。其中一些是：粪便类型（包括不同哺乳动物种子传播者的粪便，以及鸟类、爬行动物和两栖动物种子传播者的粪便），土壤特性（硬度、湿度、质地），森林类型，种子种类和种子大小及脊椎动物群落的组成。关于种子大小，蜣螂把小种子埋得比大种子深。此外，较大的种子为种子捕食者提供了更明显的嗅觉线索，因此对埋藏种子的捕食随着种子大小的增加而增加。然而，在一些热带雨林中，大种子往往被储存种子的啮齿动物次级传播，而不是被它们采食。因此，对于产生啮齿动物传播种子的植物来说，对被蜣螂掩埋的种子命运的研究应该包括对啮齿动物作为种子捕食者和次级传播者的作用的定量评估。有必要指出的是，其中许多因素不仅影响蜣螂群落的组成，而且还影响种子捕食者和病原体群落的组成和行为。值得注意的是，在种子－蜣螂相互作用发生的同时，种子－捕食者和（或）种子－病原体相互作用也在发生，理解这些多重相互作用本身是如何相互作用可能会最终决定种子的命运（Andresen et al.，2004）。

另外，研究人员指出未来研究的几个有趣的途径，重点是蜣螂对种子存活和幼苗建立的影响。首先，正如已经提到的，人们几乎不知道被蜣螂二次传播的小种子（≤ 3 mm）的最终命运。由于它们的体积较小，这些种子大多被蜣螂埋藏，而且它们往往比较大的种子埋得更深。一般认为，由于深埋种子的出苗率很低，蜣螂埋藏对这类种子的影响是负面的。然而，这种影响还没有量化。同时，也有观点认为，一些小种子物种表现出长期休眠，被蜣螂掩埋地下后形成土壤种子库，当种子被非生物因素或生物媒介重新带回地面或适宜的土壤深度时，种子可能会大量萌发，这解释了种子不会因为蜣螂最初的深埋而遭受实质性的负面影响。其次，虽然成年蜣螂不采食种子是众所周知的，但幼虫是否会采食种子仍未可知。幼虫有非特殊的口器，使它们能够处理育种球中的纤维内容物（Halffter et al.，1982），因此它们有可能会吃掉粪便中嵌入的一些种子。最后，由于脊椎动物（特别是哺乳动物）排出的大多数种子是以种子集群的形式沉积的（Howe，1989），无论种子埋在哪里，蜣螂传播后的种子都可能极大地减少种子聚集效应，从而降低幼苗的竞争。也有研究发现，啮齿动物和昆虫等种子捕食者会被粪便气味吸引（Janzen，

1982；Levey et al.，1993；Andresen，1999）；因此，通过蜣螂活动清除种子周围的粪便可能会降低被捕食者发现的概率。同样，被蜣螂清理过的种子受到真菌侵袭的概率也更低（Jones，1994）。蜣螂对粪便中的种子进行“二次”传播，对于植物种群动态具有重要意义（Fenner，1987）。

五、蜣螂传播对植物的意义

在热带雨林中，粪便－蜣螂－种子的相互作用有多普遍？在这些森林中，食果动物的生物量占脊椎动物总生物量的较大比例。此外，大多数树种结出适合动物食用的肉质果实，并通过动物消化道来传播种子。这些森林中的蜣螂群落在物种和个体方面都非常丰富，鉴于脊椎动物的粪便，特别是食草动物的粪便是大多数蜣螂物种的首选资源，可以肯定地说，粪便－蜣螂－种子的相互作用在大多数未受干扰的热带雨林中广泛存在。

与初级传播相比，蜣螂对种子的二次传播有多重要？哺乳动物通过排泄进行初级传播，其特征通常是种子沉积在远离母体植物的地方，但也可能是种子聚集的地方，且周围密布粪便（Howe，1989；Andresen，2000）。虽然远离母体植物的种子对许多植物物种是有利的（Harm et al.，2000），但种子聚集并和粪便共存可能对植物适合度产生负面影响。由于密度依赖的捕食者或病原菌的活动，种子大量聚集会导致种子或幼苗存活率下降。粪便的存在可能会吸引种子捕食者，导致种子存活率下降。因此，虽然大多数哺乳动物的初级传播会成功地将种子存放在存活率较高的地点，但相比于母体植物的紧邻，蜣螂通过传播、埋藏种子和粪便进一步提高种子存活和幼苗建成的概率。

蜣螂在植物性状演化中扮演了什么角色？蜣螂可能已经与粪便中的种子相互作用了很长一段时间。就像蜣螂移动和埋藏存在于今天食果动物粪便中的种子一样，数百万年前，它们搬运和埋藏存在于食果恐龙粪便中的种子（Chin et al.，1996）。因此，人们很容易提出，在影响植物性状的众多演化压力中，蜣螂的二次种子传播也可能起到了作用。例如，Shepherd 等（1998）提出，如果蜣螂总是把种子存放在更安全的地方，从而不断降低种子存活率的可变性，那么它们可能倾向于定向选择种子大小，植物将朝着增加被蜣螂埋藏的可能方向演化，即生产更小的种子。然而，如果在被蜣螂掩埋的种子中，较大的种子比较小的种子更能形成幼苗（因为它们有更大的储量，或者因为它们被埋得不深），那么这也应该起到定向选择的作用，但演化方向相反：朝着更大的种子方向进行。或者，被蜣螂埋藏、增加种子存活率和减少出苗率这些相反的影响可以向有利于增加种子大小变异的方向进行(两头下注策略)，这已被认为是植物的一种适应性策略。尽管蜣螂对种子的演化效应还不清楚，但其生态效应已经开始显现。不仅许多生物和非生物因素在决定蜣螂 – 种子相互作用的结果中发挥作用，而且其他生物可能具有协同或拮抗效应，形成一个复杂的相互作用网络（Andresen et al.，2004）。

第六章　脊椎动物介导下的种子传播

种子传播有效性是评估动物对植物更新贡献的关键指标，常分为“数量”指标与“质量”指标两个方面，其中数量指标强调被动物取食和搬运的种子数量；质量指标则关注多少种子能在动物传播中获得萌发和建成的机会。可见，种子传播有效性直观地反映了植物与生境中各种传播动物之间的互惠关系，是评估植物更新能力的重要指标。

脊椎动物传播种子和果实是个体生物学和现代生态系统功能的中心。动物的传播效应使它们能够逃离捕食者，找到适宜生存地点，减少与亲代之间的竞争，进一步影响植物群落结构和个体分类群的分布。脊椎动物对种子的传播按照传播者的差异可以分为鱼类传播、爬行动物传播、鸟类传播、哺乳类传播及蝙蝠类（翼手类）传播等。本章主要介绍了啮齿动物传播、爬行动物传播、鸟类传播、食肉动物传播。

第一节　啮齿动物传播

啮齿动物是生态系统中的初级消费者，也是高级消费者的主要食物来源，对生态系统的物质循环、能量流动、信息传递具有重要意义。啮齿动物以植物枝叶和种子为主要食物，同时，啮齿动物对种子具有储藏行为，是种子传播和分布范围转移的前提，有利于实现森林生态系统的更新和稳定。啮齿动物通过囤积食物充当了种子的二次传播者，使其成为研究动物－植物交互作用的最好素材，无论是从动物行为学上研究其生存策略，抑或是在更新生态学上研究贮食对种子萌发与自然更新的影响，都有着广泛的应用。

一、啮齿动物的贮食类型

啮齿动物是地球上数量最庞大的一类哺乳动物，同时也是非浆果类植物种子的重要捕食者和传播者。森林小型啮齿动物（以鼠类为主）主要以植物种子为食，尽管鼠类对种子的消耗十分巨大，但由于鼠类特殊的贮食行为，使其成为一类重要的种子传播者。许多动物都有贮藏食物的习性，但尤以鼠类的贮食行为最为发达，尤其是在高纬度地区，为应对冬季的食物短缺，必须贮食才能有效存活下来。所谓贮食是动物在食物丰富时，贮藏一些以备将来食物缺乏时用，是一种复杂的取食行为。贮食行为包括种子的寻找、选择、搬运、贮藏、再取食等系列行动。

啮齿动物多为小型哺乳动物，主要以各种乔木、灌木乃至草本的种子为食，因此一般认为啮齿动物是典型的种子捕食者。啮齿动物可通过贮食行为来完成对植物种子的传播。啮齿动物的贮食行为总体可分为两种类型，一种是分散贮藏，另一种是集中贮藏。分散贮藏是将大量的种子放置在多个贮点，每个贮点放有一至几粒种子，贮点一般接近地表，在条件合适的时候种子可能萌发为幼苗，说明这类贮藏对种子有传播作用。集中贮藏是将大量的种子放置在一个地点，如巢穴等，一般有一定的深度，没有外界干扰的种子不可能萌发，对种子几乎没有传播作用。采用哪种贮藏方式由啮齿动物的种类、种子的特点及周围环境决定。分散贮藏的能量消耗要远大于集中贮藏，但不会被一次性盗食，集中贮藏则正好相反。

二、啮齿动物的贮食传播

啮齿动物的贮食传播一般具有以下几个方面的特点。

①传播方向：啮齿动物搬运和贮藏种子与其自身的巢区有关，传播方向由种源和巢区的位置决定。啮齿动物的巢区一般在林下植物丰富的区域，储藏区域多在种源和巢区之间的连线上。

②传播距离：和鸟类传播相比，啮齿动物的种子搬运距离相对较近，多

在几米到几十米的范围内。也就是说，啮齿动物对种子的搬运是以种源为中心向一定区域内扩散。

③贮点生境：贮点的微环境对种子能否萌发有至关重要的影响。分散贮藏的啮齿动物将大量的种子分散埋藏在地表下，林地内的枯落层下，这样的贮点生境往往非常适合种子的萌发。日本北海道的研究表明，松鼠埋藏的红松种子深度多在 2.5 ~ 3.5 cm，而这一深度被认为有利于松树的种子萌发。

④贮点种子数：分散贮藏的每一贮点种子数较少。例如，大型的刺豚鼠每个贮点多为一个果实或种子，松鼠贮藏红松种子的贮点种子数为 1 ~ 11 粒，鼠类贮藏橡子时多数贮点为 1 粒。

⑤传播后捕食：啮齿动物分散贮藏的目的不是传播种子，而是为将来准备食物，因此会重新取食种子，即所谓的传播后捕食。啮齿动物分散贮藏的种子规模较大，且重新取食率也较高。其中有相当一部分种子被遗忘或剩下，继而得以萌发。热带森林内刺豚鼠会移走全部的种子，30% 被食，余下的 70% 被分散贮藏，40% ~ 85% 的种子会在下个月被重新取食；北美花鼠则贮藏了南蛇藤种子的 63% ~ 80%，53% 的贮点会被重新取食。一般认为啮齿动物主要依靠 3 种方法重新发现贮点。一是空间记忆，但是由于鼠类可在几天的时间内完成几百个贮点，并且时隔一至数月后重取，鼠类大概率会忘记，另外鼠类也常常盗取其他个体的贮点。二是嗅觉，更格卢鼠科的沙漠鼠类能凭嗅觉发现地下相当深度的种子。三是视觉，即根据土壤分布或位置等线索，鼠类也会根据萌发的幼苗确定和重取已被遗忘的贮点，传播后捕食对一些草本植物的幼苗补充和种群密度有限制性影响。尽管啮齿动物有很高的重取率，仍然会有很多贮点被遗忘或剩下，继而得以萌发。

⑥传播对象：相比哺乳动物，啮齿动物的传播对象更为广泛，包括乔木、灌木和草本。

⑦发生区域：贮藏的种子可能被盗食、遗忘、腐烂、发芽等，而且贮食本身也需耗费较多能量，因此这种行为多发生在种子的量和质不稳定的环境。事实上，在具有季节性的温带森林、种子生产不规则的热带森林、受降雨条

件限制的沙漠等生境里，啮齿动物的贮食行为非常发达。啮齿动物通常会取食、贮藏较大的植物种子或果实。一方面，因为较大的种子或果实内富含营养物质，如淀粉、脂肪、蛋白质及其他营养物质，是啮齿动物等的重要食物资源；另一方面，比较大的种子或果实在自然界中更容易贮藏，通常不易腐烂变质，是啮齿动物贮藏的理想对象。

三、啮齿动物与植物间相互作用

被啮齿动物主动传播的种子一般都是其直接作为啮齿动物食物的一些种子。啮齿动物对这些植物的作用实际上是种子的捕食者兼扩散者。二者之间的关系是比较矛盾的，植物既要依赖其传播，又要防御其捕食，不是简单的互利共生关系。研究表明，树憩松鼠取食地区的球果和鳞片因为防御而增大，每个球果的种子数却只有无树憩松鼠地区的一半，这显然是对逃避树憩松鼠捕食的进化适应。但其传播却要依赖树憩松鼠的贮食行为。

啮齿动物要取食植物种子以满足其自身对营养、能量的需要，其次才可能扩散、传播部分多余的种子。如果啮齿动物根本不取食这种植物的种子，则传播这种种子的可能性很小。这一类植物产生大量的种子并以其中的部分种子满足动物的取食为代价，从而达到其被传播、扩散的目的。这一点与种子包含在果实当中的植物所采取的策略是不同的。

啮齿动物与植物种子之间的相互作用通常是一种动物取食多种植物的种子，同时同一植物又吸引多种动物前来取食、埋藏其种子。具贮藏行为的啮齿动物和植物之间的关系，首先是一种互惠关系。啮齿动物以植物的果实或种子为食，满足其生存上的营养、能量需要。当种子被分散贮藏后，种子萌发建成幼苗的机会将会大大增加，有利于植物种群的发展。

通常取食某一种植物种子或果实的啮齿动物不止一种，面对众多的捕食者，植物为获得在种子扩散方面的利益必须付出较大的代价，即产生大量的种子来满足捕食者的捕食需求，同时使得众多捕食者中具有贮藏习性的捕食者能够贮藏部分种子。在进化过程中，植物种群中会有一些个体发展出阻止部分单纯的种子捕食者取食其种子的措施（如产生抑制动物消化、吸收的次生代谢物质，发展出刺、钩、坚硬的种皮等防卫措施）。具备这方面特征的植物个体将会在自然选择过程中得到选择而存留，并且发展壮大。从捕食动物这一面看，在所有捕食同一种植物种子（或果实）的动物当中，不同动物对植物种子（或果实）的取食、消化能力必然会有所差异。当植物在某些性状上发生改变后，增加了捕食动物对植物种子（或果实）取食的代价（这些代价包括取食时间延长、能量投入加大、对食物的消化效率降低等额外投入）。那些不适应植物性状改变的动物会在竞争中处于劣势地位，从而会逐渐减少对该种植物种子或果实的取食；只有那些适应植物性状改变的动物才可能在竞争中胜出，成为该种植物种子或果实的主要取食者。如果胜出的动物只是单纯的捕食者而非贮藏者，植物将得不到种群更新方面的利益，这种关系是不稳定的。只有胜出的动物是捕食者兼贮藏者，植物才可能获得种群更新方面的利益，动植物之间的关系大概率会走向稳定。

啮齿动物对植物种子传播的作用主要体现在以下几个方面。①啮齿动物帮助种子逃避捕食和竞争，尤其是密度依赖性的捕食。种源处的捕食和竞争强度较大，搬运后的分散贮藏有效地降低了种子密度，从而降低了种子与母体植物、种子与种子之间对阳光、水分等方面的竞争，让种子和母体植物都可以正常生长，并且种子被动物隐藏后，有助于种子的存活。②种子被传播后，扩大了植物种群的分布范围，加速了植物种群的扩张。虽然啮齿动物的搬运距离通常只有几十米，但传播地往往是新的分布区，而且从进化的角度看，无疑对种群的扩张是有实际意义的。③啮齿动物的贮食传播属于定向传播，种子被传播后所处的生境往往是更加适宜于种子萌发、幼苗成长的，有利于种子更新与繁殖。这些作用都有利于被传播植物的种群发展。

第二节 爬行动物传播

在鸟类和哺乳动物主导种子传播的世界里，人们逐渐认识到植物果实是爬行动物饮食的重要组成部分（Iverson，1985；Fialho，1990；Benítez-Malvido et al.，2003；Valido et al.，2003），尤其在岛屿生态系统中。蜥蜴、蛇和乌龟等爬行动物传播种子是一种古老的种子传播形式。事实上，在侏罗纪时期，爬行动物已在植物繁殖中发挥了重要作用（Howe et al.，1988），并被认为是最早的裸子植物和被子植物的重要种子传播者（Tiffney，1984）。

一、食果蜥蜴是种子传播者吗

据考证，秘鲁北部陶器上的彩绘图案是蜥蜴作为种子传播者的第一个有力证据，该陶瓷可以追溯到公元前200年到公元700年的莫奇卡文化（Mochica；Larco，2001），且与岛屿栖息的蜥蜴密切相关。该引述充分说明，蜥蜴是植物种子传播者这一现象已经被博物学家们所关注。1911年，Borzí发表的论文首次且真正意义上对蜥蜴采食的植物果实特征进行了概况总结，强调了蜥蜴作为种子传播者的重要性。1985年，动物学家Iverson用“蜥蜴是否为种子传播者？”这样的疑问句作为标题来引起学界对蜥蜴型种子传播者的关注。Iverson认为，蜥蜴的确是种子传播者，通过采食植物果实试验发现，种子在蜥蜴肠道内平均停留时间约为4 d，且经过肠道消化后增加了种子的萌发率（Iverson，1985）。根据相关文献记载，这是目前首例证明蜥蜴是种子传播者的定量试验。

Fleming（1991）的研究发现，在某些情况下，35.5%的鸟类和19.6%的陆生哺乳动物都将植物果实（种子）视为食物来源，然而，严格地划分后（果实几乎是鸟类全部食物来源）发现，陆生哺乳动物食果占比降低至15.5%。Dennis等（2007）发现，在其研究的26科蜥蜴中，69%的蜥蜴会采食一定数量的植物果实。例如，蜥蜴会采食花朵、种子、花蜜、汁液、花粉和叶片。

爬行动物进行种子传播可能是一种较为原始的方式（Tiffney，2004），鸟类与哺乳动物不断进化，它们逐渐成为主要的种子传播者。不过，对于一些龟类爬行动物和现存的最原始动物科——美洲鬣蜥科，它们还保留着食草（或食果）的习性，二者均是研究爬行动物种子传播者的理想材料。此外，目前一些常被认作是食肉或食虫的蜥蜴物种，会在其他食物资源难以获得时“重新”转化为食果动物。例如，巨蜥科一贯被认为是纯食肉动物，但有证据显示，位于马来西亚和菲律宾的部分物种会采食植物果实（Auffenberg，1988；Bennett，2005；Struck et al.，2002；Yasuda et al.，2005）。

Traveset（1998）系统分析全球文献后，认为通过蜥蜴传播的种子萌发率与食果鸟类、哺乳动物传播的种子萌发率基本一致。例如，经蜥蜴肠道消化后植物种子萌发率得到明显提高的占25%、未受影响的占57%和起到抑制作用的占18%，而鸟类分别为36%、48%和16%，非飞行哺乳动物依次是39%、42%、19%，蝙蝠依次为25%、67%、8%。事实上，在考虑种子传播者对植物适合度做出的贡献时，动物是否传播了植物种子只是参考因素之一，合格的种子传播者，不仅需要将具有活力的种子脱离亲本进行传播，还需将其传播至存活率高的地点。因此，其传播效力可以通过定性研究（种子生长成为成体植物的可能性）和定量研究（种子传播数量的多少）两种手段来检测。

研究表明，杂食型蜥蜴之所以可以成为有效的种子传播者是因为：①蜥蜴从植株上搬运了很大一部分果实；②蜥蜴对种子的吞食，对其日后萌发无明显消极影响；③蜥蜴倾向将种子置于那些萌发和幼苗定殖概率频繁提升的微生境，而非竞争激烈的微生境。因此，对于Iverson在开始所提的问题，可以有一个初步的、较为谨慎的正确回答：蜥蜴在种子萌发效力上可以被认为是与食果鸟类和哺乳动物一样的种子传播者。

二、食果蜥蜴分布范围及其传播特征

Valido等（2019）基于全球的数据显示，在6515个蜥蜴物种中，64.6%的蜥蜴生活在大陆上，29.7%的蜥蜴生活在岛屿上，仅5.6%的蜥蜴二者兼具（表6.1）。从食果蜥蜴角度分析，有27科128属470种蜥蜴食用肉质果实，7.2%

的蜥蜴在饮食中不同程度地食用肉质果实，食果种类比例较高的其他蜥蜴科有美洲鬣蜥科、海帆蜥科和卷尾蜥科，最喜食植物果实的依次是石龙子科（78种）、壁虎科（69种）和安乐蜥科（55种），且岛屿上的蜥蜴食用植物果实的频率约为大陆的两倍。

表 6.1　蜥蜴分类与其生境　　单位：种

物种	总物种	海岛特有种	大陆特有种	陆岛兼有种
鬣蜥亚目 Iguania				
鬣蜥科 Agamidae	489	106	340	43
避役科 Chamaeleonidae	210	94	113	3
海帆蜥科 Corytophanidae	9	0	9	0
领豹蜥科 Crotaphytidae	12	0	11	1
安乐蜥科 Dactyloidae	426	187	230	9
棘尾蜥科 Hoplocercidae	19	0	19	0
美洲鬣蜥科 Iguanidae	44	27	9	8
卷尾蜥科 Leiocephalidae	31	31	0	0
平鳞蜥科 Leiosauridae	33	0	33	0
平咽蜥科 Liolaemidae	307	0	304	3
盾尾蜥亚科 Opluridae	8	8	0	0
角蜥科 Phrynosomatidae	156	12	133	11
多色蜥科 Polychrotidae	8	0	6	2
沙氏变色蜥科 Tropiduridae	137	11	125	1
壁虎亚目 Gekkota				
壁虎科 Gekkonidae	1181	388	720	73
蕈趾虎科 Carphodactylidae	30	0	30	0
澳虎科 Diplodactylidae	153	58	92	3
睑虎科 Eublepharidae	38	8	25	5
叶趾虎科 Phyllodactylidae	146	44	96	6
球趾虎科 Sphaerodactylidae	218	104	89	25

续表

物种	总物种	海岛特有种	大陆特有种	陆岛兼有种
鳞脚蜥科 Pygopodidae	46	1	43	2
石龙子下目 Scincomorpha				
环尾蜥科 Cordylidae	68	0	68	0
板蜥科 Gerrhosauridae	37	19	17	1
蜥蜴科 Lacertidae	335	34	273	28
石龙子科 Scincidae	1656	702	864	90
夜蜥蜴科 Xantusiidae	34	1	32	1
微型蜥蜴科 Alopoglossidae	23	0	22	1
裸眼蜥科 Gymnophthalmidae	246	2	236	8
美洲蜥蜴科 Teiidae	160	26	118	16
复舌下目 Diploglossa				
蛇蜥科 Anguidae	78	2	69	7
肢蛇蜥科 Diploglossidae	51	26	25	0
北美蛇蜥科 Anniellidae	6	0	5	1
异蜥科 Xenosauridae	12	0	12	0
双足蜥亚目 Dibamia				
双足蜥科 Dibamidae	24	10	11	3
巨蜥下目 Platynota				
毒蜥科 Helodermatidae	2	0	2	0
拟毒蜥科 Lanthanotidae	1	1	0	0
巨蜥科 Varanidae	80	36	30	14
鳄蜥科 Shinisauridae	1	0	1	0
总计	6515	1938	4212	365

资料来源：Valido 等（2019）。

为什么食果蜥蜴多栖息于岛屿生态系统？1/3 的蜥蜴物种生活在岛屿上，食果蜥蜴中有 2/3 亦发现来自岛屿，造成这种地理格局并非因为在岛屿上从事蜥蜴种子传播或食性选择研究的科学家人数更多，也并非是岛屿上有更多的肉质果实植物物种；相反，同比陆地生态系统，岛屿上的肉质果实植物物种数量微乎其微。而这主要是因为：①与陆地生态系统相比，岛屿生态系统的食物网结构相对简单，即较低的物种多样性、部分高营养级物种缺失、低营养级物种密度较高，致使部分岛屿蜥蜴数量非常庞大（Rodda et al.，2002）。例如，瓜勒岛（Guana Island）的陆生脊椎动物侏儒壁虎（*Sphaerodactylus macrolepis*）密度高达 67 600 只 / 公顷（Rodda et al.，2001），导致种内竞争激烈，因此它们的摄食生态位需要扩大到使用替代资源，即肉质果实（Olesen et al.，2003），而这对植物种子的传播具有重要意义。②与相邻陆地生态系统相比，岛屿生态系统昆虫的种类较少（Janzen，1973），所以，岛屿上高密度的蜥蜴、低密度的节肢动物使得蜥蜴不得不拓宽它们的营养来源，故植物果实成为其重要的食物来源之一（Olesen et al.，2003）。然而，相比其他动物食物（如昆虫），植物果肉的能量较少，提供的蛋白质也较少（Jordano，2000），所以蜥蜴会采食大量的植物果实，导致植物种子的传播。此外，高山、干旱地区和洞穴与其他生境及干旱季节也存在上述现象。

食果蜥蜴的演化特征。生境和身体大小显著影响蜥蜴的食性转变程度。与 2008 年发现的早白垩世食植蜥蜴不同（Evans et al.，2008），食肉仍是现代蜥蜴物种的主要采食习性（Cooper et al.，2002）。然而，食植性蜥蜴的演化趋势被越来越多的文献所记载（表 6.2）（Iverson，1982；King，1996；Cooper et al.，2002），食植性物种具有严格的食性选择（食物中 70% ~ 100% 都为植物；Cooper et al.，2002），据估计，仅有 1% ~ 3% 为完全食植性蜥蜴（Iverson，1982；Cooper et al.，2002）。不过，随着蜥蜴食性的研究数据逐渐变多，这一数值也在缓慢上升。从生理结构分析，食果蜥蜴大多体形较大，且对植物叶片和果实的消化进行了适应性演化（Iverson，1982；Troyer，1984），即强咬合力、更长的肠道且具瓣膜的结肠；从生长环境分析，食果蜥蜴通常生活在气候较为温暖的区域，体温相对较高（Espinoza et al.，2004），有利于蜥蜴肠道微生物保持活性。

表 6.2　饮食结构中植物占比超过 10% 的动物

物种	采食植物的比例	采食部位
鬣蜥科 Agamidae		
Ctenophorus clayi	11.5%	—
C. nuchalis	25.3%	—
C. reticulatus	27.3%	—
Diporiphora winneckei	27.5%	—
Pogona barbatus	—	L，FL
P. minor	19.3%	—
Uromastyx aegyptius	100.0%	L，FR
角蜥科 Phrynosomatidae		
Sceloporus poinsettii	40.1%	FL
Uma scoparia	13.3%	—
沙氏变色蜥科 Tropiduridae		
Leiocephalus carinatus	17.8%	FR
L. inaguae	24.9%	FL，FR
L. punctatus	15.0%	FL，FR
Liolaemus lutzae	72.0%	FL，L
L. ruibalii	28.5%	—
Phymaturus palluma	100.0%	FL，FR，L，ST
Tropidurus semitaeniatus	22.4%	—
T. torquatus	45.6%	FL，FR
美洲鬣蜥科 Iguanidae		
Amblyrhynchus cristatus	100.0%	—
Conolophus pallidus	> 99.0%	—
C. subcristatus	98.0%	—
C. pectinata	100.0%	FL，FR，L
Ctenosaura similis	98.0%	—
Cyclura carinata	> 95.0%	FL，FR，L，SH，ST

续表

物种	采食植物的比例	采食部位
C. pinguis	71.0%	FR，L
Iguana iguana	100.0%	—
Sauromalus ater	> 99.0%	FL，FR，L，BD
S. hispidus	100.0%	—
海帆蜥科 Corytophanidae		
Basiliscus basiliscus	22.0%	FL，FR，FU，L，NT
B. plumifrons	27.6%	—
壁虎科 Gekkonidae		
Hoplodactylus maculatus	57.5%	FR
Rhacodactylus auriculatus	21.7%	FL，L
蜥蜴科 Lacertidae		
Acanthodactylus erythrurus	65.5%	—
Lacerta bedriagae	50.0%	L
Podarcis filofensis	13.8%	—
P. hispanica	42.8%	—
P. muralis	22.1%	—
P. pityusensis	50.0%	—
Psammodromus algirus	23.3%	—
美洲蜥蜴科 Teiidae		
Cnemidophorus lemniscatus	17.5%	FR
Tupinambis rufescens	36.7%	FR
石龙子科 Scincidae		
Corucia zebrata	100.0%	—
Ctenotus leae	40.2%	—
C. leonhardi	10.8%	—
C. regius	26.7%	—
Egernia cunninghami	93.9%	FL，FR
E. kintorei	82.5%	—

续表

物种	采食植物的比例	采食部位
E. saxatalis	28.6%	FL，FR，FU
E. stokesii	96.2%	—
Lamprolepis smaragdina	11.7%	—
Oligosoma inconspicuum	16.0%	BE
O. maccanni	18.0%	BE
Tiliqua multifasciata	74.7%	—
T. rugosa	93.7%	FL，FR，FU
板蜥科 Gerrhosauridae		
Gerrhosaurus bulsi	25.0%	—
G. major	11.0%	—
G. nigrolineatus	10.0%	—
Platysaurus intermedius	17.2%	—
P. mitchelli	30.0%	—
P. ocellatus	33.0%	—
巨蜥科 Varanidae		
Varanus olivaceus	55.0%	FR

注：BD—芽；BE—浆果；FL—花；FR—果实；FU—真菌；L—叶；NC—花蜜；NT—坚果；SH—根；ST—茎；TH—刺。

食果蜥蜴个体大小。蜥蜴的植物摄取量被认为与身体大小密切相关，且主要分布在体重＞300 g的物种中，而体重小于50 ~ 100 g几乎都是严格意义上的食肉性物种（表6.3）（Pough，1973）。Pough认为特定个体质量代谢率与体重呈反比，小型蜥蜴不能仅靠吃植物来满足它们的能量需求。由于食果蜥蜴无须追逐猎物，丰富的植物资源极大地缩短了食果蜥蜴的觅食时间，故而节省了大量的能量（Pough，1973），当然这一过程同样也适用于体形较小的杂食性蜥蜴，以改变其身体的大小。此外，随着身体的增大蜥蜴食性会发生明显转变。

表 6.3 与植物消耗转变相关的蜥蜴体形变化

物种	食性选择	个体大小
鬣蜥亚目 Iguania		
鬣蜥科 Agamidae		
刺尾蜥属 *Uromastyx*	杂食性或植食性	个体增加
帆蜥属 *Hydrosaurus*	杂食性或植食性	个体增加
Lophognathus longirostris	植食性降低	个体减小
美洲鬣蜥科 Iguanidae	杂食性或植食性	个体增加
角蜥科 Phrynosomatidae		
Sceloporus poinsettii	杂食性或植食性	个体增加
Uma inornata and U. scoparia	杂食性或植食性	个体增加
Polychrotidae		
Polychrus acutirostris	杂食性或植食性	个体增加
海帆蜥科 Corytophanidae		
Basiliscus vittatus	杂食性或植食性	个体增加
Leiocephalinae		
Leiocephalus greenwayi	植食性降低	个体减小
L. schreibersi	植食性降低	个体增加
硬舌亚目 Scleroglossa		
壁虎科 Gekkonidae		
Rhacodactylus sp.	杂食性或植食性	个体增加
Bavayia sauvagei	植食性降低	个体减小
蜥蜴科 Lacertidae		
Acanthodactylus erythrurus	杂食性或植食性	个体增加
Gallotia simonyi	杂食性或植食性	个体增加
Lacerta bedriagae	杂食性或植食性	无变化
L. dugesii	杂食性或植食性	个体增加
L. lepida	杂食性或植食性	个体增加

续表

物种	食性选择	个体大小
Podarcis filofensis	杂食性或植食性	个体增加
P. hispanica（*atrata*）	杂食性或植食性	个体增加
P. muralis	杂食性或植食性	个体增加
P. lilfordi – P. pityusensis	杂食性或植食性	个体增加
Meroles anchietae	杂食性或植食性	个体减小或无明显改变
美洲蜥蜴科 Teiidae		
Tupinambis rufescens	杂食性或植食性	个体增加
Cnemidophorus murinus	杂食性或植食性	个体增加
C. arubensis	杂食性或植食性	个体增加
石龙子科 Scincidae		
Macroscincus coctei	杂食性或植食性	个体增加
Egernia group（*ancestor*）	杂食性或植食性	个体增加
Cyclodmorphus branchialis	植食性降低	个体减小
Egernia striata	植食性降低	个体减小
E. depressa	植食性降低	个体减小
巨晰科 Varanidae		
Varanus olivaceus	杂食性或植食性	个体减小

食果蜥蜴的传播距离。蜥蜴可以有效地将种子传播至相对较远的地方，传播距离的差异与蜥蜴的体形大小、种子在肠道内的留存时间、食物来源、环境温度、觅食模式及社会行为有关。例如，Greeff 等（1999）观察到，来自南非的扁平蜥蜴（*Platysaurus broadleyi*）最远可将榕属植物的种子传播至 187 m 远。Whitaker（1968）在新西兰记录到的壁虎科物种最远传播距离是 73 m。Barquín 等（1975）引用到，由西加那利蜥蜴（*Gallotia galloti*）传播的茜草科植物种子最远可达 50 m。Côrtes-Figueira 等（1994）报道，嵴尾蜥科物种传播仙人掌科植物的最远距离为 6.9 m。Traveset 等（2005）利用瑞香科植

物幼苗的空间分布［该物种的种子只由利氏蜥蜴（*Podarcis lilfordi*）传播］，预计其与任何成年繁殖体的距离可达 4 m。然而，由于该物种在肠道的留存时间有 4 d，所以存在远距离传播的可能性（Traveset et al.，2005）。此外，蜥蜴也可在适合其所传播的植物萌发和生长的地方沉积大量种子，通常这些地带都有一些共性，如较高的潮湿程度、可耕种程度低、天敌数量少，一般为岩石的裂缝和缝隙，或邻近石头的遮蔽处。

三、食果蜥蜴与植物的相互作用

在有关食果动物的文献里，果实特征群（fruit syndrome，果实性状与特定食果动物间的潜在关系）是动物－植物相互作用（协调演化）的经典话题。例如，颜色鲜艳的果实通常与鸟类存在联系，而绿色和棕色的果实通常与哺乳动物存在联系（Herrera，2002）。此外，Borzí 认为，靠近地面的果实是为了爬行动物传播而进行的适应性演化。Van Der Pijl（1982）提出，经爬行动物传播的果实通常具有香味、有颜色、靠近地面，或在成熟时掉落于地面。Varela 等（2002）发现，*Celtis pallida*（榆科 Ulmaceae）和 *Capparis atamisquea*（山柑科 Capparaceae）没有气味，却在美洲蜥蜴科物种的粪便中有很高的出现频率（59%）；此外，在加那利群岛（Valido et al.，2003）和巴利阿里群岛（Pérez-Mellado et al.，1999）上有很多无气味的并经蜥蜴传播的果实。

Lord 等（2001，2002）为经由蜥蜴传播的果实特征群提供了重要支撑，蜥蜴对生长在开放、干燥生境中的具有分叉枝条的灌木物种的果实进化具有重要意义。被蜥蜴吃食的果实类型非常多样化：包括浆果（如毒疮树 *Hippomane mancinella*）、核果（如毛利果 *Corynocarpus laevigatus*）、多核果和具有假种皮的种子。被采食的果实类型的多样性也体现在它们的颜色上。例如，绝大多数（大于 75%）的果实为红色、黄－橙色、黑色，12% ~ 16% 为白色、蓝色和透明。相比白色和红色的臭叶木属（*Coprosma*）植物果实，圈养的蜥蜴更倾向于采食白色和蓝色的果实。不过，正如 Lord 等（2002）的研究所述，这种经由蜥蜴传播的果实特征群并不适用于其他区系，存在的差异或与蜥蜴分类群有关。例如，新西兰食果蜥蜴大多属夜行动物（如武趾虎属 *Hoplodactylus spp.*），然而石龙子属（*Oligosoma*）则全部为昼行动物。此外，Vitt（2004）发现，果实特征群与蜥蜴的喂养策略和植物系统发育学密切相关。

Jordano（1995）发现，蜥蜴谱系的进化史是植物果实特征群演化的重要诱因。例如，鬣蜥亚目的蜥蜴通过视觉信号来探测猎物，用舌头捕捉，而壁虎亚目的蜥蜴使用视觉和嗅觉来分辨猎物，用嘴来捕捉，用舌头来清洁脸和眼睛。石龙子下目的蜥蜴利用视觉线索和犁鼻器进行化学识别。一般来说，通过视觉来辨别猎物可能较为原始（Vitt，2004），这意味着，根据蜥蜴的分类学特征，结合其食性选择，可一定程度上判断食果蜥蜴采食的果实特征群。

第三节　鸟类传播

脊椎动物是许多植物的主要传播者，其中食果鸟类最为重要，多数学者认为，由于鸟类的传播，种子才得以广泛分布，范围扩大。由于鸟类具有飞翔的能力，能动性大，而且很多种鸟类都是以植物果实或种子为生，因此鸟类传播涉及的植物种类多、传播距离远、传播效力也高，鸟类是高等植物最为重要的传播者，相关研究数量也最多。根据鸟类对干果和肉质果实的传播机制，可将鸟类分为食干果鸟和食肉质果鸟。食干果鸟依靠贮食行为传播种子，食肉质果鸟是典型的体内传播者。大多数鸟类均为食肉质果鸟，本节也主要阐述食肉质果鸟。食肉质果鸟传播种子，有助于种子逃离捕食者，尤其是密度和距离依赖性死亡种子；种子传播不是随机的运动，通常是将种子传播至种子成活率相对较高的地方；种子传播有助于占领一些新的生境斑块，有助于基因流动。

一、食果鸟的捕食方式

食果鸟主要有 4 种捕食方式。

①整吞果实，消化果肉及种子。这种方式是纯捕食者，没有传播作用。如大多数鸡形目鸟类捕食浆果时，不仅消化果肉，也因为肌胃的存在而消化种子。

②整吞果实，消化果肉，排出或呕出种子。绝大多数的食肉质果鸟类是这种捕食方式，鸟类消化了果肉部分，而种子经过消化道后完好无损地以粪便排出或形成食物团呕吐出来，发挥了传播种子的作用。如很多雀形目鸟类都是这种捕食方式，鸟类取食湘楠的肉质核果后，主要以将果核呕出的方式传播种子。发芽试验显示，种子的萌发并不依赖于鸟类消化道的处理，但鸟类呕出种子的早期出苗率较高，且鸟类可以在较大空间范围内将其种子传播至一些适宜种子萌发及幼苗定居的生境中，这既增加了灵谷寺森林中常绿树种种类，又促进了该地森林植物群落的演替和发展。

③只食果肉，不食种子。一些鸟类并不是整吞果实，而是啄食果肉部分，这样会造成果实的散落，而且有时会将果实衔往其他远离母体植物的地方，因此具有一定的传播种子作用。如一些雀形目小型鸟类捕食较大的肉质果时采用这种方式。

④只食种子，不食果肉。一些鸟类并不采食果肉部分，而是啄掉果肉部分，吞食果肉内的种子。这种捕食方式较少，是纯种子捕食者。

上述②和③两种捕食方式能够传播种子。相比之下，真正的种子传播者是类型②，即整吞下果实后，呕出或排遗出种子于适宜萌发处，而从果肉中获取营养报酬。食肉质果鸟类的传播属于被食型传播。通过定期观察取食沙棘果实的鸟类及其取食方式后，发现了其取食果实的方式主要有：直接在树冠上吞食果实，有时候在吞食后将种子呕出；将果实从树上衔走后，在栖息处吞食或啄食；将果实啄落至地面，然后取食果肉和种子，留下果皮；啄破果皮，吸食果肉，留下果皮及种子；从顶端将果皮啄破后，仅取食里面的种子。不同的取食方式决定了它们对沙棘种子的传播作用不同。这与上文所描述的鸟类传播种子的行为一致。沙棘为多种鸟类提供食物，而鸟类则为沙棘传播种子，它们之间形成一种互利关系。

二、食果鸟对种子的影响

鸟类传播后种子的空间分布直接影响萌发率和幼苗成活率。鸟类种子传播是消化果肉和呕出、排遗出全部或部分未损害种子的过程，多数研究认为这一过程有助于加强种子的萌发率，适宜种子的生长和生存。这有两个可能的原因，一是消化起到分离果肉的作用，而果肉里可能含有抑制萌发的物质；二是消化对种皮结构的改变，对经鸟消化道后萌发率提高的种子的种皮结构电镜扫描观察证明了这一点（Barnea，1991）。但对于这一点，也有学者认为鸟类的消化对于种子萌发不总是有利的。Barnea（1991）的总结性实验表明，有相当部分种子在果肉被剥离后萌发显著加强。经消化道的种子萌发率或提高或不变，这与种子在消化道的滞留时间长短有关，滞留时间长，可能对种皮结构破坏大，因而更利于萌发。但 Barnea（1993）对多种子果实的研究表明滞留时间长短不影响萌发率，而每次排出粪便内种子数越少，萌发率越高。在研究鸟类取食活动对桑树种子传播和萌发的影响后发现，桑树个体间的种子繁殖和传播能力存在差异；自然环境中桑树的果实基本散落在树冠范围内（直径＜ 5 m），随着散落距离的增加，地表果实数量和种子萌发数量减少，但种子萌发率增加。鸟类未消化并通过粪便排泄的桑树种子萌发率与去除果肉（皮）的桑树种子萌发率没有显著差异，但显著高于未经处理桑树种子的萌发率。

绝大多数的鸟类只是选择一部分肉质果作为食物，而不会采食所有的肉质果，鸟类对于果实的选择依赖于鸟类的行为、形态、营养需要，可供选择食物的多寡，果实可获时间长短、味、色、丰度、植株上的位置及果肉种子重量比、营养组成等。植物适应鸟类传播而进化出了一系列适应特征，比如果实和种子的颜色、大小、形状、展现方式、化学成分、成熟时间等。果实成熟后的颜色通常为红色或黑色，这是引诱鸟类取食和传播种子的最常见形式。比如，红楠果实成熟时呈醒目的黑紫色，而果梗呈红色，这形成的巨大颜色反差可能促使红楠果实更易被鸟类发现。

另外，鸟类体形大小与取食果实的大小呈正相关，小果实植物适应更多鸟类的选择，其次是中等大小的果实和大型果实。从群落水平对果实与鸟类选择的关系进行的研究表明：被专食鸟类取食的多是大种子且果肉富含脂质和蛋白质的果实，被鸟类随机取食的多是小种子且果肉缺乏营养的果实，专食鸟所食果实的成熟期维持长，而非专食鸟所食果实则相反。低质量果实数量多，但鸟类传播效率低；高质量果实数量少，但传播效率高。

三、食果鸟与种子的协同进化

食果实鸟和结果实植物之间协同进化，两者之间存在着互利关系，被整吞下的果实经过鸟类消化道后，果肉基本被消化，裸露种子或带有部分果肉的种子通过呕吐或随粪便排出体外，这种方式有利于部分种子到达适宜萌发的生境中，实现对果实植物的有效传播。鸟类从植物中获得了能量和营养，可以维持其正常飞行和觅食。植物的不利之处是需要额外分配能量于果肉上，鸟类的不利之处在于对种子的额外取食。一般认为食果实鸟与鸟传播植物在协同进化比赛中都尽可能少付出、多收益，因此妥协必然出现以维持平衡，平衡点靠近植物或鸟则取决于环境特点。比如，桑树果实为食果鸟类提供了食物，鸟类取食活动不仅扩大了桑树种子的传播距离，而且促进了种子的萌发，这也是食果鸟类与桑树种群互利共生的证据之一。鸟类的取食活动为桑树种子传播到母体植物之外的生态环境提供了机会：一方面，鸟类可以在啄食的过程中将未取食的果实（种子）丢弃；另一方面，鸟类吞咽果实之后，在飞行过程中将经过消化道的种子排泄出。张秀亮等（2010）研究发现果实在鸟类消化道的滞留时间可达 20 min，因此，被鸟类取食的种子潜在的传播距离也远远大于植株自身传播距离。另外，鸟类活动不仅增加了种子的传播距离，还能影响种子的传播区域。研究观察经鸟类传播的桑树种子约 64% 位于水源区，而水分不仅是种子萌发和幼苗存活的关键因素，更是植物种群维持和更新的重要环境资源。

种子被鸟类取食后，鸟类的消化作用通过 4 种方式促进种子萌发：①将种皮划破，使之更容易透水和透气；②去除果肉（皮）中抑制种子萌发的化学成分；③粪便的肥力（主要为磷酸盐成分）作用；④消化道对种子大小的选择作用。依据现有理论，种子萌发率提升对植物种群更新有利，而如果种子被鸟类取食后萌发率降低或失去活力，则对种群更新不利。鸟类取食植物后，可能会在消化过程中损失部分种子，但粪便中的种子依然保持较高的萌发率，说明鸟类的取食活动不仅能够扩大植物种子的传播范围，而且能够保证种子的繁殖能力，进而有效促进植物种群在新的生态环境定居。

野外调查和室内控制试验，初步揭示了食果鸟类与桑树种群繁殖的生态互利关系：春末夏初，桑树自然结实的桑葚被食果鸟类取食；鸟类通过消化作用将吞咽的果实去除果肉（皮），并将种子排泄出；粪便中未被消化且解除果肉（皮）抑制作用的种子有机会在适宜生态环境（水源附近）中萌发建群；形成的桑树种群可为食果鸟类提供新的栖息和取食的区域。上述食果鸟类与桑树种群的生态互利机制，为研究生态环境中鸟类群落与桑树植物种群间的相互作用关系提供了新的证据，同时也为桑树作为生态林建设和植物恢复树种提供了理论依据。

果实也会对食肉质果鸟类的取食产生防御功能。一般认为，依赖动物传播的肉质果，在其未成熟果实中的化学防御物质在成熟果实中中和消失了，以便吸引传播者，种子须受保护以防传播者消化道伤害和种子捕食者取食，这种防御可能是机械的，如硬种皮，也可能是化学的，如有毒化合物。有毒物的存在是长期进化的结果，以避免鸟兽取食和传播至不适宜的生境。有些种类进化过程中果实具弱毒物，以防一次被取食太多的果实，因而可能阻止太多的种子在一个位置，这在 Barnea（1993）的实验中得以证明，并发现鸟类取食有毒果实具有每次食量少、取食时间短的特点。

有研究表明，鸟类的功能灭绝推动了种子大小的快速进化变化，种子大小的减少很可能发生在过去 100 年内，与人类驱动的碎片化有关。大型脊椎动物的快速灭绝很可能导致热带森林的进化轨迹和群落组成发生前所未有的变化。

四、水鸟介导的植物种子传播

食鱼水鸟相较于其他种类水鸟较多，Darwin（1859）明确认识到食鱼鸟类可以通过捕食鱼类而传播鱼类摄食的水生生物及相关物种的繁殖体，这在一定程度上增加了食鱼鸟类携带植物种子的可能。对鱼类摄食的植物种子的二次扩散问题值得更多的关注，因为其可能在物种应对气候变化及孤立环境中种群的持续存在过程中发挥着重要作用。同时水鸟的二次传播还可以促进人工与自然生态系统之间生物的连通性，可能对水生自然生态系统产生巨大的影响。

贾亦飞（2013）根据取食情况将江西鄱阳湖国家级自然保护区65种越冬水鸟分为5类，即食块茎组、食草组、食水中种子组、食无脊椎动物组和食鱼组（表6.4）。这些属于食水中种子组和食鱼组的水鸟可对植物种子产生直接或者二次传播。

表6.4　江西鄱阳湖国家级自然保护区越冬水鸟同步调查数量及取食集团分类

组别	中文名	拉丁名	IUCN红色名录	平均值/只	最大值/只	最小值/只	鸟类记录时长/年
食块茎组	鸿雁	*Anser cygnoides*	VU	29 358	70 656	2500	11
	小天鹅	*Cygnus columbianus*	LC	16 738	53 282	569	10
	灰鹤	*Grus grus*	LC	235	640	27	10
	白鹤	*Grus leucogeranus*	CR	1935	3080	165	11
	白头鹤	*Grus monacha*	VU	180	399	28	10
	白枕鹤	*Grus vipio*	VU	1279	3024	78	11

续表

组别	中文名	拉丁名	IUCN 红色名录	平均值 / 只	最大值 / 只	最小值 / 只	鸟类记录时长 / 年
食草组	斑头雁	*Anser indicus*	LC	2	2	2	1
	白额雁	*Anser albifrons*	LC	24 769	49 978	3450	5
	灰雁	*Anser anser*	LC	51	197	8	6
	小白额雁	*Anser erythropus*	VU	304	805	12	9
	豆雁	*Anser fabalis*	LC	3733	10 042	350	11
	红胸黑雁	*Branta ruficollis*	EN	1	1	1	1
食水中种子组	红脚苦恶鸟	*Amaurornis akool*	LC	1	1	1	2
	针尾鸭	*Anas acuta*	LC	1781	9370	130	9
	绿翅鸭	*Anas crecca*	LC	9090	29 940	163	9
	罗纹鸭	*Anas jalcata*	NT	3227	9420	26	6
	花脸鸭	*Anas formosa*	LC	28	29	11	3
	赤颈鸭	*Anas penelope*	LC	4212	10 500	87	5
	绿头鸭	*Anas platyrhynchos*	LC	2252	9078	85	9
	斑嘴鸭	*Anas poecilorhyncha*	LC	7080	17 537	548	8
	白眉鸭	*Anas querquedula*	LC	38	55	21	2
	赤膀鸭	*Anas strepera*	LC	32	37	27	2
	青头潜鸭	*Aythya baeri*	CR	38	38	38	1
	红头潜鸭	*Aythya ferina*	LC	136	136	136	1

续表

组别	中文名	拉丁名	IUCN 红色名录	平均值 / 只	最大值 / 只	最小值 / 只	鸟类记录时长 / 年
食水中种子组	凤头潜鸭	*Aythya fuligula*	LC	42	42	42	1
	白骨顶	*Fulica atra*	LC	42	42	42	1
	黑水鸡	*Gallinula chloropus*	LC	1	1	1	1
	赤麻鸭	*Tadorna ferruginea*	LC	107	380	4	10
	翘鼻麻鸭	*Tadorna tadorna*	LC	15	25	4	2
食无脊椎动物组	矶鹬	*Actitis hypoleucos*	LC	3	4	1	2
	琵嘴鸭	*Anas clypeata*	LC	238	650	16	4
	三趾滨鹬	*Calidris alba*	LC	12	12	12	1
	黑腹滨鹬	*Calidris alpina*	LC	15 861	57 830	255	4
	环颈鸻	*Charadrius alexandrinus*	LC	406	1196	5	3
	金眶鸻	*Charadrius dubius*	LC	3	3	3	1
	长嘴剑鸻	*Charadrius placidus*	LC	2	2	1	2
	扇尾沙锥	*Gallinago gallinago*	LC	8	27	1	6
	针尾沙锥	*Gallinago stenura*	LC	15	40	2	3
	黑翅长脚鹬	*Himantopus himantopus*	LC	4	4	3	2
	黑尾塍鹬	*Limosa limosa*	NT	4135	14 490	372	7

续表

组别	中文名	拉丁名	IUCN 红色名录	平均值/只	最大值/只	最小值/只	鸟类记录时长/年
食无脊椎动物组	白腰杓鹬	*Numenius arquata*	NT	5	12	1	3
	大杓鹬	*Numenius madagascariensis*	VU	488	488	488	1
	白琵鹭	*Platalea leucorodia*	LC	3402	6610	547	11
	灰鸻	*Pluvialis squatarola*	LC	1246	1246	1246	1
	反嘴鹬	*Recurvirostra avosetta*	LC	7245	20 558	2400	7
	鹤鹬	*Tringa erythropus*	LC	11 756	28 360	5596	7
	青脚鹬	*Tringa nebularia*	LC	139	765	14	8
	白腰草鹬	*Tringa ochropus*	LC	5	9	1	5
	泽鹬	*Tringa stagnatilis*	LC	1	1	1	1
	红脚鹬	*Tringa totanus*	LC	735	1993	2	5
	灰头麦鸡	*Vanellus cinereus*	LC	14	31	1	3
	凤头麦鸡	*Vanellus vanellus*	LC	1019	5393	130	10
食鱼组	苍鹭	*Ardea cinerea*	LC	546	1090	57	10
	东方白鹳	*Ciconia boyciana*	EN	1064	1976	263	11
	黑鹳	*Ciconia nigra*	LC	9	15	1	3
	大白鹭	*Egretta alba*	LC	16	34	1	5
	白鹭	*Egretta garzetta*	LC	27	48	4	5
	中白鹭	*Egretta intermedia*	LC	50	87	18	4

续表

组别	中文名	拉丁名	IUCN 红色名录	平均值/只	最大值/只	最小值/只	鸟类记录时长/年
食鱼组	银鸥	*Larus argentatus*	LC	97	320	12	5
	红嘴鸥	*Larus ridibundus*	LC	2400	16 023	4	8
	白秋沙鸭	*Mergellus albellus*	LC	12	12	12	1
	普通秋沙鸭	*Mergus merganser*	LC	29	55	12	4
	普通鸬鹚	*Phalacrocorax carbo*	LC	7	13	1	3
	凤头䴙䴘	*Podiceps cristatus*	LC	38	108	2	8
	小䴙䴘	*Tachybaptus ruficollis*	LC	230	650	24	10

注：表中极危（CR）、濒危（EN）、易危（VU）、近危（NT）、无危（LC）。

第四节　食肉动物传播

越来越多的证据表明，种子的最终命运并不完全由从母本植物中取走果实的动物决定，可能还涉及多个传播媒介才将种子带到其最终目的地（Ozinga et al.，2004；Vander Wall et al.，2004）。例如，在群落层面，荷兰的生态系统每种植物平均有 2.15 个传播媒介（Ozinga et al. 2004）。除上述二次传播外，还存在一种关注度相对较少的“动物体内二次传播（diploendozoochory）”现象，即涉及两个或更多动物按顺序摄取种子的传播方式，指食肉捕食者（以下称为食肉动物）将种子捕食者连同其消化道中的种子一同吃掉，之后种子随粪便或呕吐物排出的过程。Darwin 首先记录了动物体内二次传播，然而从那时起相关研究就鲜有报道了。据推测，动物体内二次传播的效果很大程度上取决于所涉及的动物媒介和植物特性，以及它们所处的栖息地，尽管研究人员用实验严格地研究了动物体内二次传播（Nogales，1999；Nogales et al.，2007；Padilla et al.，2009；Padilla et al.，2012），但这种现象的功能、机制及其更广泛的生态学意义仍值得大力探索。

一、食肉动物的首次传播途径

食肉性动物指主要吃肉类的动物，相较食草性动物，食肉性动物有更好的立体视觉，其双眼多集中向前。食肉动物有扇形等特殊的牙齿使植物种子所受的危险降到了最小，成为食肉动物对种子传播的优势，相比相似体尺的其他动物，其巢域范围更广，更有利于种子传播。引入食肉动物这一概念，首先需要了解生态学中食物链、食物网及能量级的相关的概念。比如，食植物的动物取食植物，食肉动物又取食食植物的动物，而且，这些食肉动物还会被其他食肉动物所取食。实际上多数动物的食物不是单一的，因此食物链之间又可以相互交错相连，构成复杂网状关系。在生态系统中生物之间实际的取食和被取食关系并不像食物链所表达的那么简单，食虫鸟不仅捕食瓢虫，还捕食蝶、蛾等多种无脊椎动物，而且食虫鸟本身也不仅被鹰隼捕食，也是猫头鹰的捕食对象，甚至鸟卵也常常成为鼠类或其他动物的食物。由此可见，在食物链中处于绝对地位的食肉动物，一定是该生态系统中顶级食肉动物。顶级食肉动物可以是鱼类、鸟类、兽类甚至爬行类动物。

研究发现，很多食肉动物，如熊、浣熊、狐狸、香猫、负鼠等均是杂食性动物，在饥饿和其他动物性食物不易获得时，它们也常以植物果实作为食物，从而成为传播者。例如，黑熊常取食大量的越橘果实。Van Der Pijl（1982）报道称，成熟后落下的富含油分的油棕和油梨果实会被野猫所食。对贺兰山小水沟收集的赤狐粪便进行分析发现，贺兰山赤狐粪便直径小于 20 mm，形状如绳索，端部带细尖，气味特殊；赤狐食性由秋季的食果杂食性，向冬季的仍以酸枣为主食，辅以金绿真蝽、蝗虫、草兔骨骼的杂食性过渡。通过对赤狐粪便中的酸枣种子与在小水沟采集的酸枣种子直径的比较，发现赤狐消化道更有利于小核酸枣的种子传播，小种子在干旱地区发芽，所需要的水分更少，使得赤狐和酸枣都更加适合中国西北地区；通过对赤狐粪便中的酸枣种子漂选与小水沟采集的酸枣去果肉漂选，发现赤狐对酸枣种子的生活力有一定的降低作用，但存活率都在 90% 以上。在不同时间、不同地点、不同处理方法种植赤狐粪便中的酸枣种子和贺兰山小水沟采集的酸枣种子，进行发芽率比较，发现赤狐对酸枣种子具有打破种子休眠的作用，可促进萌发。人工种植酸枣时，可以用母体植物林中的采收的种子喂养人工喂养的赤狐，来打破酸枣种子的休眠，效果将远远超过用其他人工方法打破种子的休眠。

食肉动物在捕食过程中，其皮毛、体表等由于植物的特殊构造（钩、刺、喷射）或分泌物（黏液）形成体外附着方式，从而对植物种子产生传播作用。

附着传播。有许多果实或种子常形成一些特殊的附着机制，使它们附着在动物（主要是哺乳动物）体表而得到传播。山蚂蟥属（*Desmodium*）植物的果荚上布满黏性腺毛，且果荚成节脱落，当成熟果实遇到偶然经过的哺乳类时，附着在体表上而得到传播。欧亚大陆的针茅草原，针茅植物种的种子不仅具有尖刺，而且具有供种子刺入的物理结构，使种子更容易附着在动物皮毛上；因此这一植物特殊的生物特点，可能是针茅植物种群能够在欧亚大陆广泛分布并形成不同进化种群的原因。

遗弃传播。食肉动物在捕杀大型猎物后常将不具有营养价值的胃或素囊遗弃，其中未被消化的种子得以传播。例如，非洲热带稀树草原狮子、猎豹等捕获大型食草动物后，不仅会将食草动物尸体进行搬运，同时也会将食草动物内脏遗弃，从而使得植物种子得到传播。有研究结果证实，啮齿动物广泛捕食亚洲黑熊粪便中所含的种子，也证实了一些种子能够存活并发芽，这表明啮齿动物捕食者也可能是种子的二次传播者。这说明大型食肉动物类或者杂食类动物，其不仅本身对植物种子产生传播，其遗弃物和排泄物可能是其他动物二次传播的种源。

二、食肉动物的体内二次传播

研究人员对动物体内二次传播的研究主要集中在猛禽、哺乳动物中的食肉动物及其猎物（通常是小型哺乳动物、鸟类和爬行动物）上，但还有许多其他类群进行种子传播，并以种子传播者或种子捕食者为食。例如，鳄鱼被认为是多达46个植物属的潜在二次（及初级）传播者，但其对种子活力的影响尚不清楚，二次传播的存在和频率仍有待证实（Platt et al.，2013）。在无脊椎动物和鱼类作为主要传播者的系统中也可能出现动物体内二次传播（Darwin，1859；Van Der Pijl，1982；Pollux，2011），这些动物通常被鸟类和哺乳动物整个吃掉并大量食用（Green et al.，2005）。一些分类群中，如杂食灵长类，既可充当初级传播者又可充当二次传播者的物种食用小型猎物，如昆虫和果实（如鼠狐猴；Dammhahn et al.，2008），并成为猛禽、蛇等食肉动物的猎物（Rasoloarison et al.，1995）。

食肉动物可以通过捕获种子捕食者来间接提高种子的生存能力（Sarasola et al.，2016）。例如，食谷鸟类会大量采食种子，但这些种子不会立即被消化分解，而是完好无损地储存到砂囊里。经过食肉动物对种子捕食者的狩猎，部分未来得及消化的种子在初级消费者消化过程中存活下来并保持活力（Van Der Pijl，1982，Orłowski et al.，2016）。食肉动物狩猎初级消费者的行为间接地拯救了相当数量的种子，其效果相当于未受动物干扰正常进入种子库的种子数量。Dean 等（1988）根据猎物摄取率和每个猎物内脏中的种子数量推断，一只猛禽每年可能传播数千粒种子。Sarasola 等（2016）估计，美洲狮每年可以通过捕猎耳鸽，每平方千米传播5000粒种子。

植物的远距离传播尽管发生频率相对较低（Cain et al.，2000；Nathan et al.，2008），但增加了植物探索新生境的概率及其拓展新生境的定殖速率（Higgins et al.，1999；Lesser et al.，2013），对植物种群动态产生深远影响（Cain et al.，2000；Nathan et al.，2008；Caughlin et al.，2014）。由于食肉动物的活动范围远远大于食果或食草动物（Carbone et al.，2005），种子进行了初次传播和动物体内二次传播后，其传播距离和最终传播位置（种子经过传播者处理后最终到达的位置，通常种子分布在动物的粪便、反刍物或呕吐物中）差异较大（Dean et al.，1988；Nogales et al.，2007，2012）。因此，动物体内二次传播可以显著提升植物的生境范围和种群动态，尤其是初次传播者具有相对较小的巢域、受限制的行为或特殊的栖息地（Higgins et al.，1999；Nogales et al.，2012）。例如，在食用了巢域小的猎物后（如小型啮齿动物），猛禽类的粪便可能需要 22 h 才能形成，而在这 22 h 内，其飞行距离可覆盖 480 km（Balgooyen et al.，1973）；更有研究发现，种子在猛禽体内停留长达 62 h 后才可发芽（Darwin，1859）。

因此，食肉动物的体内二次传播可以在气候变化下或岛屿等偏远地区实现种子在新的适宜栖息地的定殖（Nogales et al.，2012），并可能局部影响种子库中的种子数量。然而，传播距离的增加也可能会降低稀有物种或特有物种的传播成功率（Herrmann et al.，2016），如繁殖体落地的生境与其亲本植物生境完全不同。因此，二次传播者可能会将种子存放在不利环境位置或气候带，但是，如果通过体内二次传播偶尔能到达并定居在一些新的、合适的斑块，那么植物依旧可以从这种远距离传播中受益（Nathan et al.，2008；Caughlin et al.，2014）。

三、动物体内二次传播的影响因素

对食肉动物来说，要改善种子的传播效果，体内二次传播的种子传播效果必须自然高于单一载体的传播效果（Schupp et al.，2010）。表 6.5 涉及植物类型、初级传播者、二次传播者、传播效果及次级传播阶段的生态意义。食肉动物参与种子传播过程的第二阶段可以通过 3 种方式影响植物适合度：运输种子、改变传播种子的活力和改变传播种子的数量。

种子在动物体内二次传播机制对植物适合度的影响由被动物吞食且排出体外的种子数量、被动物体内消化后种子活力及种子能发芽且生长为可繁育个体的微生境三者共同决定［种子传播有效性框架（seed dispersal effectiveness framework）；Schupp et al.，2010］。一般来说，成功的动物体内传播先决条件是种子被整粒吞下且动物媒介的消化过程不会损坏种子；此外，最终的传播者必须将有活力的种子存放在能够满足种子萌发最低要求的生境。而洞穴、建筑物、高速公路或海洋一般都会阻碍种子萌发。

在食肉动物的消化道中处理种子可以改变发芽率，并且可以受到不同二次传播者的影响（表 6.5）。厚种皮种子（Nogales et al.，2015）可从双重消化中受益，提高种子的发芽成功率。这是因为厚种皮种子可以长时间停留在动物的肠道内，且食肉动物粪便的营养丰富，二次传播者体内的种子数量较初级传播者少、竞争压力更小。而种子萌发成功率降低主要由与种子一起摄入的粗糙物质对薄皮种子的实质性损害引起。例如，百舌鸟的二次传播提高了发芽率，而红隼则降低了发芽率（Nogales et al.，2002），鹭导致种子活力完全丧失。

食肉动物对种子发芽率变异性的影响可能与其肠道酶活性及和种子一起摄取的其他食物有关。食肉动物对种子的损害也可能受到植物与二次传播共存进化历史及植物止损的潜力的影响。此外，在不适宜的微生境（如道路、贫瘠的土壤或茂密的植物中）或在种子捕食风险高的地区沉积，也会影响植物的萌发或更新。这些传播效果的决定因素并不是食肉动物介导下传播过程所特有的，但动物体内二次传播的重要性仍有待研究。

表 6.5　二次传播者的影响机制

动物体内二次传播对传播效果的影响	传播结果		生态相关性
	种子落地点	种子萌发成功率	
种子传播成功率提高	①较长的传播距离提供了进入植物拓展新生境的途径，或者增加了传播速度； ②与亲本的距离可以减少亲缘竞争、传播后种子的捕食和疾病死亡率； ③斑块间的流通维持了种群间的基因流动，提高了植物的抗逆性； ④捕食者能够涉足更大范围的适宜生境，所以植物能够到达更好或更多样的景观位置	①种子得益于双重消化过程（厚种皮）； ②相比初级传播者，二次传播者的排泄物（或反流的）养分含量更高或更适合种子的需要； ③对初级消费者的捕食使种子免于破坏，提高了它的生存能力	①通过二次传播者对其栖息地的改变，种子可在其活动区域定殖； ②传播的植物是先锋物种，需要新的栖息地才能建植； ③植物适应二次传播者提供的可供选择的生境，并受益于经过多次消化的种子； ④捕食者截获相当一部分被初级消费者采食的种子，或初级消费者无效搬运的种子
种子传播成功率降低	①捕食者倾向于将排出的种子置于陌生生境（初级传播者不用的栖息地），或者将种子存放在较差的位置（例如，竞争激烈的茂密群落，或者种子被捕食或萌发后被采食的风险很高的地点）； ②较长的传播距离使一些要求特殊或稀有植物的种子超出了该物种能够生长的地域范围，从而减少了该植物种子的传播有效性	①种子被动物双重消化（薄种皮）损坏，或者被同时摄入的其他食物机械性损坏； ②来自多个猎物的种子可能会增加动物储存库的种子数量，导致种子竞争加剧或活力降低（因为某些种子会释放化感物质，从而阻止其他种子的萌发）； ③二次传播者的粪便或反流物中的养分含量比初级传播者中的养分含量更低或更不适宜种子的需求	①二次传播者对初级消费者的捕食显著降低了进入种子库可存活种子的比例，这是由于二次传播者降低了发芽率或使种子在不合适的位置沉积； ②很大一部分稀有或特殊植物的种子被二次传播者从它们适宜的栖息地带走

续表

动物体内二次传播对传播效果的影响	传播结果		生态相关性
	种子落地点	种子萌发成功率	
无显著影响	①二次传播者使用相似的栖息地，范围并不比植物的初级传播者大很多； ②该种植物很常见，分布广泛，有足够的种群重叠，不会受到基因流动减少的影响	①与初级传播者的效果相比，二次传播者对种子的处理不会改变种子的发芽率； ②与其他传播方式相比，二次传播者携带的植物种子所占的比例很小	—

四、植物对动物体内二次传播的适应潜力

Dean 等（1988）认为，当猛禽的体内二次传播作为一种有效的传播机制时，一些植物经过长期的自然选择后，会以此种传播方式来促进种子传播，或至少不加以阻止，而这可能解释了为什么许多被食种鸟类消耗的种子没有表现出明显的适应其他传播方式的原因。例如，厚种皮的种子可以在远距离活动的动物载体（如迁徙的猛禽）肠道中长时间停留来促进远距离传播。这一假设可以通过比较种皮厚度或其他岛屿物种的相关性来验证。在岛屿群落生态系统中，由于种子传播需跨越不同的岛屿，所以种子的种皮会更厚，事实上，一些证据表明，与大陆群落生态系统相比，岛屿群落生态系统的确生长着更多厚种皮种子的植物（Van Der Pijl，1982；Vargas et al.，2015）。Nathan 等（2008）提出，植物种子的演化不仅仅局限于种子的形态，其种子的物候期也会发生相应的改变，以匹配潜在传播者的迁移计划时间表。当传播载体和传播途径相当固定时，植物最有可能演化出适应的传播途径；也就是说，初级传播者和次级传播者会运送植物大部分种子。如果涉及的传播载体具有不同滞留时间或生境选择，更可能会演化出一系列种子类型（Van Der Pijl，1982；Cheptou et al.，2008；Nathan et al.，2008）。

当一种动物物种担负起特定植物物种的大部分初级传播或种子迁移，而另一种食肉动物专职捕杀该初级传播媒介时，动物体内二次传播对种子命运的影响最容易量化。在这样的系统中，食肉动物的影响也可能是最高的，因此植物对动物体内二次传播的适应可能会产生特定的演化方向。因此，相对简单的系统和有限物种的相互作用对证明这一现象最为有效（如在岛屿生态系统中研究猛禽、蜥蜴和枸杞果实；Nogales，1999），因为同生群的命运会在整个传播途径中被跟踪，动物物种灭绝导致的传播路径中断，可能会对这些种子潜在的演化特征产生负面影响（Vander Wall et al.，2004）。例如，动物体内二次传播的成本很高（Cheptou et al.，2008；Nathan et al.，2008）、较差的种子着落点或传播到不适宜的生境，可能会导致反向选择现象。

为了严格评估种子二次传播的重要性，必须确定具有不同命运的种子的相对比例（Culot et al.，2015）。对于控制试验，将已知植物、已知数量的种子投喂于其主要消费者（散播者和种子捕食者），再将这些消费者中的一部分暴露于二级传播者，然后收集每个传播者的粪便，以及完整的、未消耗的种子，并通过发芽试验（最好是在实际生长地点）评估其中种子的活力。此外，还需要监测幼苗更新情况、幼苗成熟期的存活及其随后的繁殖情况，并评估不同种子扩散的伴生效应的进化意义（Schupp et al.，2010）。

五、食肉动物二次种子传播的意义

动物体内二次传播通过增加种子传播距离、到达替代栖息地及种子萌发定殖成功，影响植物应对人为改变下群落结构和景观变化的恢复力和适应性。在面临诸如栖息地碎片化和气候变化等环境变化时，种子远距离传播对于生态系统恢复力越来越重要，因为它促进了不相连地区种群间的基因流动（Bacles et al.，2006）和快速传播（Nathan et al.，2008）。在人类活动引起的植物栖息地丧失、碎片化和局部灭绝不断升级的背景下，初级传播者物种丰富度和活动范围减少会扰乱种子传播的路径（Michalski et al.，2005；Farwig et al.，2012；Beaune et al.，2013；Caplat et al.，2016）。在碎片化的生境中，食肉动物作为二级传播者的重要性会显著提升（Crooks et al.，1999），因为它们具有更广的活动范围及更多的栖息地利用方式（Carlo et al.，2016）。一些食肉动物甚至可能在栖息地碎片之间创建种子廊道，因为它们更频繁地在诸如线状特征的步道上排便（Suárez-Esteban et al.，2013）。因此，食肉动物的种子体内传播机制可能会导致植物群落碎片化及生境丧失。

食肉动物的二次传播可有效地提高植物移动速度（Naoe et al.，2016）和促进空置生境的利用。由于气候变化，这可能成为植物物种地理延伸范围变化越来越重要的过程。食肉动物参与下的种子传播过程可能会改变物种分布模型（Thuiller，2004）和物种保护计划的预测结果，因为它们在拦截种子捕食者、传播及将种子运送至新地点方面具有特殊的作用（Higgins et al.，1999；Caplat et al.，2016；Estrada et al.，2016）。由于种子传播机制是决定植物是否能够改变它们的活动范围以适应不断变化的气候条件的关键机制（Higgins et al.，1999；Chen et al.，2011；Corlett et al.，2013），为精确预测植物对气候变化的响应，需要对传播机制有透彻的理解（Cain et al.，2000；Naoe et al.，2016）。

食肉动物群落的结构在决定种子二次传播有效性方面发挥重要作用。到目前为止，所有关于体内二次传播的文献都涉及中级食肉动物（mesocarnivore）。已发表的关于中级食肉动物文献显示，在人为干预下，顶级食肉动物已从相关的景观中迁走（Prugh et al.，2009）。在全球范围内，顶级食肉动物的数量在北美减少（Ripple et al.，2014）、欧洲增加（Chapron et al.，2014），还需要进一步的研究来确认顶级食肉动物体内二次传播的作用。

食肉动物也可以通过其对猎物的选择来稳定群落结构的变化。在刚果民主共和国进行的一项研究发现，该系统中的所有食肉动物均被人类猎杀，而很少有种子捕食者经历狩猎压力（Beaune et al.，2013）。这种结果可能会减少动物传播，进而改变植物群落来扰乱生态系统功能。同样，巴西的一项研究发现，食果动物是生态网络结构中最完整的群体，但也是受到灭绝威胁最大的群体（Vidal et al.，2014）。这样的过程可以改变功能基团的相对丰度，依赖猎物密度的食肉动物通过捕食更丰富的种子捕食者，而非紧密关联相互作用的种子传播者，来缓冲其对植物传播的影响。

生态系统的结构和功能可能会受到自上而下的影响，如营养级联（Schmitz et al.，2004），食肉动物通过动物体内二次传播与塑造植物分布和丰度，为群落水平复杂的相互作用和生态系统功能提供了新的研究视角。当主要传播者（或种子捕食者）的种子传播行为因食肉动物的存在而改变时，食肉动物也会对种子传播产生间接影响（Sunyer et al.，2013；Steele et al.，2015）。

第七章　动物媒介的一般传播模式

第一节　动物体外传播的动物因素

种子（繁殖体）传播，特别是种子的远距离传播，一直被认为是决定植物生活史的关键过程（Higgins et al.，1999），促进植物在新的地点定居，通过种子的异质性分布影响植物繁殖和种子萌发、幼苗建成和存活的模式，并最终影响下一代成年植物的密度和分布。因此，种子传播方式的空间格局是生物群落发展的模板，了解植物的传播方式与其机制在系统发育、生态学、生物地理学和保护研究中非常重要。然而，定量化的种子传播研究极难高效进行，因此，一些学者将种子传播方式作为一种植物分类特征来评估（Eriksson，1992；Hughes et al.，1994），其中最常用的分类方式是基于种子的形态特征（Ridley，1930；Van Der Pijl，1972）。例如，具有钩状种子的物种适应于动物体外传播（epizoochory，exozoochory，dispersal by adhesion），具有翅状或羽状种子的物种被归类为风媒传播（wind-dispersed，anemochory），而具有肉质果实的物种被预先确定为动物体内传播（endozoochory）。

种子在不同植物物种间的传播差异较大（Levin et al.，2003）。例如，风媒传播的种子受下落速度和释放高度的影响，水媒传播的种子与种子质量和种子体积有关，动物体内传播由种皮硬度和种子大小决定，动物体外传播由种子附着在动物毛皮上的可能性和与保持附着时间决定。根据Albert等（2015）的建议，种子传播可以视为一种潜在的生态过滤器，这是因为如果一种特定的传播方式只对某些植物物种“可用”，那么我们可以认为该传播机制是一种生态过滤器。种子传播可以一定程度地“筛选”整个群落的初始种子植物种群，并暗示新出现的群落特征，如物种组成、生产力和空间分布格局。

在自然界中，种子、果实（繁殖体）的传播机制多种多样，研究认为，种子在动物体表的传播方式被认为是植物适应脊椎动物体表的结果，具有这种扩散机制的植物种子通常被倒钩、钩、毛刺或黏性覆盖物（Van Der Pijl，1982），这使得种子可以较容易地附着在动物的毛皮或羽毛上。相比其他类型的动物传播方式，附生在动物体表的种子不会主动提供营养物质来吸引动物，也不会产生特殊的气味，它们只是被动地等待过往的动物。一般来说，这些种子会不经意地附着在动物身上，这意味着对种子运输者而言没有明显的益处。然而，有时，一些肉质果实黏性果肉中的微小种子可以附着在动物身上，在没有种子锚定结构的情况下运输，但会被果实果肉的残留物黏合在一起。这种不常见的附生植物甚至更不为人所知，它可以被认为是互惠互利的，与其他只有植物受益的类型相反。

动物介导的体外传播可以总结为 3 个阶段：初始阶段（重点探讨种子被动物装载的机制）、运输阶段（重点探讨种子传播距离与轨迹）、离体阶段（重点探讨种子释放诱因、释放时间与地点）。其传播距离和有效性取决于动物保留种子的时间、相关的行为运动及种子萌发和产生新个体能力的综合影响（Nathan et al.，2008；Schupp，1993；Schupp et al.，2010）。Albert 等（2015）的 Meta 分析显示，欧洲 44% 的植物是由野生和家养有蹄类动物传播的，与动物蹄附生和动物体内传播相比，动物毛皮介导的种子传播是最强的生态过滤器（Myers et al.，2011）。KulBaba 等（2009）的试验材料涉及不同种类、不同体尺大小的试验动物，从老鼠到驼鹿，且将种子形态和不同种类的毛皮进行关联后发现，动物毛长、密度与种子黏附性呈正相关；动物身体两侧与植物种子（果实）相遇概率较高，且 20 cm 以上的植物大多可通过动物体外传播；此外，胡萝卜种子在绵羊绒中停留超过 166 d（Alber et al.，2015），而在黇鹿的毛皮中仅停留约 3 h。这些研究表明，动物体外介导的种子传播大概率与动物种类、种子附着部位、动物行为密切相关，本节将从以上 3 点进行阐述。

一、动物种类

不同种类的动物在传播种子上表现出明显的差异。例如，哺乳动物和鸟类是林内和林间进行远距离种子传播的主要媒介，这是因为鸟类似乎会根据其自身食性来选择传播特定的植物；与小型啮齿动物相比，大型动物会因其活动范围大、移动速度快、能够穿越各种栖息地（表 7.1、表 7.2），以及更大的体尺、表面积与更高的站姿夹带更多、更大的植物种子，此外，大型动物也通过机械扰动将已沉积于土壤中的种子转移至其他地形条件（生境）进行二次传播。研究发现，小型哺乳动物，如野兔（Sorensen，1986）和鼠（Kiviniemi et al.，1998）介导的种子传播距离仅在米这一数量级，而较大的哺乳动物，如绵羊（Fischer et al.，1996；Shmida et al.，1983）、马鹿（Kiviniemi，1996）和牛（Kiviniemi，1996）的传播距离为数百米至几公里。

表 7.1　3 种大型动物的主要特征

物种	鬐甲 /cm	体重 /kg	毛皮质地	巢域 /km	饮食结构
马鹿	＜ 130	♀ 90 ~ 130	短、光滑	♀ 500	草食性：草、树叶、树枝、蕨类植物根茎、农作物
		♂ ＜ 250		♂ 2000 ~ 5000	
西方狍	60 ~ 80	20 ~ 25	短、光滑	30 ~ 60	草食性：叶、草、灌木、黑莓灌木、幼苗、橡子、农作物
欧亚野猪	90 ~ 95	♀ 60 ~ 80	长鬃毛、浓密卷曲底毛	♀ + 后代 500 ~ 1000	杂食性：植物果实、玉米、根、夜行的爬虫
		♂ 50 ~ 150		♂ 1000 ~ 2000	

资料来源：Picard 等（2012）。

表 7.2　布里瑟朗森林中獐鹿和野猪毛皮、蹄子上的维管植物种子数量、形态及栖息地

物种	种子形态	生境类型	獐鹿（*n*=25）		野猪（*n*=9）		总计（*n*=34）
			比例	毛皮 / 蹄子	比例	毛皮 / 蹄子	比例
欧亚槭 *Acer pseudoplatanus*	表面光滑或具翅结构	林地	0.2%	+/–			< 0.1%
蓍 *Achillea millefolium*	表面光滑或具翅结构	草地			0.1%	+/–	0.1%
丝状剪股颖 *Agrostis capillaris*	重量≤ 1 mg	林缘草地	13.1%	+/+	4.0%	+/+	5.2%
欧洲桤木 *Alnus glutinosa*	表面光滑或具翅结构	林地	0.2%	–/+	< 0.1%	+/–	0.1%
无心菜 *Arenaria serpyllifolia*	重量≤ 1 mg	草地	2.0%	–/+			0.3%
垂枝桦 *Betula pendula/ pubescens*	表面光滑或具翅结构	林地	18.2%	+/+	21.8%	+/+	21.3%
短柄草 *Brachypodium sylvaticum*	具刚毛	林地	1.0%	+/–	0.2%	+/–	0.3%
贫育雀麦 *Bromus sterilis*	具刚毛	草地			5.6%	+/–	4.8%
旱雀麦 *Bromus tectorum*	具刚毛	草地			< 0.1%	+/–	< 0.1%
拂子茅 *Calamagrostis epigejos*	具绢毛	林缘草地	0.5%	+/–	0.6%	+/–	0.6%
荠 *Capsella bursa-pastoris*	重量≤ 1 mg	草地	1.7%	+/–			0.2%

续表

物种	种子形态	生境类型	獐鹿（*n*=25）		野猪（*n*=9）		总计（*n*=34）
			比例	毛皮 / 蹄子	比例	毛皮 / 蹄子	比例
簇生泉卷耳 *Cerastium holosteoides*	重量≤ 1 mg	草地	0.2%	+/+			0.1%
藜 *Chenopodium album*	重量＞ 1 mg	草地	0.5%	+/–			0.1%
欧洲水珠草 *Circaea lutetiana*	具弯状小钩	林地	1.7%	+/–			0.2%
小蓬草 *Erigeron canadensis*	具绢毛	草地	5.7%	+/–	5.2%	+/+	5.3%
屋根草 *Crepis tectorum*	具绢毛	草地	0.2%	+/–			＜ 0.1%
鸭茅 *Dactylis glomerata*	具刚毛	林缘草地	2.7%	+/+	＜ 0.1%	+/–	0.4%
发草 *Deschampsia cespitosa*	具刚毛	林缘草地	3.2%	+/+	1.3%	+/+	1.6%
曲芒发草 *Deschampsia flexuosa*	具刚毛	林缘草地	1.5%	+/+	6.8%	+/–	6.1%
播娘蒿 *Descurainia sophia*	重量≤ 1 mg	草地	0.2%	+/–			＜ 0.1%
小花糖芥 *Erysimum cheiranthoides*	重量≤ 1 mg	草地	0.2%	+/–			＜ 0.1%
羊茅 *Festuca ovina*	具刚毛	林缘草地			＜ 0.1%	+/–	＜ 0.1%

续表

物种	种子形态	生境类型	獐鹿（*n*=25）		野猪（*n*=9）		总计（*n*=34）
			比例	毛皮/蹄子	比例	毛皮/蹄子	比例
原拉拉藤 *Galium aparine*	具弯状小钩	林缘草地	2.7%	+/–	0.4%	+/–	0.7%
矮老鹳草 *Geranium pusillum*	具刚毛	草地			＜0.1%	+/–	＜0.1%
欧亚路边青 *Geum urbanum*	具弯状小钩	林缘草地	14.3%	+/–	0.1%	+/–	0.9%
毛轴异燕麦 *Avenula pubescens*	具刚毛	草地			0.1%	+/–	0.1%
绒毛草 *Holcus lanatus*	具刚毛	草地			0.1%	+/–	0.1%
贯叶连翘 *Hypericum perforatum*	重量≤1 mg	草地	0.5%	+/–			0.1%
灯芯草 *Juncus effusus*	重量≤1 mg	林缘草地	0.5%	–/+			0.1%
粟草 *Milium effusum*	重量＞1 mg	林地			0.1%	+/–	0.1%
天蓝麦氏草 *Molinia caerulea*	重量≤1 mg	林缘草地	0.2%	+/–	0.4%	+/–	0.4%
白花酢浆草 *Oxalis acetosella*	重量＞1 mg	林地			＜0.1%	+/–	＜0.1%
春蓼 *Persicaria maculosa*	重量＞1 mg	草地	0.5%	+/–	0.1%		0.1%
小蓼 *Persicaria minor*	重量＞1 mg	草地	2.5%	+/+	＜0.1%	+/–	0.4%

续表

物种	种子形态	生境类型	獐鹿（*n*=25）		野猪（*n*=9）		总计（*n*=34）
			比例	毛皮 / 蹄子	比例	毛皮 / 蹄子	比例
梯牧草 *Phleum pratense*	具刚毛	草地				+/–	＜ 0.1%
大车前 *Plantago major*	重量≤ 1 mg	草地	1.0%	+/–			0.1%
早熟禾 *Poa annua*	具刚毛	草地	3.7%	+/+	1.7%	+/–	1.9%
林地早熟禾 *Poa nemoralis*	具刚毛	林地			15.5%	+/+	13.9%
草地早熟禾 *Poa pratensis*	具刚毛	林缘草地	3.5%	+/–	17.3%	+/+	15.5%
萹蓄 *Polygonum aviculare*	重量＞ 1 mg	草地	3.2%	+/+	0.7%	+/+	1.0%
直根酸模 *Rumex thyrsiflorus*	表面光滑或具翅结构	草地	0.2%	+/–			＜ 0.1%
仰卧漆姑草 *Sagina procumbens*	重量≤ 1 mg	草地	3.0%	–/+			0.4%
大爪草 *Spergula arvensis*	重量≤ 1 mg	草地			＜ 0.1%	+/–	＜ 0.1%
雀舌草 *Stellaria alsine*	重量≤ 1 mg	林缘草地	0.5%	+/–			0.1%
田车轴草 *Trifolium arvense*	具绢毛	草地	0.2%	+/–			＜ 0.1%
三肋果属 *Tripleurospermum*	重量≤ 1 mg	草地			＜ 0.1%	+/–	＜ 0.1%
异株荨麻 *Urtica dioica*	具刚毛	林缘草地	7.6%	+/+	10.6%	+/+	10.2%

续表

物种	种子形态	生境类型	獐鹿（n=25）		野猪（n=9）		总计（n=34）
			比例	毛皮/蹄子	比例	毛皮/蹄子	比例
种子总数			406	268/138	2774	2569/205	3180
物种总数			38	33/15	37	37/8	55

资料来源：Heinken 等（2002）。

注：+ 代表该部位发现了植物种子，– 代表未发现植物种子。

除了动物体尺这一因素，动物种类也会显著影响种子附着时间，说明动物的毛发质量显著影响种子的附着，Couvreur 等（2004a，2004b）对 7 种不同哺乳动物进行试验发现，相比薄被毛的动物，具有较厚被毛、高密度绒毛、卷曲形态等特征的动物更适合于长途运输种子，这是因为“厚被毛”增加了种子停留的空间及种子脱离动物时需要穿越的毛发数量和钩跨度；其次，厚被毛也为种子提供了种子附着的“掩护”所，增加了动物梳理种子难度，也可在一定程度上避免动物间的梳理行为。此外，通过动物体外传播的种子在初始阶段种子损失比例最高，说明种子的初始附着对体外传播过程起到了决定性作用。

水鸟介导的体外传播是水生生境的重要媒介。1859 年，Darwin 观察鸭子从长满浮萍的池塘中出现时看到浮萍黏在它们的背上，提出了鸟类是植物种子运输的高效媒介。现有文献表明，水鸟介导的体外传播是水生环境的常见现象（表 7.3），其中最有利的证据是，避霜花属植物（*Pisonia*）种子主要通过黑燕鸥（*Anous minutus*）和褐翅燕鸥（*Sterna anaethetus*）传播（Walker，1991），这是因为避霜花属植物种子不可长时间浸泡在海水中，Burger（2005）发现种子的极端黏性有利于种子进行远距离传播。水鸟与植物种子接触时间的延长、植物种子密度的增加和水体变浅会增加体外传播的概率。此外，水鸟密度也会影响与植物种子接触的概率，以及随后在水环境之间由鸟类介导的体外传播的可能性。例如，多数水鸟在迁徙之前和迁徙期间会大量聚集，停留在中转区。

表 7.3　水鸟介导的种子传播研究

文献来源	试验方法	研究摘要	水鸟种类
Vivian-Smith 等（1994）	梳、刷羽毛	在 36 种水鸟中，有 28 种被子植物种子附着在羽毛和脚上	雁鸭科
Figuerola 等（2002）	梳、刷羽毛	在水鸟身上发现了至少 15 种植物和至少 1 种藻类的种子	雁鸭科和鸻形目
Brochet 等（2010）	梳、刷羽毛	10 种植物的完整繁殖体（n=12）附着在 18% 的个体的外表面（n=68）	短颈野鸭（绿翅鸭）
Raulings 等（2011）	梳、刷羽毛	大约 1/5 的鸟类在羽毛或脚上携带一粒或多粒种子。6 种植物的 23 个个体在恢复后萌发	雁鸭科
Lewis 等（2014）	梳、刷羽毛	在胸部羽毛中发现了微小的苔藓植物和原生生物繁殖体	鸻形目
Coughlan 等（2015）	附着试验	提高了附着在羽毛之间的浮萍叶的保存期和活性	绿头鸭
Reynolds 等（2015）	现场观察	附生在翅膀下的羽毛上	非洲黄嘴鸭
Reynolds 等（2016）	梳、刷羽毛	32 个植物类群的完整繁殖体（n=255）附着在 37% 的取样个体的外表面（n=422）。至少有 15% 的鸟类携带至少 1 个随后萌发的繁殖体（n=76）	雁鸭科

资料来源：Coughlan 等（2017）。

鹦鹉在世界各地都有分布，种类繁多，有 2 科、82 属、358 种，是鸟纲最大的科之一。Hernández-Brito 等（2021）通过直接观察（90.5%）和 158 名野生动物摄影师拍摄的网络照片，共记录了 1892 只黏附种子的鹦鹉，包括 48 个属的 116 种鹦鹉；其体尺从最小的（绿腰鹦哥 *Forpus passerinus*，12 cm）到最大的种类（五彩金刚鹦鹉 *Ara macao*，85 cm）不等。传播的繁殖体除 1 例（地衣）外，其余均来自维管植物。在大多数情况下（占植物种类的 65.63%），当个体以肉质果实的果肉为食时，微小的种子会附着在鹦鹉的喙或头羽上。在少数情况下，通过风媒传播的小种子的棉质结构会附着在鹦鹉的喙或脚上。此外，种子也可来自干燥裂开的果实（如荚果和豆类），这类果实会通过种子中的脂质或黏液附着在面部羽毛和喙上。

研究发现，种子不仅可以通过哺乳动物和鸟类进行体外传播（Couvreur et al.，2005），也可以通过爬行动物进行体外传播。2008 年，Burgin 等的研究发现爬行动物也可以体外传播植物繁殖体，即在淡水海龟身上，种子可以黏附在海龟甲壳上进行传播。其他的研究认为，尽管爬行动物不能像鸟类或哺乳动物那样活动，但它们是干旱和岛屿生态系统中重要的传播媒介（Whitaker，1987；Valido et al.，1994；Moll et al.，1995）。Lasso 等（2015）的研究显示，在哥伦比亚塔塔科阿森林中，绿鬣蜥在采食了花座球属植物的果实后，植物种子可黏在绿鬣蜥的鼻子上，且保持种子的生存能力。在采集种子的过程中，研究人员发现种子并非松散地附着，而是需要用镊子十分用力地摘除下来，这在一定程度上暗示了蜥蜴是很好的种子传播者，且萌发试验显示，蜥蜴体外传播种子的萌发数量和速度比体内传播更多、更快。

二、种子附着部位

在种群尺度上，动物身体部位的差异会显著影响动物体外传播植物种子的能力。Graae（2002）通过对犬科动物的观察发现，与臀部相比，腹部及其两侧与环境的接触更加频繁，这主要是因为犬类穿越灌木等多种复杂地下过程中会与树木发生摩擦，进而减少了植物繁殖体数量。De Pablos 等（2007）发现，种子更好地附着在牛和羊的腿上，而非侧腹。Liehrmann 等（2018）进行的大型食草动物模拟试验结果显示，附着在动物头部的种子脱落速度最快，侧腹次之，臀部最慢，且在围栏和树木附近发现了羊头部或腹部两侧附着的种子。这可能是因为动物头部、腹部、臀部、腿部等部位的毛发质地、长度或密度不同。

蜥蜴鼻子或下颌上运输的种子萌发速率较快，因为通过体外传播的种子无须经过动物的消化道。种子萌发和幼苗建成所需的时间对于提高幼苗成活率至关重要（Bazzaz et al.，1982），已有文献表明，快速萌发的种子产生的幼苗更具活力，相比较晚发育成幼苗，其存活概率更高（Sarukhan et al.，1984）。例如，通常蜥蜴采食后的种子发芽率较低，这是因为在适宜种子萌发和幼苗生长的干燥森林生境中，如果种子萌发需要更长的时间才能发育出能够在缺水之前到达更深的湿润土层的根系，那么通过体内传播种子幼苗存活率则会显著低于通过体外传播发育成的植物幼苗。

植物种子的成功传播将取决于传播过程中存活下来的能力（Figuerola et al.，2010）。尽管许多植物种子、繁殖体可以在一定程度上抵抗干燥，但很少有生物能够真正脱水。研究表明，鸟类羽毛中的水分含量会影响繁殖体生存，因为较高的湿度会降低干燥速率，从而在更长的时间内保持繁殖体的生存能力（Coughlan et al.，2015a，2015b）。分布在羽毛中的繁殖体在羽毛中经历了独特的微型气候。Coughlan 等测量了活绿头鸭颈部和内脚区域羽毛内温度和相对湿度，发现绿头鸭的羽毛内部微型气候对周围环境有缓冲作用。微型气候的位置变异表现为内脚（上腿）和尾部的平均相对湿度最高（分别为 72% 和 73%），最低的是中央背部（58%）；这些区域的平均温度分别为 28.7 ℃、21.2 ℃和 22.4 ℃。羽毛深度和密度的差异，以及与皮肤的距离，都可能是所测量的微型气候条件的决定因素（Coughlan et al.，2015）。在 Barnes 等（2013）的一项研究中，粉绿狐尾藻（*Myriophyllum Aquaticum*）、小二仙草科（*Haloragaceae*）、狐尾藻属（*Myriophyllum*）等水生植物在 25 ℃、40% 相对湿度条件下干燥 3 h 后均能保持活力。因此，绿头鸭的羽毛似乎可以促进这些类群的存活。绿头鸭在 60 ~ 78 km/h 的速度下，在 3 h 内很容易走完 200 km。种子因种皮不透水而抵抗干燥，因此可以分散到更远的距离（Bilton et al.，2001）。因此，在其他条件相同的情况下，可以推测脱水耐受性与存活率呈正相关，从而可能与有效的最大扩散距离呈正相关。

三、动物行为

动物的社会行为和梳理毛发行为会加速种子与传播媒介的分离，且这一过程可以发生在体外传播的任一阶段。初始阶段、运输阶段的分离将抑制种子的传播。例如，当鸟类个体从越冬地转移到繁殖地、换羽地时，在到达冬季栖息地之前不换羽的个体，有更大的概率会促进种子远距离传播事件；而在迁徙前完成换羽的鸟类则不太可能导致物种远距离传播事件，也就是说，在动物媒介离开前进行了分离将导致植物种子留在源地。同样，在运输阶段发生传播媒介与种子的分离，也会导致种子到达不利的生境。

动物的皮毛质量因季节而异。皮毛差异会显著影响动物运输的植物种子的多样性和数量。一般而言，秋 / 冬季动物的皮毛比春 / 夏的长且厚，这意味着秋 / 冬皮毛的滞留种子的能力更好，此外，植物在秋季往往会成批地大规模结种，这为种子的远距离传播提供了时间层面的同步性。有研究发现，种子能够在动物身体上滞留整整一个秋冬季直至第二年气候变暖动物开始脱毛后才分离。

动物的社会行为。Liehrmann 等（2018）的研究首次发现，约 5% 通过体外传播的种子在同类大型食草动物间进行了转移。大型食草动物一般属于群居动物（如牛、羊、驴），具有钩或刺等附属物的种子很容易缠绕在动物又长又细的毛发中，动物的社会行为会使个体在时间和空间上发生联系，如在母体和幼体之间（Alexander，1974）（表 7.4）。Hausfater 等（1976）、M ü ller-Graf 等（1996）解释了繁殖体与动物个体特征（优势度、年龄、性别和交配状态）密切相关，这些特征既影响生境的选择，也影响种内个体间接触的频率。由于社会群体规模似乎能很好地预测动物体外传播的概率（Côté et al.，1995），因此，与生活在多雄性、多雌性或混合群体中的群居动物相比，具有严格保卫领土和较少种内接触的一夫一妻制物种不易进行体外的种子二次传播。

表 7.4　诱导种子从动物皮毛上脱落的行为

行为	说明	行为	说明
种子从动物皮毛上脱落的社会行为		动物梳理毛发的行为	
游戏（games）	追逐同类或模拟战斗	自我梳理（auto-grooming）	个体用嘴、腿或角梳理或抓挠自己
繁殖（mounting）	个体的生殖行为	同类梳理（allo-grooming）	同类间相互梳理
竞争（agonistic interactions）	个体与同类撕咬、攻击、威胁导致的突然移动	刮划（scratching）	个体会被物体（树、栅栏、小屋……）划伤
头枕（head rest）	个体将头放在另一个同类身上	翻滚（rolling）	个体在地上打滚
站立（rear）	（动物，尤指马）用后脚站起，使用后腿直立起来	抖动（self-shaking）	个体摇动身体或头
休息（lying）	个体躺在地上休息或沉思		

动物的梳理等行为。梳理是鸟类等动物去除“异物”、保持毛发质量的主要行为（Koop et al.，2012；Giraudeau et al.，2013），且是影响种子传播的主要阻力。喙的形态显著影响梳理效率（Clayton et al.，2005；Bush et al.，2012）。例如，大多数鸟类的嘴尖端都有一个小的突出物（Clayton et al.，2010；Bush et al.，2012），当然，鸟类也可能用脚（Bush et al.，2012；Waite et al.，2012）清除头部附近附着的种子（Clayton et al.，2010；Bush et al.，2012）。研究发现，动物的梳理行为可能是受异物刺激引起的。例如，苍耳对动物蹄的刺激显著高于身体的其他部位，进而增加了动物梳理行为的频度（Hart et al.，1992；Mooring et al.，2000），包括清洁行为和外部抓挠行为（Sarasa et al.，2011；Sorensen，1986），以分离植物种子。其他一些行为，如野猪或大象洗泥浴（Vanschoenwinkel et al.，2008，2011），也可降低其皮毛的附着能力。

第二节　植物对动物体外传播的影响

动物体外传播的植物种子主要受到以下两个因素的影响：种子附着在动物毛皮上的可能性；种子与动物毛皮保持附着的可能性，即附着潜力（Fischer et al.，1996；Heinken et al.，2002；Couvreur et al.，2004a，2004b）。然而，这两个过程的持续观测、度量不但耗时费力，研究结果也不尽如人意，且通过体外传播的植物种子往往具有明显特征，因此，通过易于测量的指标来预测、模拟种子体外传播的潜力的研究逐渐凸显出来（Albert et al.，2015），如种子形态、种子重量（Kiviniemi et al.，1998；Graae，2002；Heinken et al.，2002；Couvreur et al.，2004）及种子的释放高度（Graae，2002）、种子产量等。事实上，除了植物种子的形态等特征，种子与动物毛皮的附着潜力亦需关注，基于此，本节将从种子形态结构、种子附着潜力及二者间的相互关系进行阐述。

一、种子形态结构

在长期的自然选择过程中，植物发展出了多种多样的繁殖体特征来保证种子的成功传播（Primack，1979）。种子的形态结构包括种子形状、附属物和表面结构等系列表型特征（图 7.1）。研究表明，种子重量、种子形状、种子附属物等种子形态学指标或自身，或通过作用于某一或某些要素表现了对干扰的适应。Weiher 等（1999）归纳总结了种子形态学的一般功能：种子重量与种子的传播距离、种子库寿命、定居成功率、繁殖力相关；种子形状与种子库寿命相关；种子的传播距离、定居成功率、繁殖力、种子库寿命与干扰密切相关。已有证据表明，与大粒种子相比，小粒种子植物有更大的多度范围，有更广泛的空间占有量，出现的年份更多（Guo et al.，2000）。

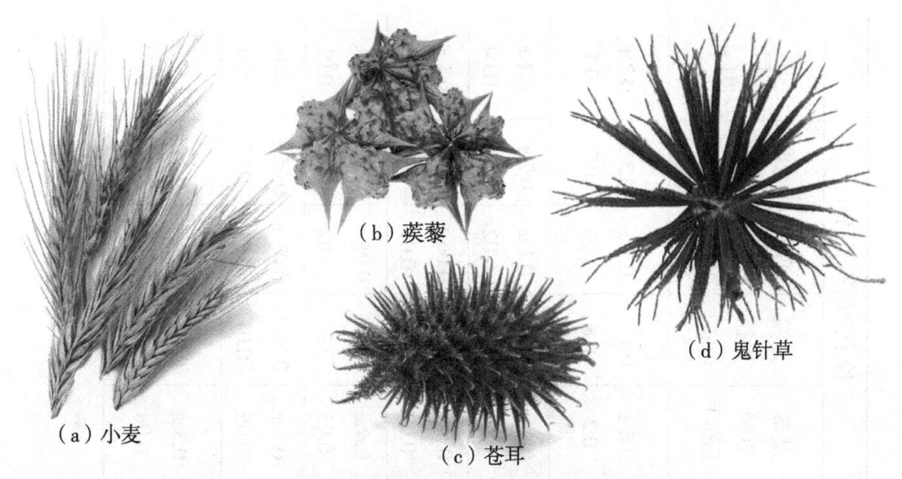

图 7.1　附着在动物体表的植物种子典型形态特征

植物种子钩、刺等形态多样性变异较大（Stebbins，1972）。通过体外传播的植物种子刺、钩在尺寸、重量和外观方面各不相同，且挂钩装置可以在数量、大小、形态和形状上有所不同（表 7.5）。例如，路边青（*Geum aleppicum*）果实由瘦果组成，每个瘦果均具备长 1 ~ 2 cm 的钩，并且在植株顶端以密集的簇状形式出现；而鹤虱（*Lappula myosotis*）的每粒种子表面均覆有约 1 mm 的小刺，这种附属物结构大多为木质化，不仅有益于种子进行动物体外传播，还能保护种子免受机械损伤，对捕食者起到防御作用，且在变温及不可预期的降水环境中，能够吸收更多的水分并较长期地保留（Van Der Pijl，1982；Gutterman，2002），在一定程度上为植物的拓殖及种子库的建立提供条件。

表 7.5　植物种子的形态特征

植物物种	植物与种子特征							种子上的钩子特征					
	植物高度 / cm	种子与植株主茎的垂直距离 / cm	种子重量 /mg	种子数量 / 粒	种子长度 / mm	种子宽度 / mm	种子上的钩子数量	长度（ls）	基部直径（db）	远端直径（dd）	弯曲处直径（dh）	弯曲处长度（lh）	钩子跨度（sh）
加拿大银莲花 *Anemone canadensis*	27.3 ± 4.8	2.6 ± 0.4	4.0 ± 0.01	1.0 ± 0.0	7.3 ± 1.1	3.2 ± 0.8	1.0 ± 0.8	2.5 ± 1.2	0.6 ± 0.2	0.1 ± 0.8	0.1 ± 0.90	0.3 ± 0.2	0.2 ± 0.1
小牛蒡 *Arctium minus*	91.4 ± 10.8	67.2 ± 8.2	431.0 ± 0.09	37.6 ± 3.8	14.5 ± 0.9	14.8 ± 0.9	168.6 ± 25.6	4.8 ± 0.4	0.3 ± 0.06	0.2 ± 0.03	0.1 ± 0.02	0.2 ± 0.06	0.2 ± 0.04
大狼杷草 *Bidens frondosa*	70.2 ± 3.0	7.9 ± 2.5	4.0 ± 0.01	1.0 ± 0.0	9.4 ± 1.4	3.5 ± 0.4	2.0 ± 0.0	4.1 ± 0.1	0.5 ± 0.09	0.2 ± 0.04	0.06 ± 0.01	0.1 ± 0.04	0.1 ± 0.04
路边青 *Geum aleppicum*	58.0 ± 5.4	7.6 ± 1.8	3.0 ± 0.02	1.0 ± 0.0	9.4 ± 0.6	1.4 ± 0.2	1.0 ± 0.0	4.9 ± 0.2	0.4 ± 0.03	0.09 ± 0.02	0.08 ± 0.02	0.2 ± 0.03	0.1 ± 0.01
鹤虱 *Lappula myosotis*	63.2 ± 8.7	25.1 ± 6.3	4.0 ± 0.01	4.0 ± 0.0	2.5 ± 0.1	1.7 ± 0.2	115.2 ± 28.9	0.8 ± 0.1	0.1 ± 0.05	0.05 ± 0.01	0.03 ± 0.01	0.05 ± 0.02	0.04 ± 0.01
苍耳 *Xanthium strumarium*	32.0 ± 3.4	23.2 ± 1.9	0.2 ± 0.04	2.0 ± 0.0	19.6 ± 0.9	7.2 ± 0.4	110.2 ± 14.5	2.1 ± 0.4	0.3 ± 0.08	0.1 ± 0.02	0.09 ± 0.02	0.3 ± 0.1	3.63 ± 0.59

资料来源：Kulbaba 等（2009）。

除上述种子形态特征之外，还有一种有趣的种子结构——集合繁殖体，指两颗或多颗种子（或单种子果实）在萌发前聚合在一起形成一个联合的传播体单元，依据其花器官的发生主要分为由一朵花联合心皮发育而成及由不同花发育组合而成的集合繁殖体。研究发现，集合繁殖体的附属物可以充当保护种子的容器，能建立随时间分散萌发的生理梯度，作为小型的动态种子库调节生长季内种子的萌发时机，保证其种群得以延续并对同胞种子间的竞争具有调节作用（孟雅冰 等，2015）。

目前国外关于集合繁殖体的报道大多集中于系统位置较年轻的类群中，如十字花科、豆科、禾本科及石竹科等（Zohary，1962）。蒺藜（*Tribulus terrester*）的果实由 5 个分果瓣（即 5 个集合繁殖体）组成，坚硬的附属物饱含水分并包裹 1 ~ 4 粒种子，萌发前不开裂，是研究集合繁殖体的理想材料。果实分果瓣 5 枚，坚硬的附属物包裹种子，分别具一对长刺和一对短刺。果实成熟前保持在一起且成熟后立即散落，以集合繁殖体为单位进行扩散，集合繁殖体近斧状，侧面有明显凸起的脊，充分发育时各具一对长刺和一对短刺，刺尖多呈暗红色，最早成熟的长刺和短刺最长，分别为（4.0 ± 0.1）mm 和（2.4 ± 0.1）mm；附属物木质化很难与种子剥离，种子长卵圆形。

二、种子附着潜力

动物体外传播的种子不能为动物提供有能量价值的营养物质，也不能积极地吸引动物靠近，它们往往被动地等待过往的动物，一旦它们接触到动物的皮毛或羽毛，除非动物将它们梳理掉或死亡，否则可以牢牢地附着在动物身上。因此，挖掘其传播机制不仅有助于理解动物与植物的相互作用机制，还能一定程度地解析植物的起源与进化过程。如本章第一节所述，植物种子的体外传播可以分为 3 个阶段，本部分我们将重点探讨种子的装载机制（黏附潜力，attachment potential）及种子的离体机制（接触分离力，contact separation force）。

黏附潜力，通常指在模拟实验中，植物种子在机械震荡机震荡一段时间后仍附着在动物毛皮上的数量占震荡前种子数量的百分比（Römermann et al.，2005）。Römermann 等（2005）的研究结果表明，种子质量和种子形态对黏附潜力均有影响，且种子质量与黏附潜力呈负相关关系。但无论种子形态如何，几乎所有物种在摇动的羊毛和牛毛上保持附着至少 1 h（表 7.6），物种间黏附潜力的差异取决于种子特性、种子质量和种子形态，以及传播载体的皮毛类型、震荡方向，即卷曲的羊毛或柔软、直的牛毛。

表 7.6　种子形态特征与动物毛发黏附潜力的关系

物种名称	羊毛黏附潜力	牛毛黏附潜力	种子形态特征
Alopecurus geniculatus	93.67%	58.67%	具细长的附属物
大穗看麦娘 *Alopecurus myosuroides*	65.67%	11.33%	具细长的附属物
燕麦草 *Arrhenatherum elatius*	69.67%	10.33%	具囊状结构
双盾荠 *Biscutella didyma*	50.33%	8.33%	具扁平附属物
总状雀麦 *Bromus racemosus*	64.33%	0.67%	具细长的附属物
拂子茅 *Calamagrostis epigejos*	94.00%	22.33%	具细长的附属物
毛川续断 *Dipsacus pilosus*	22.67%	0.67%	无附属结构
桂竹香 *Erysimum cheiri*	27.67%	1.00%	无附属结构
苇状羊茅 *Festuca arundinacea*	71.33%	4.33%	具囊状结构
细叶羊茅 *Festuca filiformis*	68.67%	13.33%	具囊状结构
水甜茅 *Glyceria maxima*	66.00%	7.67%	具囊状结构
细小石头花 *Gypsophila muralis*	93.00%	40.33%	无附属结构
德国绒毛草 *Holcus mollis*	75.00%	7.67%	具囊状结构
田野孀草 *Knautia arvensis*	27.00%	0.67%	无附属结构
多年生莴苣 *Lactuca perennis*	40.67%	1.33%	无附属结构

续表

物种名称	羊毛黏附潜力	牛毛黏附潜力	种子形态特征
一年生山靛 *Mercurialis annua*	37.33%	2.00%	无附属结构
空茎水芹 *Oenanthe fistulosa*	29.33%	0.00%	具扁平附属物
梯牧草 *Phleum pratense*	59.67%	27.33%	具囊状结构
芦苇 *Phragmites australis*	99.67%	25.33%	具细长的附属物
草地早熟禾 *Poa pratensis*	46.33%	26.67%	具囊状结构
直立委陵菜 *Potentilla recta*	78.67%	25.33%	无附属结构
夏枯草 *Prunella vulgaris*	41.00%	3.00%	无附属结构
酸模 *Rumex acetosa*	60.33%	6.33%	具囊状结构
欧洲变豆菜 *Sanicula europaea*	96.67%	19.30%	具弯状小钩
红车轴草 *Trifolium pratense*	55.67%	13.33%	无附属结构
白车轴草 *Trifolium repens*	70.40%	11.67%	无附属结构

资料来源：Römermann 等（2005）。

在牛毛中，种子质量是主要的影响因素，种子形态起次要作用，扁平的形态特征只对中小粒种子的黏附潜力有负面影响，一旦种子重量超过阈值（大约 10 mg），不管种子形态如何，种子便不会附着在牛毛上（表 7.7）。此外，具扁平附属物会降低动物毛皮的黏附潜力，这可能是因为扁平的附属物会阻碍种子渗透到动物毛皮中。而具绒毛、冠毛、绢毛、刚毛、芒等附属结构的种子可能需要多层次的动物被毛，以补偿较大的种子重量并增加黏附潜力，钩状种子的结构和皮毛类型之间相互作用的差异也突显了这一点。

表 7.7　种子重量、种子形状指数与种子黏附潜力

物种	种子重量/mg	种子形状指数	黏附潜力			
			羊		牛	
			水平方向	垂直方向	水平方向	垂直方向
恩得拉菊 *Andryala integrifolia*	0.185	0.129	90.00%	89.75%	30.25%	68.00%
旱雀麦 *Bromus tectorum*	2.343	0.268	96.75%	97.00%	56.75%	69.25%
半十蕊卷耳 *Cerastium semidecandrum*	0.038	0.090	94.75%	90.00%	32.25%	81.00%
金雀儿 *Cytisus scoparius*	8.700	0.086	44.50%	37.25%	0.75%	13.75%
Filago lutescens	0.016	0.168	95.75%	91.00%	14.25%	21.00%
Galium parisiense	0.157	0.036	89.00%	89.75%	23.00%	58.25%
西班牙薰衣草 *Lavandula stoechas*	0.907	0.084	61.50%	63.75%	7.50%	38.75%
Plantago lagopus	0.394	0.180	87.50%	84.50%	13.75%	50.50%
Spergularia purpurea	0.020	0.067	94.75%	93.25%	25.00%	89.75%
糙缨苣 *Tolpis barbata*	0.095	0.108	97.50%	97.50%	44.00%	60.00%
Trifolium angustifolium	1.399	0.049	98.50%	95.25%	19.50%	19.50%
团花车轴草 *Trifolium glomeratum*	0.453	0.090	93.25%	90.75%	10.50%	15.00%
Xolantha guttata	0.044	0.036	93.75%	92.75%	36.00%	80.25%

资料来源：De Pablos 等（2007）。

注：种子形状指数被定义为 3 个主要维度的方差，球形种子的形状值为 0，形状值随着种子的伸长而增大。

接触分离力，通常用来描述种子或果实的附着特性，指在动物体表分离植物种子或果实所需的最小力（Gorb et al.，2002）。2002 年，Gorb 等开创性地使用物理学手段来进行种子体外传播试验，发现植物种子或果实的体外传

播距离取决于单个毛刺的接触分离力和与动物毛发接触的毛刺数量，且不同植物种类果实的毛刺具有不同的接触分离力，范围从几毫牛顿到几百毫牛顿不等，此外，作用力的方向及动物皮毛和羽毛的结构也会影响接触分离力。

研究发现，植物种子的钩子跨度与钩刺长度显著影响接触分离力，这是因为在种子与动物毛皮分离时，钩子跨度相当于力矩，所需力取决于力臂，在与钩体几何形状有关的形态毛刺变量中，中部钩体弯曲处直径与远端直径之比对接触分离力有显著影响。此变量对应于挂钩的相对厚度，它直接影响所产生的力。类似地，钩刺在其底部和远端部分的直径也相当重要，因为它们代表钩刺轴部的横截面尺寸。当钩子跨度处于张力状态时，钩子跨度主要在跨度和轴之间的过渡区域断裂，在那里吊钩结构经历最大的力（Saunders，2015）。总而言之，直径越大，连接越牢固。因此，植物种子的钩刺的附着力取决于钩刺的形态。

在自然界中，种子钩刺与动物体表通常并非全面接触，而是只有一部分相互交错，表 7.8 显示了理想状态下接触分离力与种子质量间的关系，但在现实中，动物不可能保持原地不动，因此，如果植物种子或果实钩刺的覆盖密度较高，则该力足以使种子在动物体表上的附着和保持。深入研究钩刺材料的超微结构和力学性能，有助于了解植物体外传播附着能力。

表 7.8　接触分离力与种子质量间的关系

物种	接触分离力 /mN	种子质量 /mg	保持种子附着所需的最少钩刺数 / 个	一根钩刺能承受的最大种子数 / 粒
牛蒡 *Arctium lappa*	820.94	261.87	3.19×10^{-3}	313
狼耙草 *Bidens tripartita*	30.25	1.97	6.51×10^{-4}	1536
山蚂蟥属 *Desmodium* sp.	7.07	4.64	6.56×10^{-3}	152
Uncinia uncinata	650.61	1.70	2.61×10^{-5}	38 271
苍耳 *Xanthium strumarium*	614.25	204.39	3.33×10^{-3}	301

资料来源：Gorb 等（2019）。

第三节 种子 / 果实对动物体内传播的影响

植物种子 / 果实被动物采食后的命运因植物种类不同其传播效力也不同，即便是同属植物，由于种子大小、形状、质量、硬度和年龄等的不同，种子在通过动物肠道后，种子的活力和发芽率是不同的（Gardener et al.，1993a，1993b；Kuiters et al.，2010）。研究发现，通过动物体内传播的植物一般具有营养体或种子本身适口性好、营养价值高，种子和植物营养器官接触紧密，直接被动物采食或通过采食营养器官而携带进入消化道，然后通过动物的游走 / 飞行和粪便排泄实现种子的远距离传播。同时，动物胃肠道的消化作用可打破某些植物（尤其是豆科植物）种子的休眠，提高了种子的萌发率，这对植物在新生境拓殖意义重大。

具体而言，动物介导的植物种子体内传播需经历系列过程，首先选择“心仪”的植物器官，紧接着使用肢体将植物器官从植株下摘取下来，通过牙齿或舌头进行咀嚼，然后吞咽，初步消化后植物进入食道，标志着植物正式进入动物体内，之后在胃、肠道等器官内沉积下来开始真正的消化过程。如果是反刍类动物，还要经过反刍而进行二次咀嚼和吞咽，上述过程结束后，才将种子同粪便排泄出体外。因此，大多数通过动物体内传播种子的特点是种皮非常厚或具有抵抗力，可以抵抗胃酸和酶。

动物摄食植物种子只是动物体内传播过程的第一步骤，而植物种子实现真正意义上的传播还应该包括种子传播到外界环境后，幼苗萌发与建成等多重过程。而且，在种子随粪便排泄到外界环境以后，种子的萌发到幼苗的形态建成也各具特征，如种子大小、数量多少、种皮薄厚等，而且动物取食对象的多样性和消化过程的独特性，使得动物体内传播机制变得更为复杂。

一、化学性状

肉质果所具有的营养丰富的果肉是吸引动物采食的重要包装，大大增加了肉质果被采食后种子传播的概率。一般而言，动物传播的肉质果（如核果、柑果、瓠果、梨果、浆果等）营养丰富、季节性限制强且具强吸引性和短时效性（Li et al.，2003），除在形态结构、物候等方面抵御食果动物的捕食外（Janzen，1991），植物次生代谢过程产生的一系列小分子化学物质（亦称植物次生代谢物，PSMs）是调控动物与植物相互关系的关键因素。

从肉质果实形成开始，果肉和种子内的次生物质经历种子传播和种子萌发过程，次生物质在种子传播后的调控作用对植物种群或群落结构和分布格局的影响应受到重视。肉质果实植物虽无法回避食果动物的取食，但其利用果实（种子）内次生物质，通过影响食果动物的取食时间、取食频次、取食数量、肠道内种子滞留时间（轻泻剂或便秘效应）等方式实现调控。肉质果实通过食果动物肠道时，果肉被消化，种子形态和生理发生了变化，可能影响传播后种子的活性和萌发；种子被一次性大规模集中或多次分散排出及种子传播距离的远近，也可能改变种子在传播后微生境下的存活率和萌发率，这势必对植物更新起到一定的影响（李宁 等，2011），甚至改变植物种群或群落的结构和分布格局。

吸引动物传播者。成熟肉质果实中的次生物质能提供食果者容易识别的觅食线索（如颜色、气味和味道），这些线索与其果实回报（如糖、脂质、蛋白质、维生素和矿物质）有关（Cipollini et al.，1997；Campbell et al.，1998）。食果者能否利用次生物质预测果实质量，需要依赖于次生物质与果肉营养回报的相关性（Cipollini et al.，1997）。

视觉吸引剂包括如越橘属（*Vaccinium*）果实中的花青素（水溶性红色、蓝色和黑色）和辣椒属果实中的类胡萝卜素（脂溶性黄色、橙色、红色和棕色），这些次生物质都能在视觉上引诱动物前来取食。Saxton 等（2011）对葡萄中单宁、花青素与灰胸绣眼鸟（*Zosterops lateralis*）和乌鸫（*Turdus merula*）的取食关系进行了探讨。当喂食含相同次生物质绿色和紫色人造葡萄时（野外葡萄皆紫色且含较高次生物质），夏季时两种鸟类对这两种颜色的葡萄都没有偏好；但秋冬季时灰胸绣眼鸟较多啄食绿色人造葡萄，可能是因为其无法通过消化途径处理次生物质所以认为紫色是果实含有高单宁酸毒性的线索，尽量避免取食紫色果实；而乌鸫只吞食紫色人造葡萄，可能是因为其储备冬天代谢和营养的需要，而且乌鸫整吞果实能较快排出或呕出种子，所以紫色葡萄中次生物质对其影响不大。

除了视觉吸引剂，还有一些次生物质可以起到嗅觉吸引剂的作用。果实味道和气味是多种化合物的混合作用（Crouzet et al.，1997；Sanz et al.，1997），在某些特定条件下，甚至一种“不好”的味道（如涩味），如果与果实回报有关，都能成为引诱剂。香柏酮在葡萄柚（柑橘属，*Citrus*）果实的成熟过程中显著增加，这种化合物是成熟果实含有臭味的主要原因，成为动物取食的引诱剂（Ortuño et al.，1995）。Borges 等（2011）的研究也指出，孟加拉榕（*Ficus benghalensis*）果实通过释放挥发性次生物质吸引食果动物的取食，夜间果实主要释放脂类化合物引诱蝙蝠对其种子进行传播，而白天果实主要产生萜类化合物吸引鸟类取食。

调节动物取食频次和数量。果实中的次生物质能够有效调节食果动物的取食行为。鸟类取食时往往被迫在较短时间内离开母体植物，以避免一次过多摄入同种特殊的次生物质（Cipollini et al.，1997）。Barnea 等（1993）在对单柱山楂（*Crataegus monogyna*）、洋常春藤（*Hedera helix*）、欧洲枸骨（*Ilex aquifolium*）肉质果肉中皂苷（saponins）和类黄酮（flavonoids）的研究中，发现当不同鸟类取食同种果实时，它们在树上都花费相似的较短的时间（1.3 ~ 5.3 min），而且每次只取食很少数量的果实（每分钟 4 ~ 6 个）。这些发现都间接证实了果肉内温和的有毒物质可能阻止鸟类在一次取食中消费过多果实的假说。一些学者认为，母体植物能通过这种策略选择性地获得较多的短期访问者，可能会使鸟类传播相似数量的种子，在进化上这会使果实植物更具优势（Cipollini et al.，1997；Cipollini，2000）。鸟类虽较早离开母体植物，减少了某种鸟类的果实摄取量，但是能提高种子传播到远离母体植物某些地方的可能性。

防御作用。有学者曾提出关于成熟果实内次生物质对脊椎动物防御作用的两个对立假说：①专毒性假说（directed toxicity hypothesis），即成熟果实中的次生物质具有选择性，对非种子传播的食果实者毒性大，但对种子传播者没有或者有极少毒性。②泛毒性假说（general toxicity hypothesis），即果实中的次生物质没有选择性，对所有食果动物都有毒性，毒性模式与消费者对植物潜在的好处无关（Cipollini et al.，1997）。

很多学者对这两种假说的论证，主要从某类（种）特定次生物质的防御作用是否针对种子捕食者而展开研究。很多研究支持专毒性假说，其中涉及的次生物质只针对种子捕食者，这类次生物质主要是氰苷和辣椒素。Struempf等（1999）发现樱桃属（*Prunus*）和接骨木属（*Sambucus*）成熟果实中的苦杏仁苷（amygdalin，一种芳香族氰苷）对雪松太平鸟（*Bombycilla cedrorum*）无抑制作用，雪松太平鸟可以在4 h内消费5 ~ 6倍足以杀死实验鼠剂量的苦杏仁苷。相同的研究表明，辣椒中的辣椒素对哺乳类（如啮齿动物等种子捕食者）有强烈的毒性刺激，但是对传播鸟类无抑制作用（Tewksbury et al.，2001）。Levey等（2001）通过对2种野生辣椒（*C. chacoense*和*C. annuum*）果实进行录像监测，发现其成熟果实仅被鸟类取食，野外啮齿动物都躲避这2种辣椒，不取食和贮藏种子；而且笼养啮齿动物也都避免取食成熟五彩椒种子（Tewksbury et al.，2001）和含有辣椒素的人造果实（Mason et al.，1991）。

然而，也有研究支持泛毒性假说，这类次生物质不单针对种子传播者，对所有食果者皆有毒性，主要是生物碱。Cipollini等（1997）给2种种子传播者和2种捕食者投喂2种不同配糖生物碱（GAs）浓度的天然茄属果实，发现种子捕食者和传播者都喜欢低GAs浓度的少花龙葵（*Solanum americanum*）果实，高GAs浓度的北美刺龙葵（*S. carolinense*）果实对所有动物均有抑制作用。他们在另一研究（Levey et al.，1998）中，通过记录雪松太平鸟对3种含有不同澳洲茄边碱（α-solamargine，一种配糖生物碱）浓度人造果实的取食量，发现其受到了各种浓度澳洲茄边碱的强烈抑制，而且不同浓度产生的作用是一样的。

抑制和促进种子萌发。成熟果肉中的次生物质既能阻止传播前种子的萌发，又能提高传播后种子的萌发（Cipollini，2000）。通过食果鸟类在消化作用中对果肉的移除，促进萌发过程的开始；或者通过传播后残留于种子中的次生物质，保护种子免受其他种子捕食者的取食，使种子活性和种子萌发率得以提高。

种子萌发抑制剂很大程度存在于一些植物的成熟果肉中。例如，成熟果实的高含糖量导致高渗透压（Samuels et al.，2005）；色素沉着会阻碍足够的光线与种子接触，刺激萌发（也是成熟果实出现色素沉着的可能原因之一；Cipollini et al.，1997），此外，成熟茄属果实常含有 GAs，它们能延迟或抑制其种子的萌发（Campbell et al.，1998），甚至对通过鸟类肠道的种子也有同样的效果（Tewksbury et al.，1999）。Tewksbury 等（1999）在一些喂养实验中，发现取食含有辣椒素食物的鸟类，排出种子的萌发率往往比对照组要高，次生物质对种子活性的积极影响也许来自其对微生物和无脊椎有害生物的防御，而不是直接促进种子萌发。

果肉完好的种子经常出现败育现象，而经人工清洗的种子则较易萌发。例如，在新西兰，46 种经鸟传播的木本植物，其果实出现发育不良（<20%）的有 60%。然而，其中大多数物种经人工清洗后，萌发率大于 90%（Kelly et al.，2004）。Robertson 等（2006）发现，在测试抑制解除的物种中，超一半的物种在移除果肉后，对种子萌发产生较大影响。一些实验例子中，存在直接证据表明果实果肉成分对种子萌发存在化学抑制作用。Yagihashi 等（1998）发现，实验室环境下，经人工清洗与被斑鸫（*Turdus naumanni*）吞食后排出的 *Sorbus commixta* 种子（蔷薇科）萌发情况相同，而处于完好果实内部的种子及取出并使用 1% 的果肉汁水处理过后的种子完全没有萌发。这表明，果肉内存在明显抑制种子萌发的化学物质。

此外，干果类物种的果实或种子内也存在化感物质，在农业生产方面的作用尤为凸显。水溶性萌发抑制物质的释放会对其他植物产生强烈作用，如蓟属中的飞廉（*Carduus nutans*）、大翅蓟（*Onopordum acanthium*）、大阿米芹（*Ammi majus*）和细叶百脉根（*Lotus tenuis*）。

改变种子在肠道的滞留时间。果实中的次生物质能改变种子通过肠道的速率，产生种子较快通过的轻泻剂效应（Murray et al.，1994）或减缓种子通过速率的便秘效应（Wahaj et al.，1998）。家鸡和旅鸫（*Turdus migratorius*）分别被强迫食下含有浓度为 3.7 ～ 37 mg/kg 和 0.07 ～ 70 mg/kg 的大黄素果实后，都产生了强烈的腹泻。相反，黄臀鹎（*Pycnonotus xanthorrhous*）取食含大黄素（0.01% 食物湿重）的食物后，增加了排便的平均时间，表现出便秘效应（Tsahar et al.，2003）。辣椒素和 GAs 也能影响肠道里种子的通过。Tewksbury 等（2003）给小嘴拟霸鹟（*Elaenia parvirostris*）和弯嘴嘲鸫（*Toxostoma curvirostre*）2 种鸟类，喂有注射辣椒素和对照溶液的非辛辣辣椒，记录鸟类直到最后一粒种子被排出的排便时间，与对照组相比，辣椒素平均增加了两种鸟类 15% ~ 20% 的种子滞留时间。Wahaj 等（1998）发现给雪松太平鸟投喂含有北美刺龙葵天然果实 GAs 溶液的人造果实后，与对照组相比，雪松太平鸟表现出明显的便秘效应。

靠动物传播的植物可以通过控制传播者肠道滞留时间，继而影响种子的活性和分布。种子以较快速度通过脊椎动物肠道，可以减少肠道对种子活性的负面影响（Tewksbury et al.，2008）。然而，便秘效应对鸟类来说是有益的，因为鸟类会有更高的消化效率。从植物的角度来说，传播者的便秘效应可能在相当长的一段时间内使其肠道携带种子，这会增加传播者将种子带到更远地方的可能性（Murray，1988），也会影响种子沉积模式，包括传播者排便次数、每次排便的种子数量、推测的传播距离（Wahaj et al.，1998），提高种子果肉彻底分离的可能性，而这对于那些果肉剥离后才能萌发的种子来说是至关重要的（Barnea et al.，1991）。相对于那些移动较多的动物（如燕雀类鸟类和蝙蝠）来说，果实被移动较少的动物（如小型哺乳动物）取食传播时，植物更能从动物的便秘效应中获利（Cipollini，2000）。

二、物理性状

种子大小。种子大小是影响自身被消化后是否存在活力的主要因素，关于种子的大小对动物体内传播的影响，主要存在两种观点，第一种观点是籽粒小的种子比籽粒大的种子在经过动物胃肠道消化后存活率更高，相比籽粒大的种子，单位体积籽粒小的种子数量更多，从概率上讲，单粒种子的损失率介于0 ~ 100%，数量越多意味着单粒种子的损失率越低，存在一定程度的分摊风险的机制，即籽粒小的种子存在更高的概率在动物咀嚼过程中成功“逃逸”。此外，籽粒小的种子在动物胃肠道的停留时间相对较短，并且被反刍作用破坏的概率小。因此，多数学者认为籽粒小的种子具备动物体内传播的优势。然而，也有研究认为，不同大小的植物种子/果实被动物采食和消化过程中，其受到动物的影响过程与内在机制不可一概而论，单纯地认为籽粒小的种子经过消化后的存活概率要高于籽粒大的种子是极其片面的，这一观点的数据基础是Mouissie等（2005）发表的题为“Endozoochory by free-ranging, large herbivores：Ecological correlates and perspectives for restoration”的论文，即籽粒大的种子主要受动物咀嚼过程（时间）影响而丧失活力，但同严酷的动物胃肠道微环境和滞留时间比较起来，咀嚼过程对种子的影响几乎可以忽略，进而得出第二种观点：种子种皮厚度、种子面积质量比（surface to mass ratio）与动物体内传播高度相关，但种子个体的大小通常与种皮厚度亦高度相关。一般而言，籽粒小的种子种皮厚度较小、面积质量比较大，更容易受到消化液的影响而失去活力；而籽粒大的种子具有较小的面积质量比和发达的种皮保护，抵抗消化破坏的能力较强，能够显著降低动物胃肠道环境对种子的破坏，因此籽粒大的种子更有利于进行动物体内传播。

事实上，种子籽粒大小与经过动物体内消化后种子活力并非简单的相关关系，而造成这一结果的原因主要有以下两方面：①植物系统发育差异，在自然界中，不同区域的植物种子大小差异巨大，甚至超过10个数量级（$\pm 10^{-3} \sim 10^{7}$ mg），因此不同物种的种子在被动物采食后其对消化过程的反应不同；②文献数量偏少，多数的研究内容只限定在为数不多的植物上，而能够被动物通过体内传播的植物种类数量繁多，因此，仅仅依靠这些研究得出的结论局限性偏大。

种子形状。不同形状的种子在通过动物的消化道后其存活能力存在很大差异，即使同一物种，种子形状也会存在差异。主流的观点认为，相比细长形状的种子，圆形种子通过消化道的速度要快并且回收后的萌发率要高。因此有学者提出了一个种子光滑指数的概念，认为光滑度越高，则通过消化道的速率越快，则被消化后存活的概率就相应要大一些。种子形状在很大程度上影响到其在消化道内滞留的时间长短，动物消化道传播种子效果实际上是由种子形状是否有利于快速通过消化道而决定的。

种子种皮特征和种子的休眠性。种皮渗透性、种皮厚度、质地及硬实程度对动物体内传播效率的影响十分明显。一般而言，由于种皮密度较大且透水性差而导致硬实率很高的种子，在经过消化道作用后，其硬实率下降，萌发率增加。对一些硬实率高的种子来讲，动物的消化过程通过软化种皮或者打破休眠从而增加种子的萌发率。豆科植物的种子在经过绵羊消化 24 h 和 48 h 回收后其种子萌发率分别比对照提高了 2 倍和 6 倍。相似的结论在西班牙中部的半日花属植物上也被得出。消化过程能够打破某些植物种子的休眠，在新鲜的粪便中甚至都能发现已经萌发的种子，但对有些植物却收效甚微，一些热带的禾草类种子在瘤胃瘘管中放置了 48 h 后其休眠被打破，萌发率明显提高，但是，印度的一些禾本科植物种子在经过瘤胃消化后其休眠性并未被打破。有些具有很硬种皮的种子在经过消化后仍然能存活，藜和反枝苋种子在奶牛瘤胃中消化 24 h 后仍然具有很高的萌发率，这主要是和较硬的种皮有关。Simao Neto 等（1987）也发现，某些从牛羊粪便中回收的豆科植物种子由于具有较硬的种皮因而保持较高的活力，但他也发现有些豆科植物的种子却因此而活力减小。同具有高强度种皮保护的种子比较，柔软种皮就不能给种子提供有效的保护。红花球葵（*Sphaeralcea coccinea*）的种子虽然很小，但由于它的种皮很柔软，因此在经过野牛消化后其种子的回收率很低，大部分都在消化过程中被破坏了。但是，种皮密度特征和种子存活率之间的这种关系在所有的物种上并不具有普适性，比如，种皮较软的法国薰衣草（*Lavandula stoechas*）在被饲喂给动物后其种子的回收率为 16%，而西班牙地区的一些具有硬种皮的灌木种子在饲喂动物后其回收率为12% ~ 23%。

第四节　动物对种子体内传播的影响

动物行为会显著影响植物种群的动态和遗传结构、植物群落的组成和物种丰富度，以及植物的系列演化（Elwood et al.，2018；Gelmi-Candusso et al.，2017；Rogers et al.，2017）。因此，动物介导的种子传播模式及其结果背后的机制引起了人们的浓厚兴趣（Lichti et al.，2017；Schupp et al.，2017；Zwolak et al.，2012）。1985年，Welch的研究显示，每只绵羊每年可以传播4万粒种子，Pleasant等（1994）在纽约6个农场的12头奶牛和小母牛舍的抽样中，发现每公斤新鲜粪便含有13.3万粒杂草种子。

研究发现，动物介导的植物种子体内传播主要取决于4个方面：①摄入种子的概率（Alcántara et al.，2003；Gómez，2004），这与种子的可利用性和动物的摄食偏好密切相关（Jordano，1995；Celis-Diez et al.，2004；Bruun et al.，2006）；②种子留存在动物消化系统中的时间（即留存时间），这会显著影响种子的传播距离和传播方向（Westcott et al.，2005）；③种子对消化的抵抗力，这决定了种子通过动物消化系统后的存活概率（Charalambidou et al.，2002；Pollux et al.，2005）；④通过动物消化系统后种子的活力和萌发率，可能会降低，增强或不受影响（Traveset，1998；Charalambidou et al.，2002）。

此外，动物介导的种子传播的研究人员通常把重点放在估计特定动物的传播服务功能上，而动物种类、性别、年龄、行为等往往被忽略（Bennett，1987；Violle et al.，2012）。例如，从动物“性格”角度分析，高度活跃和具探索精神的动物也倾向于寻找新生境，在与同种动物接触时“咄咄逼人”，在捕食者面前“大胆激进”（Dougherty et al.，2018）。相比之下，害羞、胆小和谨慎的动物通常具有相对较低的攻击性、活跃性和探索性倾向，前者通常被称为“主动型”动物，后者则被称为“响应型”动物（Koolhaas et al.，

2007）。积极主动的动物被认为具有很高的资源获取率，但存活率相对较低（"高风险－高回报"策略），而响应型个体表现出较低的资源获取速度但较高的存活率（Montiglio et al.，2014；Nakayama et al.，2017；Réale et al.，2010；Wolf et al.，2007；Moiron et al.，2020）。

一、动物种类

不同种类的动物的采食过程、咀嚼方式、消化系统结构与功能、种子在胃肠道的滞留时间、粪便状态等的差异，会显著影响到种子在动物体内传播的效果。研究发现，热带森林的植物 60% ~ 94% 的木本植物种子依靠动物体内传播进行植物子代的分散。25% ~ 40% 灵长类动物能够进行有效的动物体内传播，它们排出整个种子，或在采食果肉后丢弃未受损的种子（Lambert，1999）。在厄瓜多尔亚松国家公园，白额蜘蛛猴（*Ateles belzebuth*）至少取食 152 种植物的果实，它们将约 98% 的种子整体吞下，其中被毁坏的种子仅占极少数（Link et al.，2006），这是因为它们吃掉果肉后常扔掉种子，或吞下的种子以粪便或呕吐的形式排放至生境中（McConkey et al.，2011）。因此，研究灵长类动物介导的种子传播时，常注重动物空间行为对植物更新的影响，而忽略食物处理方式。

对于反刍动物，它们的采食往往是"响应型"的，即很少主动去专性的采食植物的种子，而是通过采食营养器官附带完成对种子的摄取过程。Janzen（1984）认为叶、茎等植物营养器官在动植物之间的关系上与肉质果对动物的采食引诱是等同的，这也是植物为了使种子被动物采食实现传播而进行的间接繁殖投资。同时，对大多数草本植物而言，其有性繁殖体在空间位置上和叶片等营养器官并非完全分离而是接触比较紧密，并且距离地面比较接近，很容易被食草动物采食到。故而草本植物的种子也可依靠动物采食并经体内消化排泄到外界环境，实现种子的传播。此外，体形小的动物体内传播效果显著小于体形大的动物，牛粪便中回收的具有活力的种子数量要多于绵羊和山羊，这可能是因为牛的咀嚼过程快速且粗糙，降低了动物咀嚼过程中种子被破坏的概率。小型反刍动物采食种子后还会增加种子与肠道侧壁接触的机会，从而增加了种子被破坏的概率。

而在啮齿动物中，其啃食行为造成了大量的种子损耗。例如，啮齿类动物在短期内能消耗掉70%的杉树种子，仅7%的种子能“坚挺”至次年的5月份萌发；但它们的分散贮藏行为却促进了植物更新（Zhang et al.，2008；Briggs et al.，2009；Sivy et al.，2011）。从食物丰度角度分析，啮齿动物在食物丰富时，除消费种子外还会额外将部分食物分散贮藏在某些地点，用来度过食物匮乏的时期，有竞争激烈时，啮齿动物的食物贮藏策略会由分散贮藏转向集中贮藏（尹雪，2016）。

对于鸟类而言，鸟类的质量对于食果鸟类和食种鸟类的取食性质影响不大，影响取食方式的主要是喙长和喙裂宽（尹雪，2016），其整吞种子的食物处理方式有利于植物更新（Levey，1987），相反，啄食行为会造成种子聚集在亲本植物附件，导致密度制约死亡率（density-dependent mortality）上升。

消化道长度与砂囊显著影响种子在动物体内的滞留时间。滞留时间过长对种子不利，种子在体内所接触的消化液会对种子种皮、胚进行破坏，或种子在消化道内可能会吸收消化道内的物质并且出现破碎化，进而降低种子的活性（Janzen et al.，1985；Murray et al.，1994；Santamaría et al.，2002；Charalambidou et al.，2005；Pollux et al.，2005）。与非食种/果鸟类相比，主要以果实/种子为食的鸟类，肠道短、砂囊小且肌肉少，使得种皮所受伤害较轻微（Jordano，2000）。而与鸟类不同，食果的爬行动物和蝙蝠中，其肠通常都要比食虫物种的长。不同的研究表明，尽管不同动物与植物种子对动物体内传播的效力结论不一致，但大多数植物的种子在摄食后的第1个4 d时间内都被排出。然而，对于某些硬实率比较高的种子来说，在消化道内滞留的时间越长对其萌发越有利。

食性选择与食性转变也会影响种子动物体内传播效果。1975年，McKey在*Coevolution of Animals and Plants*一书中明确提出了专性、泛性食果动物概念，专性食果动物几乎完全依赖果实提供糖分、脂类、蛋白质、其他营养物质和能量等，往往取食个体较大的“高质量”（如富含脂类和蛋白质等）的果实；而泛性食果动物只是把果肉提供的水和碳水化合物作为其营养和能量来源之一，它们同时还通过其他方式（如鸟类捕食昆虫等）来补充能量。传播者食性选择的生态效应是维持植物提供优质果实/种子更新的主要动力。最优食谱理论认为，最优果实丰度较高时，动物往往只会选择该种植物果实。当传播者偏食某种植物的果实或种子时，势必导致该种植物种子库占比提高，增加该物种种群更新成功率（Herrera et al.，2009）。李宁等（2012）在其文章中列举了白眉歌鸫（*Turdus iliacus*）与欧洲枸骨（*Ilex aquifolium*）、欧歌鸫（*Turdus philomelos*）与欧洲红豆杉（*Taxus baccata*）、旅鸫（*Turdus migratorius*）与灰嘲鸫（*Dumetella carolinensis*）呈现出较依赖的关系，表明动物的食性选择是种子传播过程中的关键环节，能够有效提高种子的传播效率和促进种群更新。传播者的食性转变会改变食物（种子）在肠道内的滞留时间。例如，椋鸟科动物将吃食从昆虫转为果实时，食物在肠道中的留存时间会缩短（Karasov et al.，1990）。以种子、高纤维为主的饮食结构使得绿头鸭的消化能力增强，此外，对于水鸟（waterfowl）而言，砂囊中的砂石量（与食性强弱相关）也会对种子的萌发率产生较大影响（Santamaría et al.，2002）。

二、动物行为

多数食果/食种动物行为（采食果肉、丢弃、反刍或排泄等行为）对植物种子传播很重要，但个体行为的一致性和个体间行为上的差异性在种子传播方面的作用也逐渐受到了生态学家的关注。数百项研究发现，动物种群内的物种、种群和个体的平均行为类型包括了性格、攻击性、探索性、一般性活动和社会性活动等（Dall et al.，2004；Réale et al.，2007；Sih et al.，2004），而这些行为对生态结果具备以下3个机制：①个体、种群或物种层面上平均行为类型分异的影响；②种群内行为类型差异的影响；③综合行为的影响（Sih et al.，2004）。

个体、物种或种群之间平均行为类型的分异（机制①）有助于觅食者的个体行为特化（Bolnick et al., 2003；Toscano et al., 2016），这可能会间接影响种子传播的效率。例如，在高捕食风险的环境中，动物寻觅果实可以推动植物种群的空间格局发展，而这类动物种群通常由响应型的觅食者主导，他们负责寻找安全的食物生境。如果种子传播策略与动物行为类型不匹配，那么行为类型的种群内变异（机制②）可能导致种子沉积地点更为多样。例如，响应型动物可能会将种子移动到亲本植物附近或其更“熟悉”的微生境，而主动型动物会将种子移动到远离亲本植物的新栖息地。这将导致一个新的概念，即由具有不同行为类型的个体组成的单个物种可能在群落中扮演不同的角色，类似于多个物种（Sih et al., 2012），同时，这可能导致某些动物个体在种子传播中发挥极其重要的作用并且不能被其他个体取代。综合行为可能导致植物种子传播过程多个阶段的结果之间存在相关性（机制③），而这可能会产生冲突或权衡，其中一个行为类型在一个阶段增强种子传播的成功概率，另一个阶段减少成功概率。例如，新陈代谢快速的主动型个体（Réale et al., 2010）如果在植物果实较少的区域大量消耗精力（Spiegel et al., 2017），会显著降低其种子传播效率，但它们更有可能将种子移动得更远，并将它们存放在对幼苗竞争较低的开放微生境。这说明动物快速、积极的行为类型与其认知准确性（信息收集、记忆依赖、地图判断）紧密相关（Sih et al., 2012）。

内在驱动因素。食果动物的内部状态包括一系列生理和心理状态（Nathan et al., 2008）。食果动物的行为活动需要能量来维持，这种内部刺激会调节其行为方式。例如，饥饿的食果动物会从结果的树上移除更多果实来满足饥饿感。不同的生理功能，如体温调节和消化，对能量亦存在竞争性。当运动受到能量限制时，食果动物会停止移动以节约能量。例如，当环境温度较高时，食果动物需要消耗更多能量来调节体温，或寻找庇护所休息，限制了用于运动的能量分配。这种不规则休息期间穿插的运动便会引发种子传播。同样，消化吸收营养物质会增加氧气的需求量（Karasov et al., 2011）。食果动物可以将血液优先流向胃肠系统以进行有效消化，并减少其运动。因此，种子在肠道中的通过时间缩短，传播距离也可能缩短。相反，一些食果动物会优先运动并将能量分配给运动系统。在这种情况下，种子在肠道中停留更长时间，导致传播距离增加。也有研究发现，动物的活动会受到性别、个体大小、求偶行为、妊娠等影响（Cestari et al.，2013；Boinski，1988；Rose，1994）。

寻找 / 邂逅果实。要传播种子，食果者必须首先接触到果实。在陆地脊椎动物中，行走时的能量消耗相似，仅使用肌肉存储能量的 30%（Cavagna et al.，1977）。奔跑时能量消耗较大，但动物可以覆盖更长的距离，总体而言，陆地运动可能比树栖运动更经济（Karasov，1992）。此外，遇到果实的概率取决于觅食者的运动模式和行为类型（Côrtes et al.，2013）；即使在考虑到物种、年龄、大小和性别的影响后，动物的行为也表现出显著的个体间差异，包括动物的活动范围大小（Alós et al.，2016；Campioni et al.，2016；Schirmer et al.，2020；Villegas-Ríos et al.，2018）、内部空间的资源使用情况（Boon et al.，2008；Schirmer et al.，2020）。活动范围决定了动物可能遇到的果树和植物种类的数量。快速、肤浅的探索者更有可能通过视觉线索、气味首先发现更明显的植物果实，如更大、颜色更鲜艳或产量更高的果实。速度慢、彻底探索的动物可以通过采食不太“耀眼”的果实来避免竞争。这些差异可能导致不同植物果实种类的专性传播（此处指的是饮食中的相对比例，因为食果脊椎动物通常以许多种类的果实为食，并不依赖于单一的植物生存；Herrera，2002）。

在群居动物中，胆子较大的个体往往处于群体的边缘，因此更有可能收集食物来源的个人信息并扮演“生产者”的角色，而胆小的动物通常在群体中心附近觅食，更有可能依赖其他个体的信息来觅食，因此充当“乞讨者”（Flynn et al.，2001；Kurvers et al.，2010）。此外，在植物果实这类随时间可变的资源上觅食需要跟踪资源水平并记住访问过的斑块（Corlett，2011；John et al.，2016）。因此，行为类型和认知差异之间的联系可能会影响动物与植物果实的接触（Sih et al.，2012b）。例如，主动型个体往往更多地依赖于既定的惯例，比响应型个体具有更高的场地认知度，但后者往往会建立更全面的家园范围空间地图，并对环境变化做出更好的反应（Herborn et al.，2014；Sih et al.，2012b）。最后，行为类型会影响动物在哪里觅食。对捕食风险的敏感性是这一选择的主要机制。主动型个体大概率会去捕食者更多的地方，而响应型动物更喜欢在相对封闭的生境觅食（Sih et al.，2004；Toscano et al.，2016），在那里它们可能会遇到不同数量和类型的果实（Levey，1988）。

食果动物可以获取外部环境信息，并通过内部的认知能力对外部环境做出反应并导航至有效资源生境。食果动物如何检测、评估和整合不同的感官线索和认知信息将决定它们的行为模式和作为种子传播者的角色。在最简单的情况下，食果动物缺乏任何外部信息或内部记忆，并参与“随机搜索”。当它们探索环境时，这些觅食者便会发挥远距离传播种子、随机沉积种子的作用。与之相对的，食果动物已经完美收集了环境资源信息，体现为定向传播能力。例如，食果动物可以编码果实资源位置（丰富程度、类型和更新速率）和其他地标位置（Fagan et al.，2013），帮助它们向目标快速、高效地移动（Fagan et al.，2013）。

采食果实。当动物遭遇果实，食果者必须决定是觅食或继续探索。动物可能会出于多种原因拒绝植物果实，如植物生长的地点或觅食时间危险程度较高、资源垄断程度高、动物已饱食、搬运或运输成本太高、果实被认为质量不高或者不可食用。动物最佳饮食理论表明，动物食性选择取决于行为类型对动物与植物果实的相遇概率的影响。例如，在其他条件相同的情况下，主动型个体有更高概率遇到数量多、高质量的果实，并拒绝质量较差的果实。此外，当发现成簇的食物时，动物对食物斑块的选择取决于斑块质量、觅食时被捕食风险及斑块之间旅行成本的权衡。食果动物活动范围、是否有紧急避难所和避难所的空间位置也会影响动物采食植物果实，这即是说，如果动物采食地点存在安全隐患，那么当动物感知风险超过觅食收益后，动物成功逃离的概率取决于植物果实位置与避难所的距离。

地域性食果动物可能会垄断一些果树，赶走同种和异种的竞争者（Howe，

1986；McConkey et al.，2006），这往往不利于种子的传播。在这种情况下，大部分种子的传播将由“独裁者”进行。类似地，群居性食果动物的社会等级可能会限制低等级个体的种子传播。动物垄断食物资源的能力通常与高攻击性水平和主动行为类型密切相关（Briffa et al.，2015）。当遇到“新奇”的果实或种子时，行为类型可能会影响动物是否愿意接近并采食它们，这意味着当植物资源稀缺时（如在生物入侵的最初阶段），主动型个体作为种子的传播者可能会变得极其重要。此外，是否觅食及食用哪些果实的决定明显受到觅食者的新陈代谢状态和饮食需求的影响（Corlett，2011；Toscano et al.，2016），如果主动型动物有更高的摄食量，这暗示了他们可能会传播更多的植物种子。

消化果实/种子。体内传播通常受益于食果动物肠道通过过程，如消化过程中的果肉去除过程和种皮磨损过程，此外这一过程也受动物行为类型、活动能力和肠道通过时间影响。更多的体力活动可以提高种子在肠道通过后的活力（Kleyheeg et al.，2015）。然而，肠道传递时间和种子活力之间最常见的关系可能是单峰关系，因为太短的肠道传递可能不会打破种子休眠，但太长可能会杀死种子（Jaganathan et al.，2016；Traveset et al.，2007）。那么中等强度的体力活动可能会有助于动物体内传播。例如，在食果鱼类中，肠道通过时间会因体力活动而增加（Van Leeuwen et al.，2016）。Briffa 等（2015）研究发现，这一过程还受到动物社会等级的影响。例如，在猕猴群体中，社会等级高的个体比等级低的个体咀嚼过程时间更长、对种子破坏程度更高（Tsuji et al.，2020），这是因为低等级个体易受到高等级个体的骚扰，所以低等级个体咀嚼得更快且不彻底。此外，经过动物胃肠道会去除部分种子致病菌和吸引种子捕食者的物质（Fedriani et al.，2012；Fricke et al.，2013）。

动物排便。粪便中种子的沉积是动物体内传播最直接的环节。种子的最终命运不仅取决于动物胃肠道处理状况，还取决于种子排出或反流地方的条件（Jordanano，2000），而种子随动物粪便排出地点的质量受到食果动物个性、运动模式、社会活动、栖息地选择和粪便分布模式的影响，因为动物粪便种子可以呈现随机型或聚集型（Howe，1989）。粪便的规模和植物物种组成将影响种子被捕食的风险、未来密度依赖的强度及植物经历的竞争或化感作用（Spiegel et al.，2010；Traveset et al.，2007）。在某些情况下，种子聚集的影响比种子存放地点质量更重要（Kwit et al.，2004；Salazar et al.，2013；Spiegel et al.，2010；Sugiyama et al.，2018）。综上所述，高效的动物体内传播不仅需要采食大量的种子，还需将它们储存在条件良好、不会过于拥挤的微环境中（Schupp et al.，2010，2017）。

三、动物的生境选择

生境选择（habitat selection），是指动物对可利用生境的挑选。例如，动物繁殖、取食、休息等行为选择了一种生境，而非另一种生境。由此概念可知，动物生境选择可能会涉及消耗资源过程、生存的空间多样性、与其他物种的相互作用等。此外，动物的生境选择遵循 4 个基本层次：①对地理区域的选择（区域尺度）；②在特定区域内对家域的选择（景观尺度）；③在家域内对不同生境斑块的选择（家域尺度）；④在特定生境斑块内对觅食、筑巢、夜栖等位点的选择（斑块尺度）。Cody（1985）的研究认为，生境选择是动物对生境的非随机利用，也是影响个体生存力和适合度的行为反应。对于多数扮演种子传播者的动物来说，其适宜生境与植物更新生境的空间重合度直接影响植物更新。

种子离开亲本植株后，多数种子的传播过程是被动发生的，其最终沉积或生长位置均由传播者的决策和行径空间所决定。但定向传播假说认为，特定的种子传播者并非偶然或随机地传播种子，而是会将种子定向地搬运到适宜生境中（Howe et al.，1982）。试想，在这一定向传播过程中，随着时间跨度的拉长，势必造成种子的大规模聚集，再度引起密度制约效应，因此，Spiegel 等（2010）对定向传播理论进行补充和修正，其研究认为在研究传播者移动行为的传播效应时，需要充分考虑环境背景特征，当环境均一性较低或异质性较高时，动物引起的种子大规模聚集不会造成明显的密度制约生态后果。2011 年，Tsoar 等在生物活动理论概念框架和典型案例分析（Nathan et al.，2008）的基础上，更加系统地总结了传播者的行为对植物种子传播和种群影响过程，其核心思想是将动物移动行为融入种子移动中，通过观测分析动物取食路径来判断种子传播距离及种子沉积 / 萌发地点。事实上，取食路径很大程度上由生境（食物、水、空间及隐蔽性）和动物的生境选择来决定的。

在较大空间尺度上，传播者的生境选择与生境完整性有关。破碎化导致生境变成连片状及破碎状，动物若回避选择破碎斑块，势必导致该斑块内的植物更新更差（Cordeiro et al.，2009）。但环境的一些能产生积极效应的因素，如关键资源、高密度资源及庇护植物等可以削弱生境破碎化的消极影响。Uriarte 等（2011）分析景观结构对亚马孙林下草本尖叶蝎尾蕉（*Heliconia acuminata*）种子传播的影响发现，虽然体形大的鸟类回避选择小破碎斑块，但两种斑块间植物更新的差距小。这可能与尖叶蝎尾蕉是传播者所需的关键资源有关。Herrera 等（2011）研究了在西班牙北部坎塔布连山脉次生林中，森林覆盖对单子山楂传播的影响，当斑块中果树密度高时，破碎化的不利影响似乎被传播者忽视，更多的种子被传播且平均距离更远。破碎斑块中的残留树种若想继续发挥传播及更新的功能，需要周围森林演替出两个及两个以上高丰度的树种作为庇护植物，才能摆脱破碎化对植物更新的不利影响（Herrera et al.，2009）。

在较小空间尺度上，传播者的生境选择与微生境生态因子有关。传播者选择微生境时偏好高隐蔽、潜在食物利用较多的区域（Cody，1985）。但若传播者只能提供种子萌发较差的光条件或靠近同种成树的生境时，亦不利于种子萌发和生长。因此，传播者微生境利用与植物生长所需微生境的匹配程度决定着种子的更新命运。例如，在西班牙西北部温带次生林中，赤狐（*Vulpes vulpes*）、狗獾（*Meles meles*）等兽类常将种子搬运至空旷地，提高了先锋物种的定殖率。此外，植物更新的成败也受到传播者选择的生境功能的影响。例如，动物常把大量的时间花费在取食中，因此取食地和种子生存适宜地的空间一致性程度决定了植物更新的成败。Russo 等（2006）将取食地模型融入美叶肉豆蔻木（*Virola calophylla*）的种子格局研究，发现蜘蛛猴（*Ateles paniscus*）经常将种子传播至100 m以外，其觅食地对种子疏散起着重要作用。其次，夜栖地或休憩地对于动物安全十分重要。动物常选择高隐蔽且植物密集的区域夜栖，主要因为这些环境能给动物创造较安全且适宜的小气候，且有助于逃避天敌（Cody，1985）。在夜栖时，种子被动物排泄出体外而遗留在夜栖地。Russo等（2006）将夜栖地模型融入美叶肉豆蔻木种子格局，发现灵长类夜栖地分布格局决定种子排放格局，利用频次较高的夜栖地，植物种子数量的较高。Muoz等（2011）研究棕须柽柳猴（*Saguinus fuscicollis*）和狨猴（*Saguinus mystax*）休憩地格局对植物更新的影响时发现，幼苗在其生境中呈高密度聚集，休憩地格局对更新有较大的影响。由此可见，在动物的夜栖地、休憩地，种子常呈现出高密度－多物种聚集的特点。

第五节　粪传播

食果动物因其食性和排便规律使得种子在空间上高度聚集，作为种子传播生态学的一个方面，种子随动物粪便一同排出这一过程，在增强种子萌发率和幼苗存活率上扮演着重要的角色（Dinerstein et al.，1988；Traveset et al.，2001）。尽管粪便的养分补给作用已经被认可（Willson et al.，2000），但通过食果/种动物将种子存放至安全位点的能力来衡量其传播效力，往往忽略了个体粪便可能对传播效力产生的重要影响。例如，不同粪便中，种子的化感作用和种间竞争作用不同，食果动物的食性很广，且它们会在特定季节吞食大量果实（Herrera，1989；Willson，1993），使得其粪便成分也颇具变化，这会改变原本建立在运动规律和肠道留存时间上的观点，使问题更加复杂。基于此，本节将从粪便类型、粪便中物种数和种子密度、粪便对种子萌发和幼苗生长的影响几个方面介绍粪便对动物体内传播的影响。

一、粪便类型

无论食果动物吞食了何种食物，其残留物都会对动物排便后的微环境产生影响，对幼苗生长起到施肥作用（Dinerstein et al.，1988；Malo et al.，1995；Traveset et al.，2001；Cosyns et al.，2005）。不过，在一些情况下，粪便的存在也会促进真菌和（或）细菌滋生，减少种子萌发的概率（Meyer et al.，1998）。此外，动物的粪便还可以保护种子免受其寄生物和捕食者的侵袭。相比于鸟类或蜥蜴，大型哺乳动物的粪便数量更多、体积更大、存在时间更长、为幼苗提供的养分更持久。此外，鸟类在吃食无脊椎动物后会排泄大量的白色尿酸盐，在吃食果实后，其排泄的液体物质通常会被果实染色。不过可以明确的是，不同种子传播者间粪便成分的差异可能会导致种子和幼苗的生长发育。

种子可以直接在粪便中实现萌发，但是粪便类型会影响种子的萌发行为和后期的幼苗建成。例如，牛粪可以为种子的萌发提供安全地，但球状粪（如羊粪）却没有这一功能。这是因为牛粪被排出身体后会迅速硬化，并在其表面形成物理性的保护硬壳，这意味着牛粪的物理结构变化会对内部种子发育成的幼苗生长形成阻碍，且牛粪块内的环境条件对种子的萌发至关重要。研究发现，当牛粪被排泄到干燥的土壤上，植物幼苗几乎不可能存活，多年生禾草的幼苗大多出现在厚度小于 2 cm 的粪块，或者只出现在粪块的外围，如果粪便内（不管是块状还是球状粪便）环境条件对于萌发不理想，种子在粪便内将以休眠的形式保持活力伺机萌发，这说明粪便的物理性质和化学性质显著影响了种子的萌发和幼苗生长。

二、粪便中种子的数量与组合

粪便内的植物种子数量、多物种种子的混合程度与日后植物的定殖成功率密切相关。相比于小型食果动物，大型动物的粪便中种子更多，种子混合的情况也更多。哺乳动物粪便中的物种数、种子数量和密度远远高于多数鸟类（除鹤鸵科、鸸鹋和繁殖集落（colonial nesting）；而犀牛、大象或熊的粪便则会吸引种子捕食者（主要是啮齿动物；Janzen，1986；Traveset，1990；Willson，1993；Bermejo et al.，1998；Andresen et al.，2004）。

根据食果动物的大小和习性，被反刍或排出的种子，在堆积方式、堆积密度上存在较大差异，种子混合的程度也各不相同。反刍动物会快速对果实进行消化，吞食的果实在经肠道后，种子会随粪便一同沉积，这些种子的聚集程度取决于粪便的大小，且粪便的常见位置一般在食物源、栖息地附近（Debussche et al.，1982；Debussche et al.，1994；Dean et al.，2000；Takahashi et al.，2003）。例如，对于灵长类动物（如猕猴），即使它们有机会将种子暂时保存在颊囊中以颊囊传播方式带离到远处，但是因为它们有固定进食的场所、固定的栖息地甚至是排便的地方，一旦它们摘取完果实就会到这些地方进食、休息或者排便，这会造成大量的种子聚集在狭隘的地域。

种子混合的程度和种子与相邻异种共同沉积的可能性因食果动物的大小和肠道留存时间而异（Stiles et al.，1986；Jordano，2000）。例如，亚马孙绒毛猴（*Amazonian woolly monkey*）的粪便平均含有 2.53 个物种的 70 粒种子。松貂和石貂（*Martes martes* 和 *M. foina*）的粪便中平均有 800 粒种子（Schaumann et al.，2002）。食果 / 种鸟类通常在粪便中有两种及以上的种子混合，并将其一次一个地掉落在树下，最终种子的数量和物种组合取决于鸟类在该树上停留的时间累积效应（Stiles et al.，1986）。例如，Loiselle（1990）记录了哥斯达黎加的 5 种中小型食果雀形目的粪便中平均有 2.3 个物种 132 粒种子。昆士兰双垂鹤鸵（*Casuarius casuarius*）的粪便中包含大约 13 个琼楠属植物（*Beilschmiedia* sp.）种子，每个直径 6 cm，重 52 g（Stocker et al.，1983）。

在种子萌发后，幼苗很可能会遭遇激烈的竞争（空间、光照和养分等资源）（Lewis，1987；Loiselle，1990）。例如，*Solanum luteum* 和黑桑（*Morus nigra*）具有自毒作用机制（mechanism of autotoxicity），这一机制解释了种子多度（seed abundance）与萌发成功率间的负相关关系。粪便内出现大量的种子，也会影响种子传播后的种子被捕食情况及种内与种间的竞争。此外，若同一粪便内出现不同种种子，那么很有可能会出现化感作用，抑制某些种子萌发。

三、粪便对种子萌发和幼苗生长的影响

食果 / 种动物粪便中的化学成分转化为溶解态后经过淋溶渗漏和微生物分解作用后回归进入土壤，不仅可以改善土壤 pH、提高土壤氮、磷、钾等元素的含量，同时也发挥着生态系统养分再分配的作用，对生态系统的养分平衡起到一定的调节作用。氮、磷、钾等元素都能显著促进植物生殖器官的形成，增加植物生殖枝、小花数、籽实和结实率。此外，粪便还会改善土壤的水分条件。例如，Dinerstein 等（1988）发现，与栽种于盆栽土相比，滑桃树（*Trevia nudiflora*，大戟科）种子在犀牛粪便中的长势显著。相似地，栽种于不同食草动物粪便内的相思树属（*Acacia*）幼苗，长势差异明显。这或因为各粪便的营养含量和存水能力存在差异（Miller，1995）。尽管动物粪便的分解是一个漫长的过程，但对植物的影响同样发挥着长久的作用，为种子提供了多样的生态机会与挑战。若种子的沉积存在稳定一致的规律，则对于合适的萌发策略会出现选择进化压力。

大多数情况下，自然选择倾向于能够使幼苗在竞争中处于优势的策略，包括提前萌发或启动休眠机制，以此避开扎堆萌发陷入密度制约陷阱（Loiselle，1990；Murray，1998）。例如，提前萌发和高萌发率增加了植物繁殖成功的可能性，高萌发率对植物有利还是有害这主要取决于占主导地位的生态条件及植物和食草动物、病原体之间的相互作用。也有一些研究者发现植物种子在通过消化道后萌发的种间差异，他们发现在植物种群和群落尺度上，动物消化道传播增加了植物萌发行为的异质性。通过这种萌发行为的差异从而在更新生态位层面上使不同种的植物能够共存。

食果 / 种动物的粪便除了可以促进幼苗的长势，也含有有毒物质，对种子和（或）幼苗存活存在消极影响。对于一些植物而言，动物粪便中的酚类化合物和脂肪酸会抑制萌发。这些化合物会改变酵素的活性，进而控制种子萌发的速率。此外，果实中的果肉能够为真菌和细菌的生长提供基质，而这

对于种子萌发和幼苗存活产生威胁，所以尽管雪松太平鸟会吃食大量的果实，但因为粪便会堆积在种子周围，在短期内它对美国山胡椒（*Lindera benzoin*，樟科）和北美稠李（*Prunus virginiana*，蔷薇科）的传播是无效的。相反，美洲知更鸟则不会对种子的萌发产生上述消极影响，因为它会通过反流行为将种子表明的残留物质处理干净（Meyer et al.，1998）。

第八章　人类活动影响下的种子传播

现在人们普遍承认，人类的影响在自然界无处不在，以至于有人认为我们已经进入了一个人类主导的地质新纪元——人类世（Lewis et al.，2015；Johnson et al.,2017）。对此，有大量关于特定人类活动如何破坏植物动态的研究，如栖息地丧失（Ramalho et al.，2018）、干扰（Chaturvedi et al.，2017）、气候变化（Smith et al.，2017）或富营养化（Chytrý et al.，2009）。很少有人认识到人类活动对物种扩散有多种影响，而且这种变化的扩散对植物动态的影响很少被考虑。回顾整个人类历史，人类很可能促成了物种的扩散，有证据表明，早期人类和前工业化社会改变了物种的分布，现如今，人类活动的范围和空间范围正在迅速扩大，其足迹覆盖了全球陆地面积的 75% 以上，而且在陆地和海洋上都在迅速加剧。研究发现，人类活动影响着生物物种的行为、进化和灭绝，特别是物种的分布（Sykora，1990；Thompson et al.，1999；Mayfield et al.，2006）。这主要体现在两个方面，第一，人类土地利用改变了栖息地的可用性并导致其破碎化（Andrén，1994；Ries et al.，2004；Blaum et al.，2007）；第二，物种分布是由物种的传播，即个体或其传播单位的运动驱动（Clobert et al.，2001；Bullock et al.，2002），在这种背景下，人类被认为是重要的种子传播媒介（Ridley，1930；Suarez et al.，2001；Von Der Lippe et al.，2007）。

种子的传播信息对于评估植物种群碎片化、定殖新栖息地和空间扩散的能力至关重要（Rees，1993；Clark et al.，2003）。在这种过程中，远距离传播被认为具有无可言喻的重要性。在扩散核函数（dispersal kernel）的尾端，即使是极少量的个体也能驱动大规模的生态模式。远距离种子传播过程包括多种传播媒介和多阶段传播，即一个种子的传播过程中会经历两个或多个传播事件序列（Bullock et al.，2006）。Higgins 等（2003）认为，“非标准”媒介可能是种子远距离传播的主要原因，其中人类也属于这一类。

两个世纪以来，研究人员逐渐意识到了人类活动介导下种子传播的生态意义与生态后果。自 Ridley 的著作 *The dispersal of plants throughout the world* 出版以来（Ridley，1930），越来越多的证据表明种子可以通过人类身体、衣着（Healy，1943；Kirby，2008）或其汽车（Clifford，1959；Von Der Lippe et al.，2007）、船只（Buchan et al.，1999）、包装材料（Ridley，1930）或土壤运输（Hodkinson et al.，1997）等方式进行传播，而在鞋上撒播可能是人媒传播的一种基本形式，因为徒步者可能不会简单地只通过步行来传播种子，而可能会叠加使用其他交通工具，如汽车、船只或飞机，从而增加种子传播的范围。然而，这些研究只能推测出种子的传播距离，却不能证明扩散机制。在本章中，我们将详细地介绍人类活动介导下的种子传播。

第一节 人媒传播的分类

在过去的 20 多年中，越来越多的学者认为种子传播是生态学和物种演化中的基本过程，也产生了许多令人赞叹的新方法新理论来阐述种子传播及物种的扩散，其中一个重要领域即为种子传播与人类间的相互关系。2009 年，Wichmann 等将人媒传播（human-mediated dispersal，HMD）定义为直接通过人及其衣服或通过与人相关的媒介传播，包括所有交通工具、宠物和牲畜、器械设备和食物，并将蓄意的人媒传播和无意的人媒传播（搭便车的物种；Bonn et al.，1998）进行区分。人媒传播包括多种多样的机制，传播单位包含多种类型的繁殖体（植物：主要是种子，但也包括鳞茎或分株），也可以是成年个体。

2018 年，Bullock 等建立了全新的人媒传播分类方法：①人为载体的传播（human-vectored dispersal，HVD），指由人类直接携带种子或由人类控制移动的实体（如车辆）携带传播种子；②人为改变的传播（human-altered dispersal，HAD），指人类通过改变景观结构、传播媒介和动物行为，进而间接地干预种子的传播。本节在此基础上，将人为改变的传播细分为对种子传播者生境的影响及对种子传播者的影响（图 8.1）。

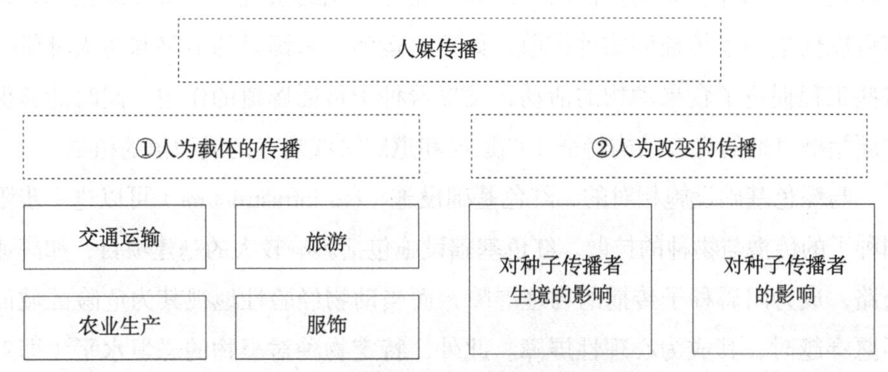

图 8.1　人媒传播（HMD）等级分类

人为载体的传播是人类行为（无论是主动型还是被动型）对生物体的直接传播。主动型人为载体的传播包括为造福人类福祉而运输的生物体，如用于农业、园艺、狩猎、生物控制、观赏或宠物等目的运输的生物体，还包括出于保护、恢复目的的种子或植物转移。被动型人为载体的传播可能是由于依附于人类或由人类物理移动的实体，如车辆、宠物、观赏和栽培植物、牲畜、人类引进野生动物及人类产品和食物。此外，也有研究人员将人为的动物迁徙（如放牧牲畜或宠物运输）与人为管理或引入动物的任性迁徙（如自由活动的牲畜或逃脱的引进物种）进行区分。人为载体的传播在植物和动物中的研究最多，但有研究发现其他类生物（如真菌、原生生物）也存在人为运输的现象。

相比人为载体的传播，人为改变的传播可能是由人类设计主导造成的，如绿色基础设施（green infrastructure）。绿色基础设施是指一个相互联系的绿色空间网络，由各种开敞空间和自然区域组成，包括绿道、湿地、雨水花园、森林、乡土植物等，这些要素组成一个相互联系、有机统一的网络系统。该系统可为野生动物迁徙和生态过程提供起点和终点。而许多人类活动也可能间接对种子传播和物种扩散产生预期以外的影响，如失去本土的种子传播者。虽然人类活动的间接影响通常被认为会对种子传播产生负面影响，如栖息地的碎片化（大面积连续栖息地被隔断成为较小斑块），但研究表明，栖息地碎片化的影响并非总是负面的。例如，在碎片化的景观中，增加绿色基础设施可以促进种子传播和物种扩散，如建立运河、未铺设的道路和防火林带，这些工程促进了食果动物的活动，发挥着种子传播廊道的作用，同时能够保护原始栖息地的许多结构特征（如运河和道路沿线现存的或种植的植物）。

与绿色基础设施相对的，红色基础设施（red infrastructure）可以进一步限制种子的传播与物种的扩散。红色基础设施包括影响较大的基建项目，如高速公路，成为阻碍种子传播的物理屏障，而当动物经验性地视其为危险区域而不愿穿越时，其成为心理性屏障。此外，特定物种对事物的恐惧水平（即对新奇事物的恐惧反应）是决定红色基础设施影响传播者运动程度的一个重要特征。例如，建筑密度较高的地区，动物活动的程度通常会降低。此外，尽管公路对某些物种起到了屏障的作用，但对另一些物种来说，它们是首选的行动路线，因为相比在茂密、完整的植物中，在无障碍的道路上移动成本更低。

人类对种群或群落的管理也可能间接影响种子传播。例如，通过收割植物可以降低密度依赖的动物迁徙，相反，也可以通过规避风险来诱导迁徙。在更广尺度内，本地化的种群控制可以诱导来自非狩猎区域动物迁徙，造成传播者的源汇动态。一些物种由于人类活动（如狩猎、生物入侵的级联效应或人为性的栖息地破坏）而丧失了天然动物媒介，因此受到传播者的限制。人类活动可能不仅影响动物性传播媒介，也会在一定程度改变火烧或洪水泛滥区域（非生物模式）进而影响种子的传播模式（Wooller et al.，2002；Bourgeois et al.，2016；Dawson et al.，2017）。

第二节　人为载体的种子传播途径

几千年来，人类的行为活动始终影响着植物的分布与演化格局。事实上，植物的规模化转移可以追溯到公元1500年，这与中世纪结束、全球探索、殖民主义诞生及人类人口、农业、贸易和工业模式开始发生根本性变化紧密相关（Preston et al.，2004）。然而，关于物种引入欧洲的数据显示，直到1800年，非本土的植物数量年增长率才出现逐渐增加的趋势，北美的植物也出现了类似的趋势（Mack，2003），这一时期由于运河、公路和铁路的建设及蒸汽船的引入，几乎所有大洲的国际贸易都在增加，植物空间转移的“第二阶段”与工业革命时间吻合。无论是有意的还是无意的，1820—1930年5000万欧洲人的跨洋移居无疑“帮助”了欧洲物种在世界范围内的传播（McNeeley，2006）。在过去的75年中，物种的远距离传播事件增加了7倍，且这一数字还在显著增加，研究发现这一现象与人类环境的改变直接相关，更有学者认为物种的远距离传播削弱了全球植物的生物地理划分，加速了全球物种的均质化（Fricke et al.，2020），这表明物种生境的改变速度发生了阶级性变化，世界似乎已经进入了物种转移的“第三个阶段”，即全球化时代。

当前全球化经济一体化的世界趋势，在过去几十年里极大地增加了人员和货物流动的数量、频率和范围（Wilson，1995；Hulme，2009），贸易的重要性和价值出现了前所未有的加速。研究发现，人员和货物的流通并非无规律可循，主要是通过旅游、贸易网络进行的，这些“网络”在许多维度上运作，从地方维度到国家维度，再到区域维度、全球维度。网络已被确定为外来物种入侵、意外进入或传播的关键途径（Perring et al.，2005；Hulme，2009）。贸易和运输网络可以是空运、公路、铁路或海运路线（表8.1），运输的生物体可以从杂草植物到大型动物（如哺乳动物、爬行动物、两栖动物和鱼类），再到小型动物（如节肢动物、线虫）和微生物（如真菌、细菌和病毒）（Pimentel et al.，2001；Hulme et al.，2008）。

表 8.1　全球区域的运输基础设施概况

地区		面积 /km^2	运输网络长度 /km			港口数量 / 个	
			公路	铁路	运河	海港	空港
亚洲		48 670 642	7 301 968	410 410	160 259	179	4735
非洲		30 092 557	1 691 297	81 867	55 264	210	4571
美洲	北部	21 321 300	7 334 867	342 648	469 099	52	18 473
	中部	758 883	204 122	18 889	6452	118	1752
	南部	17 818 505	2 399 260	87 586	104 793	98	1797
	欧洲	5 952 610	5 996 840	285 852	22 520	134	2427
大洋洲		8 509 148	967 624	45 842	21 125	78	1335

资料来源：USDOT（2007）。

一、交通运输

高速公路是 20 世纪 30 年代在西方发达国家开始出现的专门为汽车交通服务的基础设施。高速公路在运输能力、速度和安全性方面具有突出优势，对实现国土均衡开发、缩小地区差别、建立统一的市场经济体系、提高现代物流效率具有重要作用。交通网络构筑了人类社会发展的基本脉络。大航海时代以后，交通网络更是构成了全球社会经济的基本框架。时至今日，想要理解全球社会经济系统背景下的种子传播媒介，就不得不了解由陆运、海运、空运构成的全球交通大系统。

1. 公路铺设与汽车运输

道路交通为全球经济的发展、资源的配置提供了重要的基础保障，成为连接世界物质流通的一条纽带，对于加快区域经济一体化、提高现代物流效率等至关重要。截至 2022 年，我国公路网络总里程达 5.35×10^6 km，其中高速公路总里程 1.77×10^5 km，覆盖全国 90% 以上的中等城市；而在美国，截至 2012 年，公路网络总里程数达 8.85×10^6 km，其中高速公路总里程 9.346×10^4 km，占其总量的 1.4%，密度达到 97.03 km/10^4 km^2，预计到 2050 年，全球将至少修建 2500×10^4km 的新道路（Laurance et al.，2014）。此外，注册汽车的规模也在迅速增加。例如，2012 年澳大利亚机动车保有量约为 1700 万辆，其中乘用车从 2007 年的 1150 万辆增加到 1270 万辆。在美国，2011 年的汽车数量为 2.45 亿辆，高于 2001 年的 2.3 亿辆，而在印度，2011 年的汽车数量为 1.42 亿辆，高于 2001 年的 5500 万辆。2012 年，南非注册的汽车约为 630 万辆，中国注册的汽车约为 1.2 亿辆，欧盟注册的汽车约为 2.4 亿辆。

（1）公路对种子传播的影响

动物型种子的传播正受到全球发展的干扰（Fontúrbel et al.，2017；McConkey et al.，2016；Suárez-Esteban et al.，2016）。啮齿动物是种子传播的重要媒介（Chen et al.，2017；Lichti et al.，2017），尤其是在道路效应区，由于啮齿动物繁殖率高、活动范围小及低公路使用频率，相比大体形的哺乳动物种子传播者（如鹿），啮齿动物更能忍耐公路干扰（Ascensão et al.，2015；Laurance et al.，2015；Suárez-Esteban et al.，2014）。从植物角度来看，道路具有促进植物更新的潜力，因为公路附近会容纳先锋植物种群，这类种群可以充当群落演替的“垫脚石”，并为中等距离的生境的提供种源（Suárez-Esteban et al.，2013a，2013b）。研究发现，路网密度与增加的非本地物种丰富度呈正相关关系（Dark，2004）。因此，公路增强了原本孤立的种群之间的连通性，并在大空间尺度上促进植物物种丰富，在一定程度上可以发挥指示植物迁徙路线的作用（Suárez-Esteban et al.，2016）。

然而，也有研究认为公路也对种子传播产生负面影响，这是由于道路：①对物种传播施加屏障效应（Lambert et al.，2014；Niu et al.，2018）；②与森林内部相比，路边附近的种子传播功能会大幅下降（Hosaka et al.，2014；Niu et al.，2018；Suhonen et al.，2017）。此外，这些路边地区的植物通常产出较少的果实（Suárez-Esteban et al.，2014），这可能是由道路建设过程中的生境改变（如树冠间隙）、车辆行驶中产生的噪声、化学和光污染等因素共同引起（Ascensão et al.，2015；Laurance et al.，2009；Leonard et al.，2017），最有利的证据为植物受影响程度会沿向邻近森林内部方向前进呈现下降趋势。

研究发现，使用外源道路材料，如石灰石、碎石等，会直接影响道路两边的土壤特性和现有植物群落（Avon et al.，2013）。而相比铺装公路，未铺设的道路具备更高的种子传播概率，因为未铺设的道路需要更频繁的维护，包括移动路面材料和基质，这无疑会增加种子混入的概率（Taylor et al.，2012）。道路的建设和维护会发生种子的远距离传播（Ferguson et al.，2003）。例如，在一次维护活动中，道路平整和扫雪机有可能将种子移动数百米甚至数千米。道路的水文设计，特别是路旁的沟渠，提供了一种潜在的传播媒介。此外，隧道（图 8.2）、公路密度（Vila et al.，2001；Weber et al.，2008）、公路使用类型（Sharma et al.，2009）、路龄（Cameron et al.，2009）、车流方向（Crawley et al.，2004；Von Der Lippe et al.，2008）和交通量（Joly et al.，2011）也会影响植物的传播。

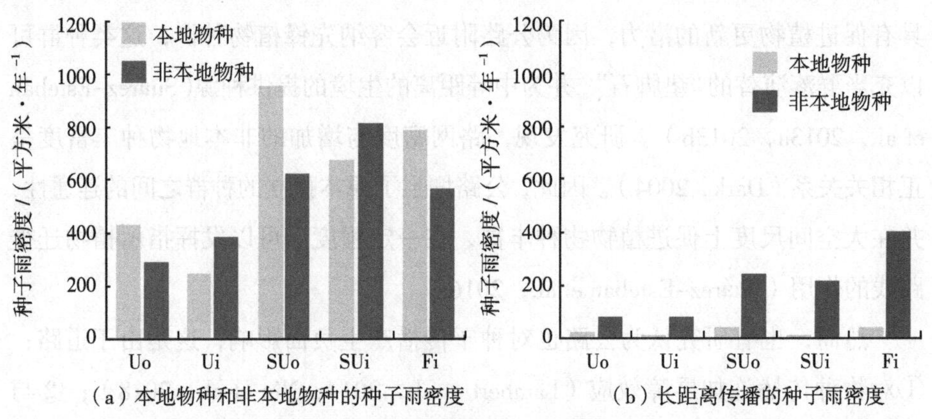

Uo —城市隧道，出城车道；Ui —城市隧道，入城车道；SUo —郊区隧道，出城车道；SUi —郊区隧道，入城车道；Fi —森林隧道，入城车道。

图 8.2　城市高速公路 5 个独立隧道车道路旁种子雨密度

［注：这些物种在距离隧道入口 100 m 范围内的植物区系中不存在。该研究数据取自德国柏林西北郊城市高速公路的 3 个隧道。该段公路是柏林最繁忙的干道之一，平均每天通行的车辆达 5 万辆。资料来源：Vonder Lippe 等（2007）］

（2）车辆对种子传播的影响

随着全球经济的快速增长，机动车普及率也在急速递增，美国汽车每辆车每天行驶 59.36 km，且车辆具备长距离运送种子的潜力，说明车辆传播是植物繁殖体再分布的重要机制，且会加速植物入侵速率。据估计，澳大利亚至少有 14% 的外来杂草、印度有 10% 的外来杂草、中国有 32% 的外来杂草、美国有 15% 的有害杂草和南非有 13% 的外来杂草可以通过这一媒介快速传播，汽车传播植物种子已成为全球性问题。一般而言，车辆传播种子的平均距离不超过 5 km（Vittoz et al.，2007），但在干燥的条件下，种子可以在车辆上行驶数十公里乃至数百公里（Lonsdale et al.，1994；Veldman et al.，2010）。研究发现，尽管每辆车平均只能携带 2 ~ 4 颗种子，但将这些数字乘以一个国家或地区当前的机动车总量，就可能估计出该媒介可以运输的种子的平均数量。例如，根据 2012 年或 2013 年的数据，美国车辆夹带植物种子约 4.9 亿 ~ 9.8 亿颗（U.S Department of Transportation，2012），在欧盟内夹带 4.8 亿 ~ 9.6 亿颗种子（Commission European，2012），在印度夹带 2.48 亿 ~ 4.96 亿颗种子（Government of India，2012），在中国夹带 2.4 亿 ~ 4.8 亿颗种子（Ministry of Public Security，2013），在澳大利亚夹带 2540 万 ~ 5080 万颗种子（Commonwealth of Australia，2012），在南非夹带 1260 万 ~ 2520 万颗种子（eNaTIS，2013）。那么，哪些植物能够通过车辆传播呢？在车辆哪些部位更容易传播呢？

植物分类及种子特征。将汽车上夹带的种子与当地植物进行比对发现，汽车上夹带的种子丰度相对较低，意味着汽车作为传播媒介具有选择作用。将汽车上收集到的种子进行分类，发现禾本科的物种多样性最高，其次是菊科及豆科。汽车长途运输的植物通常为草本植物，灌木或乔木数量较少，既可进行无性繁殖也可进行有性繁殖，一般生长于开阔的环境，对遮阴的耐受性较低，且抗生境干扰能力强，植株个体会生产大量种子，种子体积小、重量轻，并且可以形成持久的种子库。

车辆携带种子的部位。车辆不同部位所夹带种子数量和多样性差异较大，常见的车辆部位包括汽车底盘、前后保险杠、轮毂、前后挡泥板、轮胎及内部脚垫。研究发现，种子多集中在车辆的底盘，其次是后挡泥板、前挡泥板，轮胎和内部脚垫数量相对较少；在物种多样性方面，内部脚垫和发动机舱内夹带的可存活种子的多样性相对较高（Moerkerk，2006）。当汽车部位暴露在空气流动或潮湿条件下时，则该部位携带的种子一般不会进行长距离传播（Taylor et al.，2012；Khan et al.，2012）。

车辆行驶条件。天气条件、路面及其交互作用对种子滞留的影响较大。相比潮湿条件，干燥条件下铺装道路和未铺装道路上行驶车辆夹带的种子数量均较高（Zwaenepoel et al.，2006），行驶在未铺砌道路上的车辆，其车轮及相关部位携带的种子数显示出相对较大变异幅度，这可能是因为行驶过程中车轮抛出的砾石会将种子从叶子板内衬、挡泥板撞下。在潮湿条件下，行驶在泥泞的未铺装路面上车辆的种子掉落率低，这是因为新的泥浆覆盖了原来的叶子板内衬、挡泥板上的泥土，有效地阻碍了种子流失，此外，在未铺砌的湿滑路面上，随着悬架在初始冲击下压缩，大量的深水坑浸湿了保险杠，这可能会增加保险杠上的种子滞留量。而在铺装路面上，车轮溅起的雨水会冲刷掉车辆上携带的泥土和种子，降低种子的滞留率，不利于种子的远距离传播。

车辆引起的空气动力作用。机动车空气动力学研究显示，行驶中车辆表面会形成一个引起空气湍流和滑流的狭窄区域及特征流场，而这一作用被认为对路边植物种群的传播极其重要（Garnier et al.，2008）。Soons 等（2008）的研究量化验证了车辆的气流会影响种子沿道路的传播，这种传播机制更适宜适应风媒传播的种子（具冠毛或翅等结构），且传播距离可以与自然传播距离相等甚至更远。此外，车辆轮胎经过区域观察到的种子传播程度更高，这是因为种子与轮胎的短暂接触帮助种子抬高了离地间隙，进而利用车辆的行驶气流进行传播。更进一步地，车辆引起的空气动力作用几乎完全沿着车流的方向移动种子，靠近地面的侧向涡流和气流的侧向分量会同时对行驶车道的两侧造成强烈的横向扩散，这种横向移动会使种子远离后续车辆的影响。

虽然这一过程大大减少了纵向传播距离，但它将种子从路面输送到路边潜在的合适建植地点。由于机动车速度、质量及其外观形状会显著影响空气气流，因此车辆在高速公路上行驶对植物种子的传播作用可能远远高于现有文献的记载。

2. 集装箱

进入 21 世纪以来，在经济全球化的双重作用下，各国利益范围迅猛扩大，海洋运输作为实现国际贸易的重要纽带和桥梁，地位和作用都有了空前提高。2006 年，超过 90% 的全球贸易是通过海运进行的，由 5 万多艘船只组成的船队运载的货物载重量超过 100 万吨（IMO，2008）。随着全球货运船队规模、速度和数量的增长，自 20 世纪 70 年代以来，全球货物进口量增长了 4 倍（UNCTAD，2007）。在 20 世纪 60 年代之前，集装箱是闻所未闻的，如今，集装箱作为经济全球化的大背景下物质资源要素在全球进行配置与布局的主要载体，是全球海洋运输网络的重要节点和国际物流链上的重要一环，其重要作用随世界经济一体化而日益凸显。1973 年，集装箱船运载 400 万标准箱；到 1983 年，这一数字上升到 1200 万标准箱；到 2007 年，据估计，全球集装箱装载贸易达到 1.41 亿标准箱（UNCTAD，2007）。集装箱作为一种运输工具，虽具有快捷、经济、方便等优点，但也因运载的周期性、密封性、复制性而可能成为疫情传播的载体、病媒昆虫滋生的场所，由此带来的危险性早已为世人所关注。随着全球集装箱运输业务的不断发展，海运、公路与铁路、空运集装箱运输线持续扩张，港口滞留时间不断缩短，集装箱的流转速度和效率大大提高，为媒介生物的迁移及其种子的传播提供了更快捷、更便利的条件。

3. 航空运输

随着全球经济的增长，航空业也在迅速扩张。根据中国民用航空总局的相关统计，2019 年我国的航空旅客运输总量为 65 993.42 万人次，比上年增长 7.9%，约为 2000 年的 10.66 倍。其中，国际航线完成旅客运输量 7425.43 万人次，比上年增长 16.6%。尽管在货运方面，航空只是一个“小角色”，但它已经取代海运成为国际客运的主要形式。此外，机场比海运港口更能促进全球区域的渗透，全球范围内机场的数量超过海运港口的20倍。有关证据表明，航空是外来动植物传播、扩散的重要途径。1984—2000年，在美国入境口岸截获的72.5万件有害生物中，73%发生在机场而非海港，与行李有关的有害生物是货物的两倍（McCullough et al.，2006）。McNeill等（2011）认为，当土壤生物（小型动物、昆虫、植物种子及微生物）在受保护的环境（如行李）中运输时，其存活率高于未受保护的环境（如海运集装箱的外表面）。虽然航空港和海港是国际贸易和旅客的主要入境点，但抵达这些目的地的商品随后往往通过公路、铁路、运河甚至管道跨越国际边界转运。道路、铁路和运河代表着潜在的通道，外来物种可以通过这些通道传播，直接通过货物和车辆过境，也可以通过这些基础设施对邻近环境的局部改变而间接传播。

二、旅游

旅游业的本质为人类的旅行，行程可以往返于大洲之间、国家之间、国家内部及目的地内部景观。在前往目的地景观或娱乐项目时，游客可能无意识地将植物种子携带在衣服、设备、车辆和/或动物（马、驴、羊驼、狗等）上。原本种子仅能在亲本植物几米内传播，在通过游客为传播媒介后，传播距离呈现数量级的跨越（Fenner et al.，2005；Nathan et al.，2008；Wichmann et al.，2009）。即使游客传播事件发生概率远低于种子的其他传播途径，但其对景点植物的空间格局也产生很深远的影响（Nathan，2008；Wichmann et al.，2009），尤其是保护区内的可持续旅游业（Pickering et al.，2007）。

2003年，Weber在400多种国际上被认定为重要环境植物的植物中，筛选出114种通过人类旅游、娱乐活动传播的植物种子，因此，在旅游点与居住点之间往返的人类是将新物种引入大陆、国家（Wace，1985）、岛屿（Whinam et al.，2005）和景区（Campbell et al.，2001；Lonsdale et al.，1994；Weaver et al.，1996）的重要途径之一。此外，自驾游还会将植物的种子从公路和轨道边缘进一步扩散到自然环境中，极大地增加了旅游目的地内的种子流动（Bullock et al.，1977；Mount et al.，2009；Wichmann et al.，2009）。

在城市或农村生态系统中，许多物种，包括观赏、林业和农业物种、农业设备及土壤、肥料、谷物、干草和覆盖物夹杂的种子等，都是出于商业和相关原因而被故意引入的（Benvenuti，2007）。然而，在自然生态系统中，游客可能是新物种的主要传播机制。澳大利亚、美国和英国的农牧业每年因新物种造成的经济损失总额为377亿美元（2001年价值）（Pimentel et al.，2001）。入侵物种引进的加速速度被认为是国际生物多样性丧失的第二大原因。

对于多数景区来说，游客通常会进行的活动包括观光、徒步旅行/散步、露营、骑马或山地自行车、攀岩、钓鱼和水上运动，如独木舟和游艇，且进行这些活动的游客会为植物传播种子提供了途径。此外，在景区进行旅游基础设施建设也会传播植物的种子，包括保护区内的道路、小径和步道（Pauchard et al.，2004；Pickering et al.，2007；Potito et al.，2005）。

Pickering等（2010）的研究发现景区车辆夹带的种子多样性远远高于其他地点，在游客服饰中鉴定出非本地物种的种子占比达8.57%。在澳大利亚的研究中，155种物种被确定为附着在游客的衣服和设备上并由其进行传播。这些物种中一半以上为非澳大利亚本土物种，其他数据详见表8.2。从衣物上采集的植物种子大多为草本植物，少数为灌木和乔木，其中最常见的物种是早熟禾、车前草、蒲公英、鬼针草。

表8.2　旅游区域游客娱乐活动传播种子数量

传播媒介	文献数量/篇	总物种数/种	非当地物种数/种
欧洲			
全部媒介	13	315	59
人媒	3	70	6
车媒	4	228	49
马的毛皮	2	42	6
排泄物	4	101	9
北美洲			
排泄物	4	1110	60

续表

传播媒介	文献数量 / 篇	总物种数 / 种	非当地物种数 / 种
澳洲			
全部媒介	11	410	271
人媒	5	155	78
车媒	3	296	228
排泄物	3	33	32

资料来源：Pickering 等（2010）。

三、服饰

对服装的研究发现，种子一旦附着在衣物上，便有机会进行远距离传播。例如，在哥斯达黎加进行的控制试验发现，草本植物土牛膝（*Achyranthes aspera*）附着在衣服上的平均传播距离为 5 m 到 2.4 km。在英国进行的模拟人类和自然传播种子的研究发现，两种小草本植物的一些种子在步行 5 km 后仍然附着在鞋子上（Wichmann et al.，2009）。从澳大利亚塔斯马尼亚到亚南极群岛旅行的探险者平均每人携带 15 个植物繁殖体，且种子数量和多样性差异较大（Whinam et al.，2005）；Mount 等（2009）的模拟行走种子的附着试验显示，平均每只靴子附着植物种子 66 粒，袜子 157 粒，鞋带 66 粒，裤腿 145 粒。此外，Wichmann 等（2009）提出了一种假说，即一颗种子可能通过连续附着在不同徒步者的服装上进行传播，从而受多个人媒传播事件的影响。这意味着人类服饰对种子的传播影响成倍数放大，并且其中的过程更加复杂，难以预测。种子结构、植物产种量、种子在植株上的相对位置均会影响种子的传播。相比无附属结构的种子，具倒钩、钩、毛刺或黏性覆盖物附着在衣服上的种子传播距离更远。在其他条件相同的情况下，产生更多种子的植物通常比种子较少的植物更易将更多种子附着在衣服上。附着在衣物上的种子数量、种子在衣物上的位置及种子的形态都会影响种子的脱落率（图 8.3）。种子传播距离通常与附着在衣服上的种子数量呈正相关关系，即附着的种子越多，种子被运输到更远距离的可能性就越大。种子附着在衣服上的位置也会影响种子的运输距离。例如，存放在口袋、鞋褶或鞋内的种子可以比附着在衣服外表面的种子运输更长的距离。Mount 等（2009）发现，鞋子、袜子和裤腿夹带的种子数量和物种多样性明显不同，裸露的袜子和鞋带收集的种子显著高于覆盖的袜子和鞋带。对于同一类型的服装，产品表面积及其所用材料的质量也很重要（Whinam et al.，2005）。例如，在运动袜上收集的本土种子比在登山袜上收集的多，而外衣的袖口和尼龙搭扣更有可能收集和传播种子。衣服的表面积、位置（如高度）、附着种子的数量和类型也会影响种子脱落（Whinam et al.，2005）。例如，种子从橡胶靴子上脱落的速度比从皮革靴上脱落的速度要快（Wichmann et al.，2009）。相比在城市地区行走，在森林和高山地区行走的鞋收集的种子更多。当环境潮湿时，某些物种的种子黏性会增加，进而提高其附着能力。

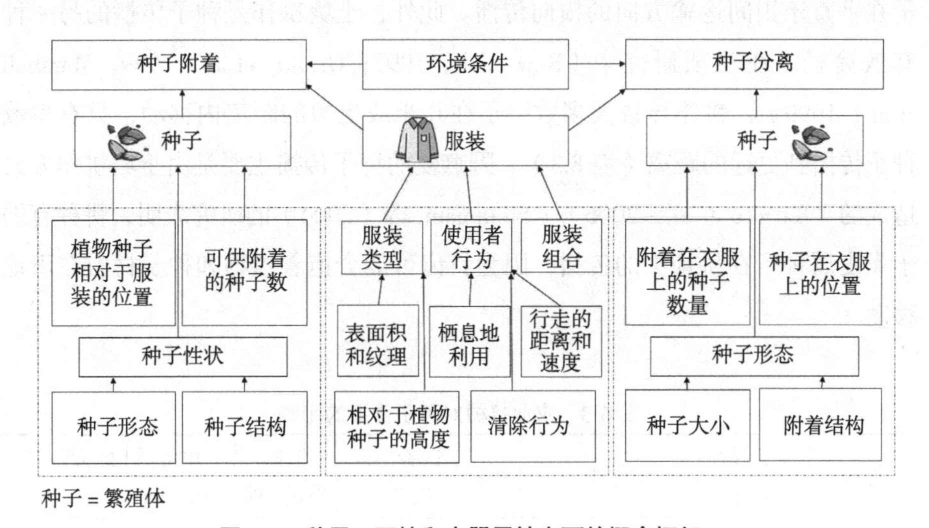

图 8.3　种子、环境和衣服属性方面的概念框架

四、农用机械

在农业领域，农用收割机和耕作铲等机械可以在田地内和田地之间传播植物种子（McCanny et al.，1988），且多数种子不会进行远距离传播（Heijting et al., 2009)。例如，燕麦斑块每年向耕作方向移动 2 ~ 3 m，联合收割机传播种子的平均距离为 30 m（Barroso et al., 2006）。一般来说，较大的种子更有可能通过收割机等机械传播（Barroso et al., 2006），而较小的种子可以传播更远的距离（Rew et al., 1997）。

当玉米进行青贮饲料时，整个植株被收割并切割成长度约为 10 cm 的小段。这与谷物收割形成对比，谷物收割时联合收割机会释放出谷物以外的物质（Shirtliffe et al., 2005），如作物材料和杂草种子。收集作物可以显著降低杂草种子的传播（Blanco-Moreno et al., 2004）。如果收获时玉米已具备成熟的种子，用于青贮玉米的饲料收获机可以通过将植物拖过田地来促进植物种子的传播，这将导致种子在田间运输方向的纵向扩散。如果青贮玉米饲料在联合收割机和青贮饲料的随行拖车之间溢出，如由于人为故障或风，那么可能会出现种子在垂直于田间运输方向的横向传播。此外，土壤耕作是种子传播的另一种有效途径。在几项研究中（Rew et al., 1997；Grundy et al., 1999；Marshall et al., 1999），耕作导致大多数种子在几米或更短的距离内移动，只有少数种子传播到更远的距离（表 8.3）。野燕麦的种子传播主要是由土壤耕作方式造成的（Barroso et al., 2006）。Steinmann 等（2004）的研究表明，耕种有助于雀麦属种子在耕地中的传播，因为钉齿可能会拖着植物和种子材料在田地移动。

表 8.3　农业机械对种子传播的影响

处理	种子所处位置	物种	重复	试验小区长度 /m	植株数量 / 株	平均传播距离 /m	最大距离 /m
收割机	土壤中的种子	美丽苘麻 *Abutilon hybridum*	—	138	94	0.5	11.3
		大麦 *Hordeum vulgare*	—	138	248	0.4	27.8
		狭叶羽扇豆 *Lupinus angustifolius*	—	138	1705	0.1	11.3

续表

处理	种子所处位置	物种	重复	试验小区长度 /m	植株数量 / 株	平均传播距离 /m	最大距离 /m
收割机	植物上的种子	金盏花 *Calendula officinalis*	1	142	63	2.0	14.3
			2	142	274	3.7	29.3
			3	142	131	5.5	94.3
			4	142	92	2.0	23.3
		花菱草 *Eschscholzia californica*	1	142	260	0.1	5.3
			2	142	458	0.6	14.3
			3	142	83	1.5	39.8
			4	142	222	1.0	30.8
		亚麻 *Linum usitatissimum*	1	145	337	1.4	101.8
			2	145	465	3.1	136.3
			3	145	95	5.6	88.3
			4	—	—	—	—
收割机 + 耕田机	土壤中的种子	大麦 *H. vulgare*	1	138	19	7.5	124.3
		狭叶羽扇豆 *L. angustifolius*	1	138	253	0.8	59.8
	植物上的种子	金盏花 *C. officinalis*	1	142	721	–0.1	6.8
			2	142	798	2.5	134.8
			3	142	1108	1.8	15.8
			4	142	22	2.8	3.8
		花菱草 *E. californica*	1	142	4034	5.5	130.3
			2	142	4057	16.3	136.3
			3	142	3235	5.4	139.3
			4	142	4974	3.4	134.8
		姬金鱼草 *Linaria maroccana*	1	145	489	2.4	136.3
			2	145	66	28.7	143.8
			3	145	419	4.5	136.3
			4	145	21	56.5	136.3

续表

处理	种子所处位置	物种	重复	试验小区长度 /m	植株数量 / 株	平均传播距离 /m	最大距离 / m
收割机 + 耕田机	植物上的种子	亚麻 *L. usitatissimum*	1	145	64	41.7	134.8
			2	145	339	4.5	137.8
			3	145	95	4.8	133.3
			4	145	83	15.8	134.8

资料来源：Heijting 等（2009）。

其他形式的人类活动也会造成杂草的空间移动。例如，杂草种子可以藏匿于粪肥中，从而进入农田。有时，种子可能会保留在移植作物幼苗的根系内。例如，移植水稻中，随作物进入农田。灌溉水中可能含有杂草种子，随水流引入农业生态系统中。田地边缘、排水沟中往往会形成周期性淹没的环境，在此环境中生存的植物种子，形态上常体现出扁平状、比重轻的特征，有利于在水面上漂浮。这些地区通常是农业生态系统中地势较低的位置，其缺氧的条件在一定程度上有利于种子的萌发。

在畜牧业中，牲畜是强有力的种子传播者，每年，通过牛粪扩散的种子超过 250 万颗，马和羊每年分别能够扩散 50 万和 4 万颗种子（Mouissie et al.，2005）。一般来说，可发芽的种子能在牲畜体内停留 2 ~ 3 d，意味着种子传播距离取决于动物在此期间的移动距离，并且几乎所有种子都有可以附着在牲畜皮毛上进行扩散。在牧场内，种子的扩散由牲畜的生境偏好所决定（D'hondt et al.，2012）。这种移动和运输的方向受牧场主控制。同样，骑马也会使植物物种在景观范围内沿着轨道扩散。轮流放牧可以在区域空间范围内连接孤立的牧场（Rico et al.，2011）。转场放牧和活体动物的出口，能够将种子传播到数百公里之外（Manzano et al.，2006）。

第三节　人为改变的种子传播途径

动物是植物种子传播的重要媒介。然而，随着全球土地利用方式的大规模变迁、过度砍伐、过度捕捞狩猎、兴修大型人工设施建设等，种子传播者的活动范围和活动频率受到严峻的挑战，研究发现，野生动物（种子传播者）活动范围平均减少 30%，迁徙路线减少 75%（Tucker et al.，2018），导致种子传播距离明显缩短，其中亚太地区平均传播距离减少 25%，中南美洲减少 16%，非洲减少 15%（Tucker et al.，2021）。Vanthomme 等（2010）发现，发生狩猎的森林中，哺乳动物的传播距离减少了 22%，地上生物量显著低于未发生狩猎的森林，通过设置围栏有效限制外来哺乳动物进入新西兰生态保护区，但这一措施不仅没有降低种子传播，反而因为鸟类的频繁造访，传播频率显著增加（Bombaci et al.，2021）。此外，狩猎大型食果动物可能对大种子植物的影响比对小种子植物更强烈，这是因为多数植物的种子通过动物体内消化道系统进行传播，较大的果实和种子通常需要较大的动物作为传播者，而大型动物通常是人类狩猎的首要目标。人类的狩猎行为减少了传播者的数量，进而降低种子的传播频率、传播数量（Holbrook et al.，2009）和传播距离（Wright et al.，2000），使空间集群现象显著增加，整个生命周期中负密度依赖增加，引发幼苗更新受限，甚至本土物种的灭绝和多样性丧失（Terborgh et al.，2008）。

一、气候变化

人为气候变化正以前所未有的速度迫使地球上生命再分布，从植物对气候变暖的响应来看，许多植物及与之交互紧密的动物物种正在全球范围内转移分布格局（Parmesan，2006；Chen et al.，2011；Devictor et al.，2012；Lenoir et al.，2015），即向高纬度地区和高海拔地区移动。对植物分布范围变化进行的 Meta 分析发现，每 10 年植物海拔分布范围增加 16.0 m（中位数），远低于响应气候升温的 35.4 m（Chen et al.，2011）。

由于每个种群均存在一个有限的气候耐受范围，种群必须移动至其耐受范围以保持基因的存活。当种子被传播在领先生境边界、超出当前范围建植时，植物种群便会移动，而在后方边缘的植物则无法再生存。个体移动、死亡的累积效应将导致种群生境的位移，导致物种整体分布范围的变化，而那些无法跟踪锁定适宜气候区域的物种最终将走向灭绝。古生态学研究表明，移动是物种对过去气候变化的普遍响应，许多物种在近几十年中已经移动（Chen et al.，2011），以应对前所未有的气候变化速度（Marcott et al.，2013）。气候变化速度是矢量，具有大小和方向，Colwell 等（2008）的研究发现，海拔 100 m 的变化在气候方面相当于纬度 100 km 的变化。

植物种群在给定时间段内可以移动的最大距离取决于该时间段内的种子传播事件数量、种子传播事件的有效性及每个事件覆盖的距离，其中，种子传播距离是植物移动速度的主要影响因素，大多数种子在母体植物附近 10 ~ 1500 m 范围扩散，只有少部分植物物种会定期将种子扩散到更远的地方（Kinlan et al.，2003；Vittoz et al.，2007；Corlett，2009；Thomson et al.，2011）。通常超过 1500 m 的常规扩散距离最有可能出现在种子较小、风媒传播的物种，以及被大型鸟类、大型食草动物、大型食肉动物或人类传播的物种中（Corlett，2009；Corlett et la.，2011）。少部分种子远距离传播事件转化为高移动速度的可能性取决于种子的传播总数及这些种子中存活到繁殖的比例（Hillyer et al.，2010）。种子的成熟时间在长寿命物种中作用较为显著，高繁殖力、靠近分布边界的高植物密度及种子存活到成年个体概率的增加都会加速植物种群的移动速度。

种间竞争会显著降低种群移动速度，这是因为种子到达的新生境通常已被当地“土著”物种占据，即使这些物质对新气候适应不佳，它们也可能在非气候因素上具有更好的本地适合度，并且在个体数量上处于优势地位；因此，它们可能需要很长时间才会减弱并死亡，为入侵者释放出空间、光线和营养物质，这意味着，局部干扰事件（如火灾或风暴）可能会是提高种群移动速度的关键因素。此外，入侵物种在新生境与当地植物的正相互作用会提高种群的移动速度。如果种子传播速度高于其互利共生体，那么植物的移动速度大概率会降低。种子传播媒介通常是广义传播者，但有些动物可能无法准确追踪气候变化，特别是在热带低地和人类改造的景观中，依赖它们传播的植物种子传播效率会明显降低。

Janzen-Connell效应（该假说认为，同种个体越多，更容易吸引专一性的病原菌、昆虫或动物等聚集，从而对同种幼苗产生负面作用）可能会加速植物移动，即宿主特异性天敌（即无脊椎动物和病原体）的移动性低于种子，使其无法找到远离母体植物建立的种子、幼苗或成年植物。此外，由于植物、动物和微生物在移动速度上的差异，它们在应对气候变化时必然会打破原群落的共同的进化史，发生新的交互作用。研究认为，在缺乏共同进化的背景下，负面影响将占主导地位，这即是说，与入侵外来物种的新型互动在未来一个世纪也将增加，气候变化可能会加速这一过程。

二、生境破碎化

生境破碎化指在人类活动和自然变化（事件）干扰下，连续分布的自然生境被其他非适宜生境分隔成许多面积较小生境斑块或生态功能降低的过程。在连续的生境中，植物种群内的个体通过扩散和迁移，寻找和开拓新的生境和资源，降低亲缘个体间的资源竞争，增加不同种群间的遗传基因交流，扩大物种的分布范围，增加个体和种群存活的机会。而在破碎生境中，由于适生生境斑块周围夹杂着非适生生境，植物种群中的个体受到隔离效应的影响，正常的种子传播和萌发受到生境限制，加之适生生境面积不断减少、种群规模不断变小，各种随机因素对种群的影响随之增大，近亲繁殖和遗传漂变潜在的可能性增加，种群的遗传多样性下降，影响到物种的存活和进化潜力。例如，Galetti等（2003）的研究发现破碎化的森林中，破碎化程度越高，种子传播所受的负面影响越大，这是因为传播者在破碎化程度高的森林灭绝速度高于破碎化程度低的森林。伐木也会对种子传播过程产生显著负面影响。伐木导致了种子被捕食量增加，传播种子数量减少，传播距离缩短。相对于采伐活跃的采伐林，废弃采伐的采伐林在种子传播的数量和距离上呈中间型。经过 15 年的恢复，废弃砍伐的采集林的林下植物盖度和密度都很高，相对于活跃砍伐的采集林中具有更开放的林下微生境，这导致种子的远距离迁移增加。由此可知，生境破碎化不仅导致适生生境的丢失，而且能引起适生生境空间格局的变化，从而在不同空间尺度上影响植物种子的传播、物种的迁移和建群，以及生态系统的生态过程和景观结构的完整性。

破碎生境通过影响动物的觅食行为改变种子（果实）传播数量。相比连续生境，小斑块生境中植物生长多呈聚集性分布，且果实的成熟亦呈聚集性分布，这将导致动物的取食成本大幅减少。由于食果动物偏好集中分布的果实，取食率的增加使得斑块生境和连续生境中种子搬运量相似（Lefevre et al., 2009）。比起连续生境内部，破碎化生境中边缘处的果实传播数量更多（Moore et al.，1982；Restrepo et al.，1999），这可能是因为斑块生境的光线更充足，果实也更容易被发现，访问次数更多（Thompson et al.，1978）。此外，在破碎生境中，动物对种子（果实）的传播数量还受生境特征、周围植物的密度和空间配置（McCarty et al.，2002）和动物取食风险（Howe，1979）等影响。

破碎生境中食物资源可获得性的改变是影响动物对种子传播距离的重要因素。生境破碎化限制了动物的活动范围，使其移动距离和巢域面积大幅降低，即缩短了种子潜在的传播距离（Levey et al.，2005；Hinam et al.，2008）；而当动物生活的生境食物不能满足动物需求时，动物常常需要穿越多个斑块寻找足够的食物，该行为有效地增加了种子的传播距离（Lundberg et al.，2003）。研究发现，在破碎化生境中，鸟类可以将种子传播到更远的距离（Lehouck et al.，2009；Breitbach et al.，2010），而地面的小型动物更多地将种子传播在巢域斑块内（Babweteera et al.，2009）。

异质斑块的空间格局和食果动物的生境偏好在一定程度上决定了动物的传播路径和距离（Lehouck et al.，2009）。在破碎化景观中远距离传播种子的鸟类，均表现出对干扰环境的适应性（Martinez et al.，2008）。研究发现，虽然有些鸟类能够利用非斑块生境，但还是倾向于选择异质景观中的斑块生境

（Sekercioglu et al.，2007；Herrera et al.，2009），这即是说当鸟类遇到较大的开阔或受干扰斑块时，很有可能放弃继续前进或转而选择其他路径，结果就是改变了原计划的传播路径和传播距离。此外，种子传播常常被理解为从一个地点移动到另一个地点的直线过程，传播距离亦理解为两点之间的直线距离，环境特征的影响几乎没有被考虑。但事实上，种子在移动中经过的区域，并非是简单的不适宜生境的矩阵组合，而是不同形状、大小、排列和质量的异质斑块组合。

种子传播有效性是指种子传播者对植物适合度的贡献，可从数量与质量两方面分析。数量主要指传播者对母树的访问次数与每次访问所传播种子数量的乘积；质量是指被传播的种子在不同环境下存活的可能性与传播种子存活、萌发并生长为成树可能性的乘积（Schupp et al.，2010）。传播者的有效传播是将植物种子搬运至远离母树且适宜种子萌发的区域，促进植物更新，此类群动物常称为有效传播者（Schupp et al.，2010）。有效传播者因传播效率可分为低效传播者和高效传播者，二者在植物更新过程中呈互补关系。这一现象被称为传播者非冗余性（nonredundancy）（McConkey et al.，2011），使种子传播网络更稳定。在泰国考艾国家公园中，McConkey 等（2011）从数量和质量上研究瓜哇桂樱（*Prunus javanica*）种子传播类群的非冗余性，发现北方豚尾猴（*Macaca leonina*）是低质量、小范围的传播者，但是它们传播的大量种子对第 1 年幼苗存活的贡献率约 67%；白掌长臂猿（*Hylobates lar*）和冠斑犀鸟（*Anthracoceros albirostris*）搬运种子虽少，但它们却能提供高质量的传播效率。群落中传播动物组合的非冗余性增强了植物更新的可能性。Mello 等（2011）对 17 篇已发表论文数据再分析发现，食果蝠和鸟类虽在食谱上存在重叠，但这两种动物类群在种子传播及植物更新服务上呈现出一定的互补性，反而促进了植物更新。传播者的无效传播虽将种子搬运，但所搬运的种子或受到距离限制不能萌发，或因负密度制约而死亡，因此传播者的无效传播对植物更新常起限制作用。也有研究认为，正因为动、植物网络中存在大量的无效传播事件，导致大量种子死亡而维持生境的适宜性，从而增加其他植物定殖的可能。

三、人工障碍物

人工障碍物（水坝和堰）的兴建显著改变了河流水文特征、基质组成、温度、水化学和泥沙动态（Williams et al., 1984），造成栖息地空间的不连续性（Mueller et al., 2011），扰乱了大型水生植物扩散和种群结构、依水而生的动物分布和活动，削弱了水媒传播和动物传播的传播能力（Charalambidou et al., 2002；Horn, 1997；Pollux et al., 2006）。据统计，全球河流系统有超过 1600 万个人工障碍物（Lehner et al., 2011），近期的研究表明，由于忽略了低水头障碍物的丰度，这个数字很可能被严重低估（Jones et al., 2019）。因此，障碍物对植物丰度、传播速度、分布范围的影响潜力极其巨大。

水流速度是决定水媒传播距离的关键参数，在堵塞的河段中，缓慢的水流本身便可作为大型水生植物传播的障碍，困住漂浮的种子，并导致其高死亡率（Jansson et al., 2000；Nilsson et al., 2010；Nilsson et al., 1995）。研究发现，水库可以使下游河段中漂浮传播体的密度降低 95%，并且这种影响可以延伸到大坝下游数公里范围（Merritt et al., 2006）。与无障碍物河流相比，被大坝分割的河流往往显示出较低的漂浮种子丰富度（Andersson et al., 2000；Jansson et al., 2000；Merritt et al., 2006）。大坝显著降低了洪水事件的发生，削弱雨季河流的水流强度，使受水媒传播的植物进行了分化。例如，在受调节的河段中洪水频率的降低阻止了非漂浮种子的传播，而种子具有漂浮特征的物种表现出更高的传播概率（Jansson et al., 2000）。此外，大坝会显著降低鱼类这一传播媒介的重要性（Garcia, 2008；Lucas et al., 1996；Winter et al., 2001），阻碍水生植物的传播和种群连通性。

但也有研究认为，大坝下游植物物种多样性在某些情况下可能与上游保持一致（Merritt et al., 2006），或高于上游植物的物种多样性。这是因为水坝下游通常具有稳定的水流条件，增加了受影响河段的水生植物覆盖率（Abati et al., 2016；Goes, 2002）。水坝上游的蓄水特征，如流速缓慢、湍流减少和栖息地均质化，创造了类湖泊系统的条件（Anderson et al.，2015；Vukov et al.，2018）。这使得蓄水河段中关键营养物质（如磷和硝酸盐）的溶解浓度更高，从而促进了种子萌发、幼苗生长（Benítez-Mora et al.，2014），增加了植物的物种多样性。

四、城市化

随着社会经济的发展，全球城市化的速度正在快速增长（Seto et al.，2012）。到2050年，预计67%的人口将居住在城市地区。研究结果表明，城市化的增加会导致栖息地的丧失、退化和破碎化，以及物种的入侵，从而导致本地物种的多样性减少（McKinney et al.，1999）。城市化导致的种子传播者数量和类别的变化是影响城市中种子传播的主要因素（McConkey et al.，2016），尤其是鸟类（Buckley et al.，2006），但在城市化过程中，多数乡土植物被移除，取而代之的是大量单一的外来物种，且植物群落的构成趋向低龄化，成熟的空心树洞数目减少，大型鸟类筑巢需求得不到满足。此外，外来植物对本土植物的替换，造成部分鸟类的繁殖成功率降低（蓝方源 等，2021）。这些影响都进一步对城市中的种子扩散造成负面影响。Stanley等（2020）的研究结果显示，城市地区的扩散者种类是自然环境的3倍，摄食率是自然环境的两倍，然而，单个果实被移除的概率在两地之间没有差异。此外，城市地区种子扩散后发芽率相对下降了20%。此外，城市建设、商业活动所带来的噪声污染会显著降低传播者的种子传播效率（Francis et al.，2012）。

也有研究认为，在人口密集度越高的地方，道路交通越发达，生物的长距离被动扩散越频繁；捕食释放假说认为，道路密集的增加对小型哺乳动物的种群丰度具有积极影响，而这些小型哺乳动物正是植物种子的主要传播者。就啮齿动物传播种子的机制而言，道路侵占森林生态系统造成的干扰可影响食物的供应，从而影响道路附近区域主要消费者的能量摄入（"自下而上"的生态过程），这是因为道路附近更开放的植物冠层会对捕食者的丰度和捕食风险感知力有积极或消极的影响，导致啮齿动物行为发生变化；更多的光线到达地表可能会增加林下植物的密度，从而为啮齿动物提供更好的地面覆盖，导致更多的种子从该区域被移走（Kellner et al.，2016）；道路建设的残余影响，如爆破产生的碎石桩，或用于在沼泽地面上筑起道路基础的填充材料，可能为啮齿动物提供人工巢穴进而改变动物的空间分布（Ascensão et al.，2017）。

参考文献

[1] ABATI S, MINCIARDI M R, CIADAMIDARO S, et al. Response of macrophyte communities to flow regulation in mountain streams[J]. Environmental monitoring and assessment, 2016, 188: 1–12.

[2] ABRAHAM Y, ELBAUM R. Quantification of microfibril angle in secondary cell walls at subcellular resolution by means of polarized light microscopy[J]. New phytologist, 2013, 197（3）: 1012–1019.

[3] AGREN J, SCHEMSKE D W. Outcrossing rate and inbreeding depression in two annual monoecious herbs, *Begonia hirsuta* and *B. semiovata*[J]. Evolution, 1993, 47（1）: 125–135.

[4] AHARONI H, ABRAHAM Y, ELBAUM R, et al. Emergence of spontaneous twist and curvature in non-euclidean rods: application to *Erodium* plant cells[J]. Physical review letters, 2012, 108（23）: 238106.

[5] ALBERT A, AUFFRET A G, COSYNS E, et al. Seed dispersal by ungulates as an ecological filter: a trait-based meta-analysis[J]. Oikos, 2015, 124（9）: 1109–1120.

[6] ALCÁNTARA J M, REY P J. Conflicting selection pressures on seed size: evolutionary ecology of fruit size in a bird-dispersed tree, *Olea europaea*[J]. Journal of evolutionary biology, 2003, 16（6）: 1168–1176.

[7] ALE EBRAHIM N, SALEHI H, EMBI M A, et al. Effective strategies for increasing citation frequency[J]. International education studies, 2013, 6（11）: 93–99.

[8] ALEXANDER R D. The evolution of social behavior[J]. Annual review of

ecology, evolution, and systematics, 1974, 5 (1): 325–383.

[9] ALÓS J, PALMER M, ROSSELLÓ R, et al. Fast and behavior-selective exploitation of a marine fish targeted by anglers[J]. Scientific reports, 2016, 6 (1): 38093.

[10] ALTIZER S M, OBERHAUSER K S, BROWER L P. Associations between host migration and the prevalence of a protozoan parasite in natural populations of adult monarch butterflies[J]. Ecological entomology, 2000, 25 (2): 125–139.

[11] ANDERSON D, MOGGRIDGE H, WARREN P, et al. The impacts of 'run-of-river' hydropower on the physical and ecological condition of rivers[J]. Water and environment journal, 2015, 29 (2): 268–276.

[12] ANDERSSON E, NILSSON C, JOHANSSON M E. Effects of river fragmentation on plant dispersal and riparian flora[J]. Regulated rivers: research & management, 2000, 16 (1): 83–89.

[13] ANDRÉN H. Effects of habitat fragmentation on birds and mammals in landscapes with different proportions of suitable habitat: a review[J]. Oikos, 1994: 355–366.

[14] ANDRESEN E, LEVEY D J. Effects of dung and seed size on secondary dispersal, seed predation, and seedling establishment of rain forest trees[J]. Oecologia, 2004, 139: 45–54.

[15] ANDRESEN E. Dung beetles in a Central Amazonian rainforest and their ecological role as secondary seed dispersers[J]. Ecological entomology, 2002, 27 (3): 257–270.

[16] ANDRESEN E. Effect of forest fragmentation on dung beetle communities and functional consequences for plant regeneration[J]. Ecography, 2003, 26 (1): 87–97.

[17] ANDRESEN E. Primary seed dispersal by Red Howler Monkeys and the effect

of defecation patterns on the fate of dispersed seeds[J]. Biotropica，2002，34（2）：261–272.

[18] ANDRESEN E. Seed dispersal by Monkeys and the fate of dispersed seeds in a Peruvian Rain Forest 1[J]. Biotropica，1999，31（1）：145–158.

[19] ANSONG M，PICKERING C. Are weeds hitchhiking a ride on your car? A systematic review of seed dispersal on cars[J]. PLoS one，2013，8（11）：e80275.

[20] JANZEN D H. Coevolution of mutualism between ants and acacias in Central America[J]. Evolution，1966，20（3）：249–275.

[21] JANZEN D H. Dispersal of small seeds by big herbivores：foliage is the fruit[J]. The american naturalist，1984，123（3）：338–353.

[22] JANZEN D H. Herbivores and the number of tree species in tropical forests[J]. The american naturalist，1970，104（940）：501–528.

[23] ARANDA-RICKERT A，FRACCHIA S. Are subordinate ants the best seed dispersers? Linking dominance hierarchies and seed dispersal ability in myrmecochory interactions[J]. Arthropod-plant interactions，2012，6（2）：297–306.

[24] ARDITTI J，GHANI A. Numerical and physical properties of orchid seeds and their biological implications[J]. New phytologist，2013，200：1281.

[25] ASCENSÃO F，LAPOINT S，VAN DER REE R. Roads，traffic and verges：big problems and big opportunities for small mammals[J]. Handbook of road ecology，2015：325–333.

[26] ASCENSÃO F，LUCAS P S，COSTA A，et al. The effect of roads on edge permeability and movement patterns for small mammals：a case study with Montane Akodont[J]. Landscape ecology，2017，32：781–790.

[27] ASLAN C E，ZAVALETA E S，TERSHY B，et al. Mutualism disruption threatens global plant biodiversity：a systematic review[J]. PLoS one，2013，8

(6): e66993.

[28] AUFFENBERG W, AUFFENBERG T. Resource partitioning in a community of Philippine skinks (Sauria: Scincidae) [J]. Bulletin of the florida museum of natural history, 1988, 32 (2): 151–219.

[29] AUGSPURGER C K. Morphology and dispersal potential of wind-dispersed diaspores of neotropical trees[J]. American journal of botany, 1986, 73 (3): 353–363.

[30] AVON C, DUMAS Y, BERGÈS L. Management practices increase the impact of roads on plant communities in forests[J]. Biological conservation, 2013, 159: 24–31.

[31] BABWETEERA F, BROWN N. Can remnant frugivore species effectively disperse tree seeds in secondary tropical rain forests?[J]. Biodiversity and conservation, 2009, 18: 1611–1627.

[32] BACLES C F E, LOWE A J, ENNOS R A. Effective seed dispersal across a fragmented landscape[J]. Science, 2006, 311 (5761): 628.

[33] BAGUETTE M, VAN DYCK H. Landscape connectivity and animal behavior: functional grain as a key determinant for dispersal[J]. Landscape ecology, 2007, 22: 1117–1129.

[34] BAI M, MCCULLOUGH E, SONG K Q, et al. Evolutionary constraints in hind wing shape in Chinese dung beetles (Coleoptera: Scarabaeinae) [J]. PloS one, 2011, 6 (6): e21600.

[35] BAKER H G. The evolution of weeds[J]. Annual review of ecology, evolution, and systematics, 1974, 5 (1): 1–24.

[36] BALGOOYEN T G, MOE L M. Dispersal of grass fruits-an example of endornithochory[J]. American midland naturalist, 1973: 454–455.

[37] BARNEA A, HARBORNE J B, PANNELL C. What parts of fleshy fruits contain secondary compounds toxic to birds and why?[J]. Biochemical

systematics and ecology, 1993, 21 (4): 421-429.

[38] BARNEA A, YOM-TOV Y, FRIEDMAN J. Does ingestion by birds affect seed germination?[J]. Functional ecology, 1991, 5 (3): 394-402.

[39] BARNES M A, JERDE C L, KELLER D, et al. Viability of aquatic plant fragments following desiccation[J]. Invasive plant science and management, 2013, 6 (2): 320-325.

[40] BARNETT J R, BONHAM V A. Cellulose microfibril angle in the cell wall of wood fibres[J]. Biological reviews, 2004, 79 (2): 461-472.

[41] BARROSO J, NAVARRETE L, SÁNCHEZ DEL ARCO M J ARCO M J, et al. Dispersal of *Avena fatua* and *Avena sterilis* patches by natural dissemination, soil tillage and combine harvesters[J]. Weed research, 2006, 46 (2): 118-128.

[42] BAZZAZ F A, LEVIN D A, SCHMIERBACH M R. Differential survival of genetic variants in crowded populations of *Phlox*[J]. Journal of applied ecology, 1982, 19, 891-900.

[43] BEATTIE A J, CULVER D C. The guild of myrmecochores in the herbaceous flora of West Virginia forests[J]. Ecology, 1981, 62 (1): 107-115.

[44] BEATTIE A J. The evolutionary ecology of ant-plant mutualisms[M]. Cambridge: Cambridge University Press, 1985.

[45] BEAUNE D, BRETAGNOLLE F, BOLLACHE L, et al. Seed dispersal strategies and the threat of defaunation in a Congo forest[J]. Biodiversity and conservation, 2013, 22: 225-238.

[46] BENÍTEZ-MALVIDO J, TAPIA E, SUAZO I, et al. Germination and seed damage in tropical dry forest plants ingested by iguanas[J]. Journal of herpetology, 2003, 37 (2): 301-308.

[47] BENNETT A F. New directions in ecological physiology[M]. Cambridge: Cambridge University Press, 1987.

[48] BENNETT D. The ecology of Varanus olivaceus on Polillo Island and implications for other giant frugivorous lizards in the Philippines[J]. Polillo butaan project，2002，2005.

[49] BENVENUTI S. Weed seed movement and dispersal strategies in the agricultural environment[J]. Weed biology and management，2007，7（3）：141–157.

[50] BERGSTROM R C，MAKI L R，WERNER B A. Small dung beetles as biological control agents：laboratory studies of beetle action on trichostrongylid eggs in sheep and cattle feces[J]. Proceedings of the helminthological society of Washington，1976，43：171–174.

[51] BILTON D T，FREELAND J R，OKAMURA B. Dispersal in freshwater invertebrates[J]. Annual review of ecology，evolution，and systematics，2001，32（1）：159–181.

[52] DI CASTRI F，HANSEN A J，DEBUSSCHE M. Biological invasions in Europe and the Mediterranean Basin[M]. Berlin：Springer Science & Business Media，1990.

[53] BLACKLEDGE T A，GILLESPIE R G. Convergent evolution of behavior in an adaptive radiation of Hawaiian web-building spiders[J]. Proceedings of the national academy of sciences，2004，101（46）：16228–16233.

[54] BLANCO-MORENO J M，CHAMORRO L，MASALLES R M，et al. Spatial distribution of *Lolium rigidum* seedlings following seed dispersal by combine harvesters[J]. Weed research，2004，44（5）：375–387.

[55] BLATTNER F，KADEREIT J W. Patterns of seed dispersal in two species of *Papaver* L. under near-natural conditions[J]. Flora，1991，185（1）：55–64.

[56] BLAUM N，WICHMANN M C. Short-term transformation of matrix into hospitable habitat facilitates gene flow and mitigates fragmentation[J]. Journal of animal ecology，2007，76：1116 – 1127.

[57] BOEDELTJE G E R, BAKKER J P, TEN BRINKE A, et al. Dispersal phenology of hydrochorous plants in relation to discharge, seed release time and buoyancy of seeds: the flood pulse concept supported[J]. Journal of ecology, 2004, 92（5）: 786–796.

[58] BOHRER G, KATUL G G, NATHAN R, et al. Effects of canopy heterogeneity, seed abscission and inertia on wind-driven dispersal kernels of tree seeds[J]. Journal of ecology, 2008, 96（4）: 569–580.

[59] BOINSKI S. Sex differences in the foraging behavior of squirrel monkeys in a seasonal habitat[J]. Behavioral ecology and sociobiology, 1988, 23: 177–186.

[60] BOLNICK D I, SVANBÄCK R, FORDYCE J A, et al. The ecology of individuals: incidence and implications of individual specialization[J]. The American naturalist, 2003, 161（1）: 1–28.

[61] BOMBACI S P, INNES J, KELLY D, et al. Excluding mammalian predators increases bird densities and seed dispersal in fenced ecosanctuaries[J]. Ecology, 2021, 102（6）: e03340.

[62] BOND W J, SLINGSBY P. Seed dispersal by ants in shrublands of the Cape Province and its evolutionary implications[J]. South African journal of science, 1983, 79（6）: 231–233.

[63] BONN S, POSCHLOD P. Ausbreitungsbiologie der pflanzen Mitteleuropas: grundlagen und historische aspekte[M]. Wiesbaden: Quelle & Meyer, 1998.

[64] BONTE D, DE ROISSART A, VANDEGEHUCHTE M L, et al. Local adaptation of aboveground herbivores towards plant phenotypes induced by soil biota[J]. PLoS one, 2010, 5（6）: e11174.

[65] BONTE D, VAN DYCK H, BULLOCK J M, et al. Costs of dispersal[J]. Biological reviews, 2012, 87（2）: 290–312.

[66] BONTEMPS A, KLEIN E K, ODDOU-MURATORIO S. Shift of spatial patterns during early recruitment in *Fagus sylvatica*: evidence from

seed dispersal estimates based on genotypic data[J]. Forest ecology and management, 2013, 305: 67–76.

[67] BOON A K, RÉALE D, BOUTIN S. Personality, habitat use, and their consequences for survival in North American red squirrels *Tamiasciurus hudsonicus*[J]. Oikos, 2008, 117（9）: 1321–1328.

[68] BORGES R M, RANGANATHAN Y, KRISHNAN A, et al. When should fig fruit produce volatiles? Pattern in a ripening process[J]. Acta oecologica, 2011, 37（6）: 611–618.

[69] BORZÍ A. Ricerche sulla disseminazione delle piante per mezzo di Sauri[M]. Roma: Tipografia Della Accademiadei Lingei, 1911.

[70] BOULAY R, FEDRIANI J M, MANZANEDA A J, et al. Indirect effects of alternative food resources in an ant - plant interaction[J]. Oecologia, 2005, 144: 72–79.

[71] BOURGEOIS B, GONZÁLEZ E, VANASSE A, et al. Spatial processes structuring riparian plant communities in agroecosystems: implications for restoration[J]. Ecological applications, 2016, 26（7）: 2103–2115.

[72] BREITBACH N, LAUBE I, STEFFAN-DEWENTER I, et al. Bird diversity and seed dispersal along a human land-use gradient: high seed removal in structurally simple farmland[J]. Oecologia, 2010, 162: 965–976.

[73] BRIFFA M, SNEDDON L U, WILSON A J. Animal personality as a cause and consequence of contest behaviour[J]. Biology letters, 2015, 11（3）: 20141007.

[74] BRIGGS J S, WALL S B V, JENKINS S H. Forest rodents provide directed dispersal of Jeffrey pine seeds[J]. Ecology, 2009, 90（3）: 675–687.

[75] BROUAT C, MCKEY D, BESSIÈRE J M, et al. Leaf volatile compounds and the distribution of ant patrollingin an ant-plant protection mutualism: preliminary results on *Leonardoxa*（Fabaceae: Caesalpinioideae） and

Petalomyrmex (Formicidae: Formicinae)[J]. Acta oecologica, 2000, 21(6): 349–357.

[76] BUCHAN L A J, PADILLA D K. Estimating the probability of long-distance overland dispersal of invading aquatic species[J]. Ecological applications, 1999, 9 (1) : 254–265.

[77] BUCKLEY Y M, ANDERSON S, CATTERALL C P, et al. Management of plant invasions mediated by frugivore interactions[J]. Journal of applied ecology, 2006, 43 (5) : 848–857.

[78] BULLOCK J M, BONTE D, PUFAL G, et al. Human-mediated dispersal and the rewiring of spatial networks[J]. Trends in ecology & evolution, 2018, 33 (12) : 958–970.

[79] BULLOCK J M, KENWARD R E, HAILS R S. Dispersal ecology[M]. Oxford: Blackwell Science, 2002.

[80] BULLOCK S H, PRIMACK R B. Comparative experimental study of seed dispersal on animals[J]. Ecology, 1977, 58 (3) : 681–686.

[81] BULLOCK J M, SHEA K, SKARPAAS O, et al. Measuring plant dispersal: an introduction to field methods and experimental design[J]. Plant ecology, 2006, 186: 217–234.

[82] BURGER A E. Dispersal and germination of seeds of *Pisonia grandis*, an Indo-Pacific tropical tree associated with insular seabird colonies[J]. Journal of tropical ecology, 2005, 21 (3) : 263–271.

[83] BURGIN S, RENSHAW A. Epizoochory, algae and the Australian eastern long-necked turtle *Chelodina longicollis* (Shaw) [J]. The American Midland naturalist, 2008, 160 (1) : 61–68.

[84] BURT A. The evolution of fitness[J]. Evolution, 1995, 49 (1) : 1–8.

[85] BUSH S E, VILLA S M, BOVES T J, et al. Influence of bill and foot morphology on the ectoparasites of barn owls[J]. Journal of parasitology, 2012,

98（2）：256–261.

[86] BUTLER D W，GREEN R J，LAMB D，et al. Biogeography of seed-dispersal syndromes，life-forms and seed sizes among woody rain-forest plants in Australia’s subtropics[J]. Journal of biogeography，2007，34（10）：1736–1750.

[87] BYRNE M M，LEVEY D J. Removal of seeds from frugivore defecations by ants in a Costa Rican rain forest[J]. Vegetatio，1993，107：363–374.

[88] CHEN Y H，ZHANG J，JIANG J P，et al. Assessing the effectiveness of China’s protected areas to conserve current and future amphibian diversity[J]. Diversity and distributions，2017，23（2）：146–157.

[89] CAIN M L，MILLIGAN B G，STRAND A E. Long-distance seed dispersal in plant populations[J]. American journal of botany，2000，87（9）：1217–1227.

[90] CAMARGO P H S A，RODRIGUES S B M，PIRATELLI A J，et al. Interhabitat variation in diplochory：seed dispersal effectiveness by birds and ants differs between tropical forest and savanna[J]. Perspectives in plant ecology，evolution and systematics，2019，38：48–57.

[91] CAMBEFORT Y，HANSKI I. Dung beetle population biology[M]//ILKKA H，YVES C.Dung beetle ecology. Princeton：Princeton University Press，1991.

[92] CAMERON E K，BAYNE E M. Road age and its importance in earthworm invasion of northern boreal forests[J]. Journal of applied ecology，2009，46（1）：28–36.

[93] CAMPBELL J E，GIBSON D J. The effect of seeds of exotic species transported via horse dung on vegetation along trail corridors[J]. Plant ecology，2001，157（1）：23–35.

[94] CAMPBELL P L，VAN STADEN J. Utilisation of solasodine from fruits for long-term control of *solanum mauritianum*[J]. South African forestry journal，

1990, 155（1）: 57–60.

[95] CAMPIONI L, DELGADO M M, PENTERIANI V. Pattern of repeatability in the movement behaviour of a long-lived territorial species, the eagle owl[J]. Journal of zoology, 2016, 298（3）: 191–197.

[96] CAMPOS-ARCEIZ A, BLAKE S. Megagardeners of the forest – the role of elephants in seed dispersal[J]. Acta oecologica, 2011, 37（6）: 542–553.

[97] CARBONE C, COWLISHAW G, ISAAC N J B, et al. How far do animals go? Determinants of day range in mammals[J]. The American naturalist, 2005, 165（2）: 290–297.

[98] CARLO T A, MORALES J M. Generalist birds promote tropical forest regeneration and increase plant diversity via rare-biased seed dispersal[J]. Ecology, 2016, 97（7）: 1819–1831.

[99] CARLO T A. Interspecific neighbors change seed dispersal pattern of an avian-dispersed plant[J]. Ecology, 2005, 86（9）: 2440–2449.

[100] CARTHEY A J R, FRYIRS K A, RALPH T J, et al. How seed traits predict floating times: a biophysical process model for hydrochorous seed transport behaviour in fluvial systems[J]. Freshwater biology, 2016, 61（1）: 19–31.

[101] DE CASAS R R, WILLIS C G, DONOHUE K. Plant dispersal phenotypes: a seed perspective of maternal habitat selection[M]// CLOBERT J, BAGUETTE M, BENTON T G. Dispersal ecology and evolution. Oxford: Oxford University Press, 2012: 171–185.

[102] CATFORD J A, JANSSON R. Drowned, buried and carried away: effects of plant traits on the distribution of native and alien species in riparian ecosystems[J]. New phytologist, 2014, 204（1）: 19–36.

[103] CAUGHLIN T T, FERGUSON J M, LICHSTEIN J W, et al. The importance of long-distance seed dispersal for the demography and distribution of a canopy tree species[J]. Ecology, 2014, 95（4）: 952–962.

[104] CAVAGNA G A, HEGLUND N C, TAYLOR C R. Mechanical work in terrestrial locomotion: two basic mechanisms for minimizing energy expenditure[J]. American journal of physiology-regulatory, integrative and comparative physiology, 1977, 233（5）: 243–261.

[105] CELIS-DIEZ J L, BUSTAMANTE R O, VÁSQUEZ R A. Assessing frequency-dependent seed size selection: a field experiment[J]. Biological journal of the Linnean society, 2004, 81（2）: 307–312.

[106] CESTARI C, PIZO M A. Seed dispersal by the lek-forming white-bearded manakin（*Manacus manacus*, Pipridae）in the Brazilian Atlantic forest[J]. Journal of tropical ecology, 2013, 29（5）: 381–389.

[107] CHAMBERS J C, MACMAHON J A. A day in the life of a seed: movements and fates of seeds and their implications for natural and managed systems[J]. Annual review of ecology, evolution, and systematics, 1994, 25（1）: 263–292.

[108] CHAMBERT S, JAMES C S. Sorting of seeds by hydrochory[J]. River research and applications, 2009, 25（1）: 48–61.

[109] CHAPRON G, KACZENSKY P, LINNELL J D C, et al. Recovery of large carnivores in Europe's modern human-dominated landscapes[J]. Science, 2014, 346（6216）: 1517–1519.

[110] CHARALAMBIDOU I, SANTAMARÍA L, JANSEN C, et al. Digestive plasticity in Mallard ducks modulates dispersal probabilities of aquatic plants and crustaceans[J]. Functional ecology, 2005, 19: 513 – 519.

[111] CHARALAMBIDOU I, SANTAMARÍA L. Waterbirds as endozoochorous dispersers of aquatic organisms: a review of experimental evidence[J]. Acta oecologica, 2002, 23（3）: 165–176.

[112] CHATURVEDI R K, RAGHUBANSHI A S, TOMLINSON K W, et al. Impacts of human disturbance in tropical dry forests increase with soil moisture

stress[J]. Journal of vegetation science, 2017, 28（5）: 997–1007.

[113] CHEN H, MAUN M. Effects of sand burial depth on seed germination and seedling emergence of *Cirsium pitcheri*[J]. Plant ecology, 1999, 140（1）: 53–60.

[114] CHEN I C, HILL J K, OHLEMÜLLER R, et al. Rapid range shifts of species associated with high levels of climate warming[J]. Science, 2011, 333（6045）: 1024–1026.

[115] CHEN K, GUAN J. A bibliometric investigation of research performance in emerging nanobiopharmaceuticals[J]. Journal of informetrics, 2011, 5（2）: 233–247.

[116] CHEPTOU P O, CARRUE O, ROUIFED S, et al. Rapid evolution of seed dispersal in an urban environment in the weed *Crepis sancta*[J]. Proceedings of the national academy of sciences, 2008, 105（10）: 3796–3799.

[117] CHIN K, GILL B D. Dinosaurs, dung beetles, and conifers: participants in a Cretaceous food web[J]. Palaios, 1996: 280–285.

[118] CHRISTIANINI A V, OLIVEIRA P S. Birds and ants provide complementary seed dispersal in a neotropical savanna[J]. Journal of ecology, 2010, 98（3）: 573–582.

[119] CHYTRÝ M, HEJCMAN M, HENNEKENS S M, et al. Changes in vegetation types and Ellenberg indicator values after 65 years of fertilizer application in the Rengen Grassland Experiment, Germany[J]. Applied vegetation science, 2009, 12（2）: 167–176.

[120] CIPOLLINI M L, LEVEY D J. Secondary metabolites of fleshy vertebrate-dispersed fruits: adaptive hypotheses and implications for seed dispersal[J]. The American naturalist, 1997, 150（3）: 346–372.

[121] CIPOLLINI M L. Secondary metabolites of vertebrate-dispersed fruits: evidence for adaptive functions[J]. Revista Chilena de historia natural, 2000,

73（3）：421–440.

[122] CLARK J S，LEWIS M，MCLACHLAN J S，et al. Estimating population spread：what can we forecast and how well?[J]. Ecology，2003，84（8）：1979–1988.

[123] CLAYTON D H，KOOP J A H，HARBISON C W，et al. How birds combat ectoparasites[J]. Open ornithology journal，2010，3：41–71.

[124] CLAYTON D H，MOYER B R，BUSH S E，et al. Adaptive significance of avian beak morphology for ectoparasite control[J]. Proceedings of the royal society B：biological sciences，2005，272（1565）：811–817.

[125] CLELAND E E，CHUINE I，MENZEL A，et al. Shifting plant phenology in response to global change[J]. Trends in ecology & evolution，2007，22（7）：357–365.

[126] CLIFFORD H T. Seed dispersal by motor vehicles[J]. Journal of ecology，1959，47：311–315.

[127] CLOBERT J，DANCHIN E，DHONDT A A，et al. Dispersal[M]. Oxford：Oxford University Press，2001.

[128] CLOBERT J，LE GALLIARD J F，COTE J，et al. Informed dispersal，heterogeneity in animal dispersal syndromes and the dynamics of spatially structured populations[J]. Ecology letters，2009，12（3）：197–209.

[129] CODY M L. Habitats selection in birds[M]. London：Academic Press，1985.

[130] COLWELL R K，BREHM G，CARDELÚS C L，et al. Global warming，elevational range shifts，and lowland biotic attrition in the wet tropics[J]. Science，2008，322：258–261.

[131] COMMISSION EUROPEAN. EU transport in figures – statistical pocketbook 2012[M]. Brussels：Belgium Available，2012.

[132] Motor vehicle census［EB/OL］.（2022-01-31）［2024-07-05］. http://www.ausstats.abs.gov.au/ausstats/subscriber.nsf/0/3BF838E102AE5743CA257

A7600186000/$File/93090_31%20jan%202012.pdf.

[133] CONNELL J H. On the role of natural enemies in preventing competitive exclusion in some marine animals and in rain forest trees[J]. Dynamics of populations，1971，298:312.

[134] COOPER JR W E，VITT L J. Distribution，extent，and evolution of plant consumption by lizards[J]. Journal of zoology，2002，257（4）：487–517.

[135] CORDEIRO N J，NDANGALASI H J，MCENTEE J P，et al. Disperser limitation and recruitment of an endemic African tree in a fragmented landscape[J]. Ecology，2009，90（4）：1030–1041.

[136] CORLETT R T，PRIMACK R B. Tropical rain forests：an ecological and biogeographical comparison[M]. New York：John Wiley & Sons，2011.

[137] CORLETT R T，WESTCOTT D A. Will plant movements keep up with climate change?[J]. Trends in ecology & evolution，2013，28（8）：482–488.

[138] CORLETT R T. How to be a frugivore （in a changing world）[J]. Acta oecologica，2011，37（6）：674–681.

[139] CORLETT R T. Seed dispersal distances and plant migration potential in tropical East Asia[J]. Biotropica，2009，41（5）：592–598.

[140] CORREA S B，ARAUJO J K，PENHA J M F，et al. Overfishing disrupts an ancient mutualism between frugivorous fishes and plants in Neotropical wetlands[J]. Biological conservation，2015，191：159–167.

[141] CORREA S B，COSTA PEREIRA R，FLEMING T，et al. Neotropical fish - fruit interactions：eco-evolutionary dynamics and conservation[J]. Biological reviews，2015，90（4）：1263–1278.

[142] CORREA S B，WINEMILLER K O，LOPEZ-FERNANDEZ H，et al. Evolutionary perspectives on seed consumption and dispersal by fishes[J]. Bioscience，2007，57（9）：748–756.

[143] CÔRTES M C，URIARTE M. Integrating frugivory and animal movement：a

review of the evidence and implications for scaling seed dispersal[J]. Biological reviews, 2013, 88（2）: 255–272.

[144] COSTA-PEREIRA R, SEVERO-NETO F, YULE T S, et al. Fruit-eating fishes of *Banara arguta*（Salicaceae）in the Miranda River floodplain, Pantanal wetland[J]. Biota neotropica, 2011, 11: 373–376.

[145] COSYNS E, DELPORTE A, LENS L, et al. Germination success of temperate grassland species after passage through ungulate and rabbit guts[J]. Journal of ecology, 2005, 93（2）: 353–361.

[146] CÔTÉ I M, POULINB R. Parasitism and group size in social animals: a meta-analysis[J]. Behavioral ecology, 1995, 6（2）: 159–165.

[147] COUGHLAN N E, KELLY T C, DAVENPORT J, et al. Humid microclimates within the plumage of mallard ducks（*Anas platyrhynchos*）can potentially facilitate long distance dispersal of propagules[J]. Acta oecologica, 2015, 65: 17–23.

[148] COUGHLAN N E, KELLY T C, DAVENPORT J, et al. Up, up and away: bird-mediated ectozoochorous dispersal between aquatic environments[J]. Freshwater biology, 2017, 62（4）: 631–648.

[149] COUGHLAN N E, KELLY T C, JANSEN M A K. Mallard duck（*Anas platyrhynchos*）–mediated dispersal of Lemnaceae: a contributing factor in the spread of invasive *Lemna minuta*?[J]. Plant biology, 2015, 17: 108–114.

[150] COUSENS R, DYTHAM C, LAW R. Dispersal in plants: a population perspective[M]. Oxford: Oxford University Press, 2008.

[151] COUVREUR M, CHRISTIAEN B, VERHEYEN K, et al. Large herbivores as mobile links between isolated nature reserves through adhesive seed dispersal[J]. Applied vegetation science, 2004, 7（2）: 229–236.

[152] COUVREUR M, COSYNS E, HERMY M, et al. Complementarity of epi–

and endozoochory of plant seeds by free ranging donkeys[J]. Ecography, 2005, 28（1）: 37–48.

[153] COUVREUR M, VANDENBERGHE B, VERHEYEN K, et al. An experimental assessment of seed adhesivity on animal furs[J]. Seed science research, 2004, 14（2）: 147–159.

[154] CRAWLEY M J, BROWN S L. Spatially structured population dynamics in feral oilseed rape[J]. Proceedings of the royal society of London. Series B: biological sciences, 2004, 271（1551）: 1909–1916.

[155] CRAWLEY M J. Seed predators and plant population dynamics[J]. Seeds: the ecology of regeneration in plant communities, 2000: 167–182.

[156] CROUZET J, SAKHO M, CHASSAGNE D. Fruit aroma precursors with special reference to phenolics[C]// Proceedings-phytochemical society Of Europe. Oxford: Oxford University Press, 1997, 41（1）: 109–124.

[157] CULOT L, HUYNEN M C, HEYMANN E W. Partitioning the relative contribution of one-phase and two-phase seed dispersal when evaluating seed dispersal effectiveness[J]. Methods in ecology and evolution, 2015, 6（2）: 178–186.

[158] D'HONDT B, BOSSUYT B, HOFFMANN M, et al. Dung beetles as secondary seed dispersers in a temperate grassland[J]. Basic and applied ecology, 2008, 9（5）: 542–549.

[159] D'HONDT B, D'HONDT S, BONTE D, et al. A data-driven simulation of endozoochory by ungulates illustrates directed dispersal[J]. Ecological modelling, 2012, 230: 114–122.

[160] DALL S R X, HOUSTON A I, MCNAMARA J M. The behavioural ecology of personality: consistent individual differences from an adaptive perspective[J]. Ecology letters, 2004, 7（8）: 734–739.

[161] DALLING J W, SWAINE M D, GARWOOD N C. Effect of soil depth on

seedling emergence in tropical soil seed-bank investigations[J]. Functional ecology, 1995: 119–121.

[162] DAMMHAHN M, KAPPELER P M. Comparative feeding ecology of sympatric *Microcebus berthae* and *M. murinus*[J]. International journal of primatology, 2008, 29: 1567–1589.

[163] DANVIND M, NILSSON C. Seed floating ability and distribution of alpine plants along a northern Swedish river[J]. Journal of vegetation science, 1997, 8 (2) : 271–276.

[164] DARK S J. The biogeography of invasive alien plants in California: an application of GIS and spatial regression analysis[J]. Diversity and distributions, 2004, 10 (1) : 1–9.

[165] DARWIN C. On the origin of species by means of natural selection (J. Murray, London) [M]. Cham: Springer, 1859.

[166] DAWSON S K, WARTON D I, KINGSFORD R T, et al. Plant traits of propagule banks and standing vegetation reveal flooding alleviates impacts of agriculture on wetland restoration[J]. Journal of applied ecology, 2017, 54 (6) : 1907–1918.

[167] DE PABLOS I, PECO B. Diaspore morphology and the potential for attachment to animal coats in Mediterranean species: an experiment with sheep and cattle coats[J]. Seed science research, 2007, 17 (2) : 109–114.

[168] DEAN W R J, MILTON S J. Directed dispersal of Opuntia species in the Karoo, South Africa: are crows the responsible agents?[J]. Journal of arid environments, 2000, 45 (4) : 305–314.

[169] DEAN W R J, MILTON S J. Dispersal of seeds by raptors[J]. African journal of ecology, 1988, 26 (2) :173–176.

[170] DEBUSSCHE M, ESCARRÉ J, LEPART J. Ornithochory and plant succession in Mediterranean abandoned orchards[J]. Vegetatio, 1982, 48:

255–266.

[171] DEBUSSCHE M, ISENMANN P. Bird-dispersed seed rain and seedling establishment in patchy Mediterranean vegetation[J]. Oikos, 1994: 414–426.

[172] DELGADO J A, JIMENEZ M D, GOMEZ A. Samara size versus dispersal and seedling establishment in Ailanthus altissima （Miller） Swingle[J]. Journal of environmental biology, 2009, 30（2）: 183–186.

[173] DENNIS A J, SCHUPP E W, GREEN R J, et al. Seed dispersal: theory and its application in a changing world[M]. Cambridge: CABI, 2007.

[174] DEVICTOR V, VAN SWAAY C, BRERETON T, et al. Differences in the climatic debts of birds and butterflies at a continental scale[J]. Nature climate change, 2012, 2（2）: 121–124.

[175] DIDHAM R K, GHAZOUL J, STORK N E, et al. Insects in fragmented forests: a functional approach[J]. Trends in ecology & evolution, 1996, 11（6）: 255–260.

[176] DÍEZ E B, DE LA TORRE W W. Diseminación de plantas canarias: datos iniciales[J]. Vieraea: folia scientarum biologicarum canariensium, 1975,（5）: 38–60.

[177] DINERSTEIN E, WEMMER C M. Fruits Rhinoceros eat: dispersal of *Trewia nudiflora*（Euphorbiaceae）in lowland Nepal[J]. Ecology, 1988, 69（6）: 1768–1774.

[178] DOUBE B M. A functional classification for analysis of the structure of dung beetle assemblages[J]. Ecological entomology, 1990, 15（4）: 371–383.

[179] DOUGHERTY L R, GUILLETTE L M. Linking personality and cognition: a meta-analysis[J]. Philosophical transactions of the royal society B: biological sciences, 2018, 373（1756）: 20170282.

[180] DREWE K E, HORN M H, DICKSON K A, et al. Insectivore to frugivore: ontogenetic changes in gut morphology and digestive enzyme activity in the

characid fish Brycon guatemalensis from Costa Rican rain forest streams[J]. Journal of fish biology，2004，64（4）：890–902.

[181] ELBAUM R，ZALTZMAN L，BURGERT I，et al. The role of wheat awns in the seed dispersal unit[J]. Science，2007，316（5826）：884–886.

[182] ELGERSMA A，LEEUWANGH J E，WILMS H J. Abscission and seed shattering in perennial ryegrass（*Lolium perenne* L.）[J]. Euphytica，1988，39：51–57.

[183] ELWOOD E C，LICHTI N I，FITZSIMMONS S F，et al. Scatterhoarders drive long-and short-term population dynamics of a nut-producing tree，while pre-dispersal seed predators and herbivores have little effect[J]. Journal of ecology，2018，106（3）：1191–1203.

[184] ENATIS. Live vehicle population as per the National Traffic Information System：eNaTIS［EB/OL］.［2024–07–05］.http://www.enatis.com/.

[185] ENGEL T R. Seed dispersal and forest regeneration in a tropical lowland biocoenosis（Shimba Hills，Kenya）[M]. Berlin：Logos-Verl.，2000.

[186] ERIKSSON O，BREMER B. Pollination systems，dispersal modes，life forms，and diversification rates in angiosperm families[J]. Evolution，1992：258–266.

[187] ESPINOZA R E，WIENS J J，TRACY C R. Recurrent evolution of herbivory in small，cold-climate lizards：breaking the ecophysiological rules of reptilian herbivory[J]. Proceedings of the national academy of sciences，2004，101（48）：16819–16824.

[188] ESTRADA A，ANZURES D A，COATES-ESTRADA R. Tropical rain forest fragmentation，howler monkeys（*Alouatta palliata*），and dung beetles at Los Tuxtlas，Mexico[J]. American journal of primatology：official journal of the American society of primatologists，1999，48（4）：253–262.

[189] ESTRADA A，COATES-ESTRADA R，DADDA A A，et al. Dung and

carrion beetles in tropical rain forest fragments and agricultural habitats at Los Tuxtlas, Mexico[J]. Journal of tropical ecology, 1998, 14 (5) : 577–593.

[190] ESTRADA A, COATES-ESTRADA R. Howler monkeys (*Alouatta palliata*), dung beetles (Scarabaeidae) and seed dispersal: ecological interactions in the tropical rain forest of Los Tuxtlas, Mexico[J]. Journal of tropical ecology, 1991, 7 (4) : 459–474.

[191] ESTRADA A, MORALES-CASTILLA I, CAPLAT P, et al. Usefulness of species traits in predicting range shifts[J]. Trends in ecology & evolution, 2016, 31 (3) : 190–203.

[192] EVANS S E, MANABE M. An early herbivorous lizard from the Lower Cretaceous of Japan[J]. Palaeontology, 2008, 51 (2) : 487–498.

[193] FAGAN W F, LEWIS M A, AUGER-MÉTHÉ M, et al. Spatial memory and animal movement[J]. Ecology letters, 2013, 16 (10) : 1316–1329.

[194] FAHN A, WERKER E. Anatomical mechanisms of seed dispersal[J]. Seed biology: importance, development, and germination, 1972, 1: 151–221.

[195] FARRELL A P, THORARENSEN H, AXELSSON M, et al. Gut blood flow in fish during exercise and severe hypercapnia[J]. Comparative biochemistry and physiology part A: molecular & integrative physiology, 2001, 128 (3) : 549–561.

[196] FARWIG N, BERENS D G. Imagine a world without seed dispersers: a review of threats, consequences and future directions[J]. Basic and applied ecology, 2012, 13 (2) : 109–115.

[197] FEDRIANI J M, ZYWIEC M, DELIBES M. Thieves or mutualists? Pulp feeders enhance endozoochore local recruitment[J]. Ecology, 2012, 93 (3) : 575–587.

[198] FEER F. Les coléoptères coprophages et nécrophages (Scarabaeidae s. str. et Aphodiidae) de la forêt de Guyane française: composition spécifique

et structure des peuplements[J]. Annales de la société entomologique de France，2000，36：29–43.

[199] FENNER M，THOMPSON K. The ecology of seeds[M]. Cambridge：Cambridge University Press，2005.

[200] FENNER M. Seedlings[J]. New phytologist，1987，106：35–47.

[201] FENNER，M. Seeds：the ecology of regeneration in plant communities[M]. Wallingford，Oxfordshire：CABI Publishing，2000.

[202] FERGUSON L，DUNCAN C L，SNODGRASS K. Backcountry road maintenance and weed management[M]. Missoula：US Department of Agriculture，Forest Service，Technology & Development Program，2003.

[203] FIALHO R F. Seed dispersal by a lizard and a treefrog-effect of dispersal site on seed survivorship[J]. Biotropica，1990，22：423–424.

[204] FIGUEIRA J E C，VASCONCELLOS-NETO J，GARCIA M A，et al. Saurocory in *Melocactus violaceus*（Cactaceae）[J]. Biotropica，1994：295–301.

[205] FIGUEROLA J，CHARALAMBIDOU I，SANTAMARIA L，et al. Internal dispersal of seeds by waterfowl：effect of seed size on gut passage time and germination patterns[J]. Naturwissenschaften，2010，97：555–565.

[206] FISCHER S F，POSCHLOD P，BEINLICH B. Experimental studies on the dispersal of plants and animals on sheep in calcareous grasslands[J]. Journal of applied ecology，1996，33：1206–1222.

[207] FLEMING T H. Fruiting plant-frugivore mutualiasm：the evolutionary theater and the ecological play[J]. Plant-animal interactions：evolutionary ecology in tropical and temperate regions，1991：119–144.

[208] FLYNN R E，GIRALDEAU L A. Producer - scrounger games in a spatially explicit world：tactic use influences flock geometry of spice finches[J]. Ethology，2001，107（3）：249–257.

[209] FONTÚRBEL F E, CANDIA A B, MALEBRÁN J, et al. Meta-analysis of anthropogenic habitat disturbance effects on animal-mediated seed dispersal[J]. Global change biology, 2015, 21（11）: 3951–3960.

[210] FORNARA D A, DALLING J W. Post-dispersal removal of seeds of pioneer species from five Panamanian forests[J]. Journal of tropical ecology, 2005, 21（1）: 79–84.

[211] FRANCIS C D, KLEIST N J, ORTEGA C P, et al. Noise pollution alters ecological services: enhanced pollination and disrupted seed dispersal[J]. Proceedings of the royal society B: biological sciences, 2012, 279（1739）: 2727–2735.

[212] FRICKE E C, SIMON M J, REAGAN K M, et al. When condition trumps location: seed consumption by fruit-eating birds removes pathogens and predator attractants[J]. Ecology letters, 2013, 16（8）: 1031–1036.

[213] FRICKE E C, SVENNING J C. Accelerating homogenization of the global plant－frugivore meta-network[J]. Nature, 2020, 585（7823）: 74–78.

[214] FRIIS E M, CRANE P R, PEDERSEN K R. Early flowers and angiosperm evolution[M]. Cambridge: Cambridge University Press, 2011.

[215] ESTRADA A, FLEMING T H. Frugivores and seed dispersal[M]. Berlin: Springer Science & Business Media, 2012.

[216] FUZESSY L F, JANSON C, SILVEIRA F A O. Effects of seed size and frugivory degree on dispersal by Neotropical frugivores[J]. Acta oecologica, 2018, 93: 41–47.

[217] GALETTI M, ALVES-COSTA C P, CAZETTA E. Effects of forest fragmentation, anthropogenic edges and fruit colour on the consumption of ornithocoric fruits[J]. Biological conservation, 2003, 111（2）: 269–273.

[218] GARCIA A, TORRES J L, PRIETO E, et al. Fitting wind speed distributions: a case study[J]. Solar energy, 1998, 62（2）: 139–144.

[219] GARCIA DE LEANIZ C. Weir removal in salmonid streams: implications, challenges and practicalities[J]. Hydrobiologia, 2008, 609（1）: 83–96.

[220] GARDENER C J, MCIVOR J G, JANSEN A. Passage of legume and grass seeds through the digestive tract of cattle and their survival in faeces[J]. Journal of applied ecology, 1993, 30: 63–74.

[221] GARDENER C J, MCIVOR J G, JANSEN A. Survival of seeds of tropical grassland species subjected to bovine digestion[J]. Journal of applied ecology, 1993, 30: 75–85.

[222] GARNIER A, PIVARD S, LECOMTE J. Measuring and modelling anthropogenic secondary seed dispersal along roadverges for feral oilseed rape[J]. Basic and applied ecology, 2008, 9（5）: 533–541.

[223] GELMI-CANDUSSO T A, HEYMANN E W, HEER K. Effects of zoochory on the spatial genetic structure of plant populations[J]. Molecular ecology, 2017, 26（21）: 5896–5910.

[224] GHERMANDI L. The effect of the awn on the burial and germination of Stipa speciosa（Poaceae）[J]. Acta oecologica, 1995, 16: 719–728.

[225] GILADI I. Choosing benefits or partners: a review of the evidence for the evolution of myrmecochory[J]. Oikos, 2006, 112（3）: 481–492.

[226] GILLIS P P, MARK R E. Analysis of shrinkage, swelling, and twisting of pulp fibers[J]. Cellulose chemistry and technology, 1973, 7: 209–234.

[227] GIRAUDEAU M, CZIRJÁK G Á, DUVAL C, et al. Effect of preen oil on plumage bacteria: an experimental test with the mallard[J]. Behavioural processes, 2013, 92: 1–5.

[228] GLÄNZEL W, DANELL R, PERSSON O. The decline of Swedish neuroscience: decomposing a bibliometric national science indicator[J]. Scientometrics, 2003, 57（2）: 197–213.

[229] GOES B J M. Effects of river regulation on aquatic macrophyte growth and

floods in the Hadejia-Nguru Wetlands and flow in the Yobe River, northern Nigeria; implications for future water management[J]. River research and applications, 2002, 18（1）: 81–95.

[230] GÓMEZ C,ESPADALER X. An update of the world survey of myrmecochorous dispersal distances[J]. Ecography, 2013, 36（11）: 1193–1201.

[231] GÓMEZ C, ESPADALER X. Myrmecochorous dispersal distances: a world survey[J]. Journal of biogeography, 1998, 25（3）: 573–580.

[232] GÓMEZ J M. Bigger is not always better: conflicting selective pressures on seed size in Quercus ilex[J]. Evolution, 2004, 58（1）: 71–80.

[233] GOODACRE S L, MARTIN O Y, BONTE D, et al. Microbial modification of host long-distance dispersal capacity[J]. BMC biology, 2009, 7: 32.

[234] GORB E V, YANG S, PRIEWE J, et al. The contact separation force of the fruit burrs from five plant taxa dispersing by epizoochory[J]. Plant biosystems-an international journal dealing with all aspects of plant biology, 2019: 1–11.

[235] GORB E, GORB S. Contact separation force of the fruit burrs in four plant species adapted to dispersal by mechanical interlocking[J]. Plant physiology and biochemistry, 2002, 40（4）: 373–381.

[236] GORB E, GORB S. Effects of seed aggregation on the removal rates of elaiosome-bearing Chelidonium majus and Viola odourata seeds carried by Formica polyctena ants[J]. Ecological research, 2000, 15: 187–192.

[237] GORB E, GORB S. Seed dispersal by ants in a deciduous forest ecosystem: mechanisms, strategies, adaptations[M]. Berlin: Springer Science & Business Media, 2003.

[238] GORB S N, GORB E V. Removal rates of seeds of five Myrmecochorous plants by the ant *Formica polyctena*（Hymenoptera: Formicidae）[J]. Oikos, 1995, 73（3）: 367–374.

[239] GORNALL R J, HOLLINGSWORTH P M, PRESTON C D. Evidence for

spatial structure and directional gene flow in a population of an aquatic plant, *Potamogeton coloratus*[J]. Heredity, 1998, 80（4）: 414–421.

[240] GOULDING M. The fishes and the forest: explorations in Amazonian natural history[M]. Oakland: University of California Press, 1980.

[241] Road transport yearbook（2009–10 &2010–11）[EB/OL].[2024-07-05]. http://morth.nic.in/writereaddata/mainlinkFile/File838.

[242] GRAAE B J. The role of epizoochorous seed dispersal of forest plant species in a fragmented landscape[J]. Seed science research, 2002, 12（2）: 113–121.

[243] GREEFF J M, WHITING M J. Dispersal of Namaqua fig（Ficus cordata cordata）seeds by the Augrabies flat lizard（Platysaurus broadleyi）[J]. Journal of herpetology, 1999, 33（2）: 328–330.

[244] GREEN A J, FIGUEROLA J. Recent advances in the study of long-distance dispersal of aquatic invertebrates via birds[J]. Diversity and distributions, 2005, 11（2）: 149–156.

[245] GREEN D S. The terminal velocity and dispersal of spinning samaras[J]. American journal of botany, 1980, 67: 1218–1224.

[246] GREENE D F, JOHNSON E A. Fruit abscission in Acer saccharinum with reference to seed dispersal[J]. Canadian journal of botany, 1992, 70（11）: 2277–2283.

[247] GREENE D F, JOHNSON E A. Seed mass and dispersal capacity in wind-dispersed diaspores[J]. Oikos, 1993, 67（1）: 69–74.

[248] GREENE D F, QUESADA M, CALOGEROPOULOS C. Dispersal of seeds by the tropical sea breeze[J]. Ecology, 2008, 89（1）: 118–125.

[249] GREENE D F, QUESADA M. Seed size, dispersal, and aerodynamic constraints within the Bombacaceae[J]. American journal of botany, 2005, 92（6）: 998–1005.

[250] GRUNDY A C，MEAD A，BURSTON S. Modelling the effect of cultivation on seed movement with application to the prediction of weed seedling emergence[J]. Journal of applied ecology，1999，36（5）：663-678.

[251] GUARIGUATA M R，CLAIRE H A L，JONES G. Tree seed fate in a logged and fragmented forest landscape，northeastern Costa Rica1[J]. Biotropica，2002，34（3）：405-415.

[252] GUITIÁN P，MEDRANO M，GUITIÁN J. Seed dispersal in *Erythronium dens-canis* L.（Liliaceae）：variation among habitats in a myrmecochorous plant[J]. Plant ecology，2002，169：171-177.

[253] GUO Q，BROWN J H，VALONE T J，et al. Constraints of seed size on plant distribution and abundance[J]. Ecology，2000，81（8）：2149-2155.

[254] GURNELL A，THOMPSON K，GOODSON J，et al. Propagule deposition along river margins：linking hydrology and ecology[J]. Journal of ecology，2008，96（3）：553-565.

[255] GUTTERMAN Y. Survival strategies of annual desert plants[J]. Adaptations of desert organisms，2002，15:39-52.

[256] HALFFTER G，FAVILA M E，HALFFTER V. A comparative study of the structure of the scarab guild in Mexican tropical rain forests and derived ecosystems[J]. Folia entomolóɡica Mexicana，1992，84：131-156.

[257] HANSKI I，CAMBEFORT Y. Competition in dung beetles[J]. Dung beetle ecology，1991：305-329.

[258] HANSKI I. Resource partitioning[J]. Dung beetle ecology，1991：330-349.

[259] HARMS K E，WRIGHT S J，CALDERÓN O，et al. Pervasive density-dependent recruitment enhances seedling diversity in a tropical forest[J]. Nature，2000，404（6777）：493-495.

[260] HARRIS J G，HARRIS M W. Plant identification terminology：an illustrated glossary[J]. Taxon，2001，44（1）：598.

[261] HARRISON R D, TAN S, PLOTKIN J B, et al. Consequences of defaunation for a tropical tree community[J]. Ecology letters, 2013, 16（5）: 687–694.

[262] HART B L, HART L A, MOORING M S, et al. Biological basis of grooming behaviour in antelope: the body-size, vigilance and habitat principles[J]. Animal behaviour, 1992, 44（4）: 615–631.

[263] HAUGAASEN T, PERES C A. Floristic, edaphic and structural characteristics of flooded and unflooded forests in the lower Rio Purús region of central Amazonia, Brazil[J]. Acta Amazonica, 2006, 36: 25–35.

[264] HAUSFATER G, WATSON D F. Social and reproductive correlates of parasite ova emissions by baboons[J]. Nature, 1976, 262（5570）: 688–689.

[265] HAYASHI M, FEILICH K L, ELLERBY D J. The mechanics of explosive seed dispersal in orange jewelweed（*Impatiens capensis*）[J]. Journal of experimental botany, 2009, 60（7）: 2045–2053.

[266] HEALY A J. Seed dispersal by human activity[J]. Nature, 1943, 151（3822）:140.

[267] HEIJTING S, VAN DER WERF W, KROPFF M J. Seed dispersal by forage harvester and rigid-tine cultivator in maize[J]. Weed research, 2009, 49（2）: 153–163.

[268] HEIL M, MCKEY D. Protective ant-plant interactions as model systems in ecological and evolutionary research[J]. Annual review of ecology, evolution, and systematics, 2003, 34（1）: 425–553.

[269] HEINKEN T, RAUDNITSCHKA D. Do wild ungulates contribute to the dispersal of vascular plants in central European forests by epizoochory? A case study in NE Germany[J]. Forstwissenschaftliches centralblatt, 2002, 121（4）:179–194.

[270] HENDRY A P, NOSIL P, RIESEBERG L H. The speed of ecological speciation[J]. Functional ecology, 2007, 21: 455–464.

[271] HENDRY A P, TAYLOR E B. How much of the variation in adaptive divergence can be explained by gene flow? An evaluation using lake-stream stickleback pairs[J]. Evolution, 2004, 58（10）: 2319–2331.

[272] BRUUN H H, POSCHLOD P. Why are small seeds dispersed through animal guts: large numbers or seed size per se?[J]. Oikos, 2006, 113（3）: 402–411.

[273] HERBORN K A, HEIDINGER B J, ALEXANDER L, et al. Personality predicts behavioral flexibility in a fluctuating, natural environment[J]. Behavioral ecology, 2014, 25（6）: 1374–1379.

[274] HERNÁNDEZ-BRITO D, ROMERO-VIDAL P, HIRALDO F, et al. Epizoochory in parrots as an overlooked yet widespread plant–animal mutualism[J]. Plants, 2021, 10（4）: 760.

[275] HERRERA C M, JORDANO P, LOPEZ-SORIA L, et al. Recruitment of a mast-fruiting, bird-dispersed tree: bridging frugivore activity and seedling establishment[J]. Ecological monographs, 1994, 64（3）: 315–344.

[276] HERRERA C M. Seasonal variation in the quality of fruits and diffuse coevolution between plants and avian dispersers[J]. Ecology, 1982, 63（3）: 773–785.

[277] HERRERA C M. Seed dispersal by animals: a role in angiosperm diversification?[J]. The American naturalist, 1989, 133（3）: 309–322.

[278] HERRERA C M. Seed dispersal by vertebrates[J]. Plant–animal interactions: an evolutionary approach, 2002: 185–208.

[279] HERRERA J M, GARCÍA D. Effects of forest fragmentation on seed dispersal and seedling establishment in ornithochorous trees[J]. Conservation biology, 2010, 24（4）: 1089–1098.

[280] HERRERA J M, GARCÍA D. The role of remnant trees in seed dispersal through the matrix: being alone is not always so sad[J]. Biological

conservation, 2009, 142 (1): 149-158.

[281] HERRERA J M, MORALES J M, GARCÍA D. Differential effects of fruit availability and habitat cover for frugivore-mediated seed dispersal in a heterogeneous landscape[J]. Journal of ecology, 2011, 99 (5): 1100-1107.

[282] HERRMANN J D, CARLO T A, BRUDVIG L A, et al. Connectivity from a different perspective: comparing seed dispersal kernels in connected vs. unfragmented landscapes[J]. Ecology, 2016, 97 (5): 1274-1282.

[283] HICKS J W, BENNETT A F. Eat and run: prioritization of oxygen delivery during elevated metabolic states[J]. Respiratory physiology & neurobiology, 2004, 144 (2-3): 215-224.

[284] HIGGINS S I, NATHAN R, CAIN M L. Are long-distance dispersal events in plants usually caused by nonstandard means of dispersal?[J]. Ecology, 2003, 84 (8): 1945-1956.

[285] HIGGINS S I, RICHARDSON D M. Predicting plant migration rates in a changing world: the role of long-distance dispersal[J]. The American naturalist, 1999, 153 (5): 464-475.

[286] HILLYER R, SILMAN M R. Changes in species interactions across a 2.5 km elevation gradient: effects on plant migration in response to climate change[J]. Global change biology, 2010, 16 (12): 3205-3214.

[287] HINAM H L, CLAIR C C S. High levels of habitat loss and fragmentation limit reproductive success by reducing home range size and provisioning rates of Northern saw-whet owls[J]. Biological conservation, 2008, 141 (2): 524-535.

[288] HINDS T E, HAWKSWORTH F G. Seed dispersal velocity in four dwarfmistletoes[J]. Science, 1965, 148 (3669): 517-519.

[289] HINGRAT Y, FEER F. Effets de la fragmentation forestière sur l' activité

des coléoptères coprophages: dispersion secondaire des graines en Guyane française[J]. Revue d' écologie (la terre et la vie), 2002, 8: 165–179.

[290] HODKINSON D J, THOMPSON K E N. Plant dispersal: the role of man[J]. Journal of applied ecology, 1997, 34: 1484–1496.

[291] HOLBROOK K M, LOISELLE B A. Dispersal in a Neotropical tree, Virola flexuosa (Myristicaceae): does hunting of large vertebrates limit seed removal?[J]. Ecology, 2009, 90 (6): 1449–1455.

[292] HOLL K D. Effect of shrubs on tree seedling establishment in an abandoned tropical pasture[J]. Journal of ecology, 2002, 90 (1): 179–187.

[293] HONNAY O, JACQUEMYN H, NACKAERTS K, et al. Patterns of population genetic diversity in riparian and aquatic plant species along rivers[J]. Journal of biogeography, 2010, 37 (9): 1730–1739.

[294] HOPFENSPERGER K N, BALDWIN A H. Spatial and temporal dynamics of floating and drift-line seeds at a tidal freshwater marsh on the Potomac River, USA[J]. Plant ecology, 2009, 2 (201): 677–686.

[295] HORN H S, NATHAN R A N, KAPLAN S R. Long-distance dispersal of tree seeds by wind[J]. Ecological research, 2001, 16: 877–885.

[296] HORN M H, CORREA S B, PAROLIN P, et al. Seed dispersal by fishes in tropical and temperate fresh waters: the growing evidence[J]. Acta oecologica, 2011, 37 (6): 561–577.

[297] HORN M H. Evidence for dispersal of fig seeds by the fruit-eating characid fish Brycon guatemalensis Regan in a Costa Rican tropical rain forest[J]. Oecologia, 1997, 109: 259–264.

[298] HOSAKA T, NIINO M, KON M, et al. Effects of logging road networks on the ecological functions of dung beetles in Peninsular Malaysia[J]. Forest ecology and management, 2014, 326: 18–24.

[299] HOULE G. Spatial relationship between seed and seedling abundance and

mortality in a deciduous forest of north-eastern North America[J]. Journal of ecology, 1992, 80（1）: 99–108.

[300] HOWE H F, SMALLWOOD J. Ecology of seed dispersal[J]. Annual review of ecology, evolution, and systematics, 1982, 13（1）: 201–228.

[301] HOWE H F, WESTLEY L C. Ecological relationships of plants and animals[M]. Oxford: Oxford University Press, 1988.

[302] HOWE H F. Aspects of variation in a neotropical seed dispersal system[J]. Frugivory and seed dispersal: ecological and evolutionary aspects, 1993: 149–162.

[303] HOWE H F. Fear and frugivory[J]. The American naturalist, 1979, 114（6）: 925–931.

[304] HOWE H F. Scatter-and clump-dispersal and seedling demography: hypothesis and implications[J]. Oecologia, 1989, 79: 417–426.

[305] HOWE H F. Seed dispersal by fruit-eating birds and mammals[J]. Seed dispersal, 1986, 123: 189.

[306] HOWE H P, ESTABROOK G F. On intraspecific competition for avian dispersers in tropical trees[J]. The American naturalist, 1977, 111（981）: 817–832.

[307] HU X S, LI B. On migration load of seeds and pollen grains in a local population[J]. Heredity, 2003, 90（2）: 162–168.

[308] HUANG L, WESTOBY M, JURADO E. Convergence of elaiosomes and insect prey: evidence from ant foraging behaviour and fatty acid composition[J]. Functional ecology, 1994: 358–365.

[309] HUANG L, ZHOU M, LV J, et al. Trends in global research in forest carbon sequestration: a bibliometric analysis[J]. Journal of cleaner production, 2020, 252: 119908.

[310] HUGHES L, WESTOBY M. Effect of diaspore characteristics on removal of

seeds adapted for dispersal by ants[J]. Ecology，1992，73（4）：1300–1312.

[311] HUGHES L，WESTOBY M. Fate of seeds adapted for dispersal by ants in Australian sclerophyll vegetation[J]. Ecology，1992，73（4）：1285–1299.

[312] HULME P E，BACHER S，KENIS M，et al. Grasping at the routes of biological invasions：a framework for integrating pathways into policy[J]. Journal of applied ecology，2008，45（2）：403–414.

[313] HULME P E，BORELLI T. Variability in post-dispersal seed predation in deciduous woodland：relative importance of location，seed species，burial and density[J]. Plant ecology，1999，145：149–156.

[314] HULME P E. Trade，transport and trouble：managing invasive species pathways in an era of globalization[J]. Journal of applied ecology，2009，46（1）：10–18.

[315] HUNTER M D，PRICE P W. Playing chutes and ladders：heterogeneity and the relative roles of bottom-up and top-down forces in natural communities[J]. Ecology，1992：724–732.

[316] HUTCHINSON G E. Copepodology for the Onithologist[J]. Ecology，1951，32（3）：571–577.

[317] IMO. International shipping and world trade：facts and figures［EB/OL］.（2006–02–21）［2024–07–05］.https://treeofideas.wordpress.com/wp-content/uploads/2010/01/books-international-shipping-and-world-trade-facts-and-figures.pdf.

[318] IVERSON J B. Adaptations to herbivory in iguanine lizards[J]. Iguana times，1994，3（3）：2–10.

[319] IVERSON J B. Lizards as seed dispersers?[J]. Journal of herpetology，1985，19（2）：292–293.

[320] JAGANATHAN G K，YULE K，LIU B. On the evolutionary and ecological

value of breaking physical dormancy by endozoochory[J]. Perspectives in plant ecology, evolution and systematics, 2016, 22: 11–22.

[321] JANSEN P A, BONGERS F, VAN DER MEER P J. Is farther seed dispersal better? Spatial patterns of offspring mortality in three rainforest tree species with different dispersal abilities[J]. Ecography, 2008, 31 (1): 43–52.

[322] JANSSON R, NILSSON C, DYNESIUS M, et al. Effects of river regulation on river-margin vegetation: a comparison of eight boreal rivers[J]. Ecological applications, 2000, 10 (1): 203–224.

[323] JANZEN D H, DEMMENT M W, ROBERTSON J B. How fast and why do germinating guanacaste seeds (Enterolobium cyclocarpum) die inside cows and horses?[J]. Biotropica, 1985: 322–325.

[324] JANZEN D H. Seed predation by animals[J]. Annual review of ecology, evolution, and systematics, 1971, 2 (1): 465–492.

[325] JANZEN D H. Sweep samples of tropical foliage insects: effects of seasons, vegetation types, elevation, time of day, and insularity[J]. Ecology, 1973, 54 (3): 687–708.

[326] JI Q, PANG X, ZHAO X. A bibliometric analysis of research on Antarctica during 1993 - 2012[J]. Scientometrics, 2014, 101: 1925–1939.

[327] JINKS R L, PARRATT M, MORGAN G. Preference of granivorous rodents for seeds of 12 temperate tree and shrub species used in direct sowing[J]. Forest ecology and management, 2012, 278: 71–79.

[328] JOBLING M. Towards an explanation of specific dynamic action (SDA) [J]. Journal of fish biology, 1983, 23 (5): 549–555.

[329] JOHN E A, SOLDATI F, BURMAN O H P, et al. Plant ecology meets animal cognition: impacts of animal memory on seed dispersal[J]. Plant ecology, 2016, 217: 1441–1456.

[330] JOHNSON C N, BALMFORD A, BROOK B W, et al. Biodiversity losses

and conservation responses in the Anthropocene[J]. Science, 2017, 356 (6335): 270–275.

[331] JOHNSON E A, FRYER G I. Physical characterization of seed microsites: movement on the ground[J]. Journal of ecology, 1992: 823–836.

[332] JOLY M, BERTRAND P, GBANGOU R Y, et al. Paving the way for invasive species: road type and the spread of common ragweed (*Ambrosia artemisiifolia*) [J]. Environmental management, 2011, 48: 514–522.

[333] JONES J, BÖRGER L, TUMMERS J, et al. A comprehensive assessment of stream fragmentation in Great Britain[J]. Science of the total environment, 2019, 673: 756–762.

[334] JORDANO P, SCHUPP E W. Seed disperser effectiveness: the quantity component and patterns of seed rain for *Prunus mahaleb*[J]. Ecological monographs, 2000, 70 (4): 591–615.

[335] JORDANO P. Angiosperm fleshy fruits and seed dispersers: a comparative analysis of adaptation and constraints in plant-animal interactions[J]. The American naturalist, 1995, 145 (2): 163–191.

[336] JULLIOT C. Impact of seed dispersal by red howler monkeys Alouatta seniculus on the seedling population in the understorey of tropical rain forest[J]. Journal of ecology, 1997: 431–440.

[337] KAPROTH M A, MCGRAW J B. Seed viability and dispersal of the wind-dispersed invasive Ailanthus altissima in aqueous environments[J]. Forest science, 2008, 54 (5): 490–496.

[338] KARASOV W H, LEVEY D J. Digestive system trade-offs and adaptations of frugivorous passerine birds[J]. Physiological zoology, 1990, 63 (6): 1248–1270.

[339] KARASOV W H, MARTINEZ DEL RIO C, CAVIEDES-VIDAL E. Ecological physiology of diet and digestive systems[J]. Annual review of

physiology, 2011, 73: 69–93.

[340] KARASOV W H. Daily energy expenditure and the cost of activity in mammals[J]. American zoologist, 1992, 32（2）: 238–248.

[341] KELLNER K F, LICHTI N I, SWIHART R K. Midstory removal reduces effectiveness of oak（Quercus）acorn dispersal by small mammals in the Central Hardwood Forest region[J]. Forest ecology and management, 2016, 375: 182–190.

[342] KELLY D, LADLEY J J, ROBERTSON A W. Is dispersal easier than pollination? Two tests in New Zealand Loranthaceae[J]. New Zealand journal of botany, 2004, 42（1）: 89–103.

[343] KHAN I, O'DONNELL C, NAVIE S, et al. Weed seed spread by vehicles: a case study from southeast Queensland, Australia[J]. Pakistan journal of weed science research, 2012, 18 (Special Issue):281–288.

[344] KINLAN B P, GAINES S D. Propagule dispersal in marine and terrestrial environments: a community perspective[J]. Ecology, 2003, 84（8）: 2007–2020.

[345] KIRBY K J. Now wash your boots[J]. BES bull, 2008, 39: 41.

[346] KIVINIEMI K, TELENIUS A. Experiments on adhesive dispersal by wood mouse: seed shadows and dispersal distances of 13 plant species from cultivated areas in southern Sweden[J]. Ecography, 1998, 21（2）: 108–116.

[347] KIVINIEMI K. A study of adhesive seed dispersal of three species under natural conditions[J]. Acta botanica neerlandica, 1996, 45（1）: 73–83.

[348] KLAASSEN M, NOLET B A. Stoichiometry of endothermy: shifting the quest from nitrogen to carbon[J]. Ecology letters, 2008, 11（8）: 785–792.

[349] KLEYHEEG E, VAN LEEUWEN C H A, MORISON M A, et al. Bird-mediated seed dispersal: reduced digestive efficiency in active birds

modulates the dispersal capacity of plant seeds[J]. Oikos，2015，124（7）：899–907.

[350] KOOLHAAS J M，DE BOER S F，BUWALDA B，et al. Individual variation in co** with stress：a multidimensional approach of ultimate and proximate mechanisms[J]. Brain behavior and evolution，2007，70（4）：218–226.

[351] KOOP J A H，HUBER S K，CLAYTON D H. Does sunlight enhance the effectiveness of avian preening for ectoparasite control?[J]. Journal of parasitology，2012，98（1）：46–48.

[352] KOWARIK I，SÄUMEL I. Water dispersal as an additional pathway to invasions by the primarily wind-dispersed tree Ailanthus altissima[J]. Plant ecology，2008，198：241–252.

[353] KRAMS I A，NIEMELÄ P T，TRAKIMAS G，et al. Metabolic rate associates with，but does not generate covariation between，behaviours in western stutter-trilling crickets，Gryllus integer[J]. Proceedings of the royal society B：biological sciences，2017，284（1851）：20162481.

[354] KRUPCZYNSKI P，SCHUSTER S. Fruit-catching fish tune their fast starts to compensate for drift[J]. Current biology，2008，18（24）：1961–1965.

[355] KUBITZKI K，ZIBURSKI A. Seed dispersal in flood plain forests of Amazonia[J]. Biotropica，1994：30–43.

[356] KUITERS A T，HUISKES H P J. Potential of endozoochorous seed dispersal by sheep in calcareous grasslands：correlations with seed traits[J]. Applied vegetation science，2010，13（2）：163–172.

[357] KULBABA M W，TARDIF J C，STANIFORTH R J. Morphological and ecological relationships between burrs and furs[J]. The American Midland naturalist，2009，161（2）：380–391.

[358] KUPARINEN A. Mechanistic models for wind dispersal[J]. Trends in plant science，2006，11（6）：296–301.

[359] KURVERS R H J M，PRINS H H T，VAN WIEREN S E，et al. The effect of personality on social foraging：shy barnacle geese scrounge more[J]. Proceedings of the royal society B：biological sciences，2010，277（1681）：601–608.

[360] KWIT C，LEVEY D J，GREENBERG C H. Contagious seed dispersal beneath heterospecific fruiting trees and its consequences[J]. Oikos，2004，107（2）：303–308.

[361] LAMBERT J E. Seed handling in chimpanzees（*Pan troglodytes*）and redtail monkeys（*Cercopithecus ascanius*）：implications for understanding hominoid and cercopithecine fruit-processing strategies and seed dispersal[J]. American journal of physical anthropology，1999，109（3）：365–386.

[362] LAMBERT T D，SUMPTER K L，DITTEL J W，et al. Roads as barriers to seed dispersal by small mammals in a neotropical forest[J]. Tropical ecology，2014，55（2）：263–269.

[363] LARCO R. Los Mochicas Ⅱ [M]. Lima：Museo Arqueológico Rafael Larco Herrera，Servicios Editoriales Del Perú，2001.

[364] LASSO E，BARRIENTOS L S. Epizoochory in dry forest iguanas：an overlooked seed dispersal mechanism?[J]. Colombia forestal，2015，18（1）：151–159.

[365] LAURANCE W F，GOOSEM M，LAURANCE S G W. Impacts of roads and linear clearings on tropical forests[J]. Trends in ecology & evolution，2009，24（12）：659–669.

[366] LAURANCE W F，PELETIER-JELLEMA A，GEENEN B，et al. Reducing the global environmental impacts of rapid infrastructure expansion[J]. Current biology，2015，25（7）：R259–R262.

[367] LAURANCE W F，SAYER J，CASSMAN K G. Agricultural expansion and its impacts on tropical nature[J]. Trends in ecology & evolution，2014，29

(2): 107–116.

[368] LEAL L C, NETO M C L, DE OLIVEIRA A F M, et al. Myrmecochores can target high-quality disperser ants: variation in elaiosome traits and ant preferences for myrmecochorous Euphorbiaceae in Brazilian Caatinga[J]. Oecologia, 2014, 174: 493–500.

[369] LEFEVRE K L, RODD F H. How human disturbance of tropical rainforest can influence avian fruit removal[J]. Oikos, 2009, 118 (9): 1405–1415.

[370] LEHNER B, LIERMANN C R, REVENGA C, et al. High-resolution map** of the world's reservoirs and dams for sustainable river-flow management[J]. Frontiers in ecology and the environment, 2011, 9 (9): 494–502.

[371] LEHOUCK V, SPANHOVE T, GONSAMO A, et al. Spatial and temporal effects on recruitment of an Afromontane forest tree in a threatened fragmented ecosystem[J]. Biological conservation, 2009, 142 (3): 518–528.

[372] LENGYEL S, GOVE A D, LATIMER A M, et al. Ants sow the seeds of global diversification in flowering plants[J]. Plos one, 2009, 4 (5): e5480.

[373] LENOIR J, SVENNING J C. Climate-related range shifts - a global multidimensional synthesis and new research directions[J]. Ecography, 2015, 38 (1): 15–28.

[374] LEONARD R J, HOCHULI D F. Exhausting all avenues: why impacts of air pollution should be part of road ecology[J]. Frontiers in ecology and the environment, 2017, 15 (8): 443–449.

[375] LESSER M R, JACKSON S T. Contributions of long-distance dispersal to population growth in colonising Pinus ponderosa populations[J]. Ecology letters, 2013, 16 (3): 380–389.

[376] LEVEY D J, BOLKER B M, TEWKSBURY J J, et al. Effects of landscape corridors on seed dispersal by birds[J]. Science, 2005, 309 (5731): 146–148.

[377] LEVEY D J，CIPOLLINI M L. Glycoalkaloid in ripe fruit deters consumption by cedar waxwings[J]. The auk，1998，115（2）：359–367.

[378] LEVEY D J，RIO C M. It takes guts （and more） to eat fruit：lessons from avian nutritional ecology[J]. The auk，2001，118（4）：819–831.

[379] LEVEY D J. Seed size and fruit-handling techniques of avian frugivores[J]. The American naturalist，1987，129（4）：471–485.

[380] LEVEY D J. Spatial and temporal variation in Costa Rican fruit and fruit-eating bird abundance[J]. Ecological monographs，1988，58（4）：251–269.

[381] LEVIN S A，MULLER-LANDAU H C，NATHAN R，et al. The ecology and evolution of seed dispersal：a theoretical perspective[J]. Annual review of ecology，evolution，and systematics，2003，34（1）：575–604.

[382] LEVINE J M. Local interactions，dispersal，and native and exotic plant diversity along a California stream[J]. Oikos，2001，95（3）：397–408.

[383] LEWIS D M. Fruiting patterns，seed germination，and distribution of Sclerocarya caffra in an elephant-inhabited woodland[J]. Biotropica，1987：50–56.

[384] LEWIS S L，MASLIN M A. Defining the anthropocene[J]. Nature，2015，519（7542）：171–180.

[385] LI Z，WEI Y，ROGERS E. Food choice of white-headed langurs in Fusui，China[J]. International journal of primatology，2003，24：1189–1205.

[386] LICHTI N I，STEELE M A，SWIHART R K. Seed fate and decision-making processes in scatter-hoarding rodents[J]. Biological reviews，2017，92（1）：474–504.

[387] LIEHRMANN O，JÉGOUX F，GUILBERT M A，et al. Epizoochorous dispersal by ungulates depends on fur，grooming and social interactions[J]. Ecology and evolution，2018，8（3）：1582–1594.

[388] LINK A，DI FIORE A. Seed dispersal by spider monkeys and its importance

in the maintenance of neotropical rain-forest diversity[J]. Journal of tropical ecology，2006，22（3）：235-246.

[389] LIU W，WEI Z，YANG X. Maintenance of dominant populations in heavily grazed grassland：Inference from a Stipa breviflora seed germination experiment[J]. PeerJ，2019，7：e6654.

[390] LOISELLE B A. Seeds in droppings of tropical fruit-eating birds：importance of considering seed composition[J]. Oecologia，1990，82：494-500.

[391] LONSDALE W M，LANE A M. Tourist vehicles as vectors of weed seeds in Kakadu National Park，Northern Australia[J]. Biological conservation，1994，69（3）：277-283.

[392] LOPEZ O R. Seed flotation and postflooding germination in tropical terra firme and seasonally flooded forest species[J]. Functional ecology，2001：763-771.

[393] LORD J M，MARKEY A S，MARSHALL J. Have frugivores influenced the evolution of fruit traits in New Zealand[J]. Seed dispersal and frugivory：ecology，evolution and conservation，2002，4：55-68.

[394] LORD J M，MARSHALL J. Correlations between growth form，habitat，and fruit colour in the New Zealand flora，with reference to frugivory by lizards[J]. New Zealand journal of botany，2001，39（4）：567-576.

[395] LUCAS M C，BATLEY E. Seasonal movements and behaviour of adult barbel （Barbus barbus），a riverine cyprinid fish：implications for river management[J]. Journal of applied ecology，1996：1345-1358.

[396] LUNDBERG J，MOBERG F. Mobile link organisms and ecosystem functioning：implications for ecosystem resilience and management[J]. Ecosystems，2003，6：0087-0098.

[397] MACK R N，RUIZ G M，CARLTON J T. Global plant dispersal，naturalization，and invasion：pathways，modes，and circumstances[M]// RUIZ G M，CARLTON J T. Invasive species：vectors and management

strategies. Washington: Island Press, 2003: 3-30.

[398] MALO J E, SUÁREZ F. Herbivorous mammals as seed dispersers in a Mediterranean *dehesa*[J]. Oecologia, 1995, 104: 246-255.

[399] MANCHESTER S R, O'LEARY E L. Phylogenetic distribution and identification of fin-winged fruits[J]. The botanical review, 2010, 76: 1-82.

[400] MANZANO P, MALO J E. Extreme long-distance seed dispersal via sheep[J]. Frontiers in ecology and the environment, 2006, 4 (5) : 244-248.

[401] MARCHETTO K M, JONGEJANS E, SHEA K, et al. Water loss from flower heads predicts seed release in two invasive thistles[J]. Plant ecology & diversity, 2012, 5 (1) : 57-65.

[402] MARCOTT S A, SHAKUN J D, CLARK P U, et al. A reconstruction of regional and global temperature for the past 11, 300 years[J]. Science, 2013, 339 (6124) : 1198-1201.

[403] PIEDADE M T, PAROLIN P, JUNK W J. Phenology, fruit production and seed dispersal of Astrocaryum jauari (Arecaceae) in Amazonian black water floodplains[J]. Revista de biología tropical, 2006, 54 (4) : 1171-1178.

[404] MARSHALL E J P, BRAIN P. The horizontal movement of seeds in arable soil by different soil cultivation methods[J]. Journal of applied ecology, 1999, 36 (3) : 443-454.

[405] MARTÍNEZ I, GARCÍA D, OBESO J R. Differential seed dispersal patterns generated by a common assemblage of vertebrate frugivores in three fleshy-fruited trees[J]. Écoscience, 2008, 15 (2) : 189-199.

[406] MASON J R, BEAN N J, SHAH P S, et al. Taxon-specific differences in responsiveness to capsaicin and several analogues: correlates between chemical structure and behavioral aversiveness[J]. Journal of chemical ecology, 1991, 17: 2539-2551.

[407] MAURER K D, BOHRER G, MEDVIGY D, et al. The timing of abscission

affects dispersal distance in a wind-dispersed tropical tree[J]. Functional ecology, 2013, 27（1）: 208–218.

[408] MAYFIELD M M, ACKERLY D, DAILY G C. The diversity and conservation of plant reproductive and dispersal functional traits in human-dominated tropical landscapes[J]. Journal of ecology, 2006, 94（3）: 522–536.

[409] MCBRIDE J R, STRAHAN J. Establishment and survival of woody riparian species on gravel bars of an intermittent stream[J]. American Midland naturalist, 1984: 235–245.

[410] MCCANNY S J, CAVERS P B. Spread of proso millet (*Panicum miliaceum* L.) in Ontario, Canada. II. Dispersal by combines[J]. Weed research, 1988, 28（2）: 67–72.

[411] MCCARTY J P, LEVEY D J, GREENBERG C H, et al. Spatial and temporal variation in fruit use by wildlife in a forested landscape[J]. Forest ecology and management, 2002, 164（1–3）: 277–291.

[412] MCCONKEY K R, BROCKELMAN W Y. Nonredundancy in the dispersal network of a generalist tropical forest tree[J]. Ecology, 2011, 92（7）: 1492–1502.

[413] MCCONKEY K R, O' FARRILL G. Loss of seed dispersal before the loss of seed dispersers[J]. Biological conservation, 2016, 201: 38–49.

[414] MCCONKEY K R. Primary seed shadow generated by gibbons in the rain forests of Barito Ulu, central Borneo[J]. American journal of primatology: official journal of the American society of primatologists, 2000, 52（1）: 13–29.

[415] MCCULLOUGH D G, WORK T T, CAVEY J F, et al. Interceptions of nonindigenous plant pests at US ports of entry and border crossings over a 17-year period[J]. Biological invasions, 2006, 8: 611–630.

[416] MCKEY D. The ecology of coevolved seed dispersal systems[C]// Coevolution of Animals and Plants: Symposium V, First International Congress of Systematic and Evolutionary Biology, 1973. Chicago: University of Texas Press, 1975: 159-191.

[417] MCKINNEY G T, MORLEY F H W. The agronomic role of introduced dung beetles in grazing systems[J]. Journal of applied ecology, 1975, 12: 831-837.

[418] MCKINNEY M L, LOCKWOOD J L. Biotic homogenization: a few winners replacing many losers in the next mass extinction[J]. Trends in ecology & evolution, 1999, 14 (11): 450-453.

[419] MCNEELY J A. As the world gets smaller, the chances of invasion grow[J]. Euphytica, 2006, 148 (1): 5-15.

[420] MCNEILL M, PHILLIPS C, YOUNG S, et al. Transportation of nonindigenous species via soil on international aircraft passengers' footwear[J]. Biological invasions, 2011, 13: 2799-2815.

[421] MELLO M A R, MARQUITTI F M D, GUIMARÃES P R, et al. The modularity of seed dispersal: differences in structure and robustness between bat - and bird - fruit networks[J]. Oecologia, 2011, 167: 131-140.

[422] MERRITT D M, WOHL E E. Plant dispersal along rivers fragmented by dams[J]. River research and applications, 2006, 22 (1): 1-26.

[423] MERRITT D M, WOHL E E. Processes governing hydrochory along rivers: hydraulics, hydrology, and dispersal phenology[J]. Ecological applications, 2002, 12 (4): 1071-1087.

[424] MEYER G A, WITMER M C. Influence of seed processing by frugivorous birds on germination success of three North American shrubs[J]. The American Midland naturalist, 1998, 140 (1): 129-139.

[425] MICHALSKI F, PERES C A. Anthropogenic determinants of primate and

carnivore local extinctions in a fragmented forest landscape of southern Amazonia[J]. Biological conservation，2005，124（3）：383-396.

[426] MILLER M F. Acacia seed survival，seed germination and seedling growth following pod consumption by large herbivores and seed chewing by rodents[J]. African journal of ecology，1995，33（3）：194-210.

[427] MIRANDA C H B，SANTOS J C C D，BIANCHIN I. Contribution of Onthophagus gazella to soil fertility improvement by bovine fecal mass incorporation into the soil. 1.：Greenhouse studies[J]. Revista brasileira de zootecnia，1998，27（4）:681-685.

[428] MITTAL I C. Natural manuring and soil conditioning by dung beetles[J]. Tropical ecology，1993，342：150-159.

[429] MOERKERK M. Risk of weed movement through vehicles，plant and equipment：results from a Victorian study[J]. Fifteenth australian weeds conference，2006，458-461.

[430] MOERMOND T C，DENSLOW J S. Neotropical avian frugivores：patterns of behavior，morphology，and nutrition，with consequences for fruit selection[J]. Ornithological monographs，1985，36：865-897.

[431] MOIRON M，LASKOWSKI K L，NIEMELÄ P T. Individual differences in behaviour explain variation in survival：a meta-analysis[J]. Ecology letters，2020，23（2）：399-408.

[432] MOLL D，JANSEN K P. Evidence for a role in seed dispersal by two tropical herbivorous turtles[J]. Biotropica，1995：121-127.

[433] MONTIGLIO P O，GARANT D，BERGERON P，et al. Pulsed resources and the coupling between life-history strategies and exploration patterns in eastern chipmunks（*Tamias striatus*）[J]. Journal of animal ecology，2014，83（3）：720-728.

[434] MOORE L A，WILLSON M F. The effect of microhabitat，spatial distribution，

and display size on dispersal of *Lindera benzoin* by avian frugivores[J]. Canadian journal of botany, 1982, 60（5）: 557–560.

[435] MOORING M S, BENJAMIN J E, HARTE C R, et al. Testing the interspecific body size principle in ungulates: the smaller they come, the harder they groom[J]. Animal behaviour, 2000, 60（1）: 35–45.

[436] MORALES M A, HEITHAUS E R. Food from seed-dispersal mutualism shifts sex ratios in colonies of the ant *Aphaenogaster rudis*[J]. Ecology, 1998, 79（2）: 734–739.

[437] MORAN C, CATTERALL C P. Can functional traits predict ecological interactions? A case study using rain forest frugivores and plants in Australia[J]. Biotropica, 2010, 42（3）: 318–326.

[438] MOUISSIE A M, VOS P, VERHAGEN H M C, et al. Endozoochory by free-ranging, large herbivores: ecological correlates and perspectives for restoration[J]. Basic and applied ecology, 2005, 6（6）: 547–558.

[439] MOUNT A, PICKERING C M. Testing the capacity of clothing to act as a vector for non-native seed in protected areas[J]. Journal of environmental management, 2009, 91（1）: 168–179.

[440] MUELLER M, PANDER J, GEIST J. The effects of weirs on structural stream habitat and biological communities[J]. Journal of applied ecology, 2011, 48（6）: 1450–1461.

[441] MÜLLER-GRAF C D M, COLLINS D A, WOOLHOUSE M E J. Intestinal parasite burden in five troops of olive baboons（*Papio cynocephalus anubis*）in Gombe Stream National Park, Tanzania[J]. Parasitology, 1996, 112（5）: 489–497.

[442] MUÑOZ LAZO F J J, CULOT L, HUYNEN M C, et al. Effect of resting patterns of tamarins（*Saguinus fuscicollis and Saguinus mystax*）on the spatial distribution of seeds and seedling recruitment[J]. International journal

of primatology，2011，32：223–237.

[443] MURRAY K G，RUSSELL S，PICONE C M，et al. Fruit laxatives and seed passage rates in frugivores：consequences for plant reproductive success[J]. Ecology，1994，75（4）：989–994.

[444] MURRAY K G. Avian seed dispersal of three neotropical gap-dependent plants[J]. Ecological monographs，1988，58（4）：271–298.

[445] MYERS J A，HARMS K E. Seed arrival and ecological filters interact to assemble high-diversity plant communities[J]. Ecology，2011，92（3）：676–686.

[446] NAKAGAWA S. A farewell to Bonferroni：the problems of low statistical power and publication bias[J]. Behavioral ecology，2004，15（6）：1044–1045.

[447] NAKANISHI H. Myrmecochorous adaptations of *Corydalis* species（Papaveraceae）in southern Japan[J]. Ecological research，1994，9（1）：1–8.

[448] NAKAYAMA S，RAPP T，ARLINGHAUS R. Fast–slow life history is correlated with individual differences in movements and prey selection in an aquatic predator in the wild[J]. Journal of animal ecology，2017，86（2）：192–201.

[449] NAOE S，TAYASU I，SAKAI Y，et al. Mountain-climbing bears protect cherry species from global warming through vertical seed dispersal[J]. Current biology，2016，26（8）：315–316.

[450] NATHAN R A N，CASAGRANDI R. A simple mechanistic model of seed dispersal，predation and plant establishment：Janzen-Connell and beyond[J]. Journal of ecology，2004，92（5）：733–746.

[451] NATHAN R，KATUL G G，BOHRER G，et al. Mechanistic models of seed dispersal by wind[J]. Theoretical ecology，2011，4：113–132.

[452] NATHAN R，KATUL G G，HORN H S，et al. Mechanisms of long-distance dispersal of seeds by wind[J]. Nature，2002，418（6896）：409–413.

[453] NATHAN R，KATUL G G. Foliage shedding in deciduous forests lifts up long-distance seed dispersal by wind[J]. Proceedings of the national academy of sciences，2005，102（23）：8251–8256.

[454] NATHAN R，SCHURR F M，SPIEGEL O，et al. Mechanisms of long-distance seed dispersal[J]. Trends in ecology & evolution，2008，23（11）：638–647.

[455] NATHAN R. Long-distance dispersal of plants[J]. Science，2006，313（5788）：786–788.

[456] NEALIS V G. Habitat associations and community analysis of south Texas dung beetles（Coleoptera：Scarabaeinae）[J]. Canadian journal of zoology，1977，55（1）：138–147.

[457] NILSSON C，BROWN R L，JANSSON R，et al. The role of hydrochory in structuring riparian and wetland vegetation[J]. Biological reviews，2010，85（4）：837–858.

[458] NILSSON C，EKBLAD A，GARDFJELL M，et al. Long-term effects of river regulation on river margin vegetation[J]. Journal of applied ecology，1991：963–987.

[459] NILSSON C，JANSSON R. Floristic differences between riparian corridors of regulated and free-flowing boreal rivers[J]. Regulated rivers：research & management，1995，11（1）：55–66.

[460] NIU H Y，XING J J，ZHANG H M，et al. Roads limit of seed dispersal and seedling recruitment of Quercus chenii in an urban hillside forest[J]. Urban forestry & urban greening，2018，30：307–314.

[461] NOGALES M，CASTAÑEDA I，LÓPEZ-DARIAS M，et al. The unnoticed effect of a top predator on complex mutualistic ecological interactions[J]. Biological invasions，2015，17：1655–1665.

[462] NOGALES M，HELENO R，TRAVESET A，et al. Evidence for overlooked

mechanisms of long-distance seed dispersal to and between oceanic islands[J]. New phytologist，2012，194（2）：313–317.

[463] NOGALES M，PADILLA D P，NIEVES C，et al. Secondary seed dispersal systems，frugivorous lizards and predatory birds in insular volcanic badlands[J]. Journal of ecology，2007，95（6）：1394–1403.

[464] NOGALES M，QUILIS V，MEDINA F M，et al. Are predatory birds effective secondary seed dispersers?[J]. Biological journal of the Linnean society，2002，75（3）：345–352.

[465] NOGALES M. Some ecological implications of the broadening habitat and trophic niche of terrestrial vertebrates in the Canary Islands[J]. Ecologia illes，1999，66：67–82.

[466] OBERRATH R，BÖHNING-GAESE K. Phenological adaptation of ant-dispersed plants to seasonal variation in ant activity[J]. Ecology，2002，83（5）：1412–1420.

[467] OLESEN J M，VALIDO A. Lizards as pollinators and seed dispersers：an island phenomenon[J]. Trends in ecology & evolution，2003，18（4）：177–181.

[468] ORŁOWSKI G，CZARNECKA J，GOŁAWSKI A，et al. The effectiveness of endozoochory in three avian seed predators[J]. Journal of ornithology，2016，157：61–73.

[469] ORTUÑO A，GARCIA-PUIG D，FUSTER M D，et al. Flavanone and nootkatone levels in different varieties of grapefruit and pummelo[J]. Journal of agricultural and food chemistry，1995，43（1）：1–5.

[470] OSTOJA S M，SCHUPP E W，DURHAM S，et al. Seed harvesting is influenced by associational effects in mixed seed neighbourhoods，not just by seed density[J]. Functional ecology，2013，27（3）：775–785.

[471] OSTOJA S M，SCHUPP E W，KLINGER R. Seed harvesting by a generalist

consumer is context-dependent: interactive effects across multiple spatial scales[J]. Oikos, 2013, 122 (4): 563–574.

[472] OZINGA W A, BEKKER R M, SCHAMINEE J H J, et al. Dispersal potential in plant communities depends on environmental conditions[J]. Journal of ecology, 2004, 92 (5): 767–777.

[473] PADILLA D P, GONZÁLEZ-CASTRO A, NOGALES M. Significance and extent of secondary seed dispersal by predatory birds on oceanic islands: the case of the Canary archipelago[J]. Journal of ecology, 2012, 100 (2): 416–427.

[474] PADILLA D P, NOGALES M. Behavior of kestrels feeding on frugivorous lizards: implications for secondary seed dispersal[J]. Behavioral ecology, 2009, 20 (4): 872–877.

[475] PALSTRA A P, PLANAS J V. Swimming physiology of fish: towards using exercise to farm a fit fish in sustainable aquaculture[M]. Berlin: Springer Science & Business Media, 2012.

[476] PARMESAN C. Ecological and evolutionary responses to recent climate change[J]. Annual review of ecology, evolution, and systematics, 2006, 37: 637–669.

[477] PAUCHARD A, ALABACK P B. Influence of elevation, land use, and landscape context on patterns of alien plant invasions along roadsides in protected areas of South-Central Chile[J]. Conservation biology, 2004, 18(1): 238–248.

[478] PAZOS G E, GREENE D F, KATUL G, et al. Seed dispersal by wind: towards a conceptual framework of seed abscission and its contribution to long-distance dispersal[J]. Journal of ecology, 2013, 101 (4): 889–904.

[479] PEARSON T R H, BURSLEM D F R P, MULLINS C E, et al. Germination ecology of neotropical pioneers: interacting effects of environmental conditions

and seed size[J]. Ecology，2002，83（10）：2798–2807.

[480] PECK S B，FORSYTH A. Composition，structure，and competitive behaviour in a guild of Ecuadorian rain forest dung beetles （Coleoptera; Scarabaeidae）[J]. Canadian journal of zoology，1982，60（7）：1624–1634.

[481] PECK S B，HOWDEN H F. Response of a dung beetle guild to different sizes of dung bait in a Panamanian rainforest[J]. Biotropica，1984：235–238.

[482] PERES C A，VAN ROOSMALEN M. Primate frugivory in two species-rich Neotropical forests：implications for the demography of large-seeded plants in overhunted areas[J]. Seed dispersal and frugivory：ecology，evolution and conservation，2002：407–421.

[483] PÉREZ-MELLADO V，TRAVESET A. Relationships between plants and Mediterranean lizards[J]. Natura croatica：periodicum musei historiae naturalis croatici，1999，8（3）：275–285.

[484] PERRINGS C，DEHNEN-SCHMUTZ K，TOUZA J，et al. How to manage biological invasions under globalization[J]. Trends in ecology & evolution，2005，20（5）：212–215.

[485] PERUZZO P，DEFINA A，NEPF H. Capillary trapping of buoyant particles within regions of emergent vegetation[J]. Water resources research，2012，48:7.

[486] PFEIFFER M，HUTTENLOCHER H，AYASSE M. Myrmecochorous plants use chemical mimicry to cheat seed-dispersing ants[J]. Functional ecology，2010，24（3）：545–555.

[487] PICARD M，BALTZINGER C. Hitch-hiking in the wild：should seeds rely on ungulates?[J]. Plant ecology and evolution，2012，145（1）：24–30.

[488] PICKERING C M，HILL W. Impacts of recreation and tourism on plant biodiversity and vegetation in protected areas in Australia[J]. Journal of

environmental management，2007，85（4）：791–800.

[489] PICKERING C，MOUNT A. Do tourists disperse weed seed? A global review of unintentional human-mediated terrestrial seed dispersal on clothing, vehicles and horses[J]. Journal of sustainable tourism，2010，18（2）：239–256.

[490] PIMENTEL D，MCNAIR S，JANECKA J，et al. Economic and environmental threats of alien plant，animal，and microbe invasions[J]. Agriculture，ecosystems & environment，2001，84（1）：1–20.

[491] PLANCHUELO G，CATALÁN P，DELGADO J A，et al. Estimating wind dispersal potential in *Ailanthus altissima*：the need to consider the three-dimensional structure of samaras[J]. Plant biosystems-an international journal dealing with all aspects of plant biology，2017，151（2）：316–322.

[492] PLANCHUELO G，CATALÁN P，DELGADO J A. Gone with the wind and the stream：dispersal in the invasive species Ailanthus altissima[J]. Acta oecologica，2016，73：31–37.

[493] PLATT S G，ELSEY R M，LIU H，et al. Frugivory and seed dispersal by crocodilians：an overlooked form of saurochory?[J]. Journal of zoology，2013，291（2）：87–99.

[494] PLEASANT J M，SCHLATHER K J. Incidence of weed seed in cow（*Bos* sp.）manure and its importance as a weed source for cropland[J]. Weed technology，1994，8（2）：304–310.

[495] POFF N L R，OLDEN J D，MERRITT D M，et al. Homogenization of regional river dynamics by dams and global biodiversity implications[J]. Proceedings of the national academy of sciences，2007，104（14）：5732–5737.

[496] POGGI D，PORPORATO A，RIDOLFI L，et al. The effect of vegetation density on canopy sub-layer turbulence[J]. Boundary-layer meteorology，

2004, 111: 565–587.

[497] POLLUX B J A, DE JONG M, STEEGH A, et al. The effect of seed morphology on the potential dispersal of aquatic macrophytes by the common carp (*Cyprinus carpio*) [J]. Freshwater biology, 2006, 51 (11): 2063–2071.

[498] POLLUX B J A, LUTEIJN A, VAN GROENENDAEL J M, et al. Gene flow and genetic structure of the aquatic macrophyte *Sparganium emersum* in a linear unidirectional river[J]. Freshwater biology, 2009, 54 (1): 64–76.

[499] POLLUX B J A, SANTAMARIA L, OUBORG N J. Differences in endozoochorous dispersal between aquatic plant species, with reference to plant population persistence in rivers[J]. Freshwater biology, 2005, 50 (2): 232–242.

[500] POLLUX B J A. The experimental study of seed dispersal by fish (ichthyochory) [J]. Freshwater biology, 2011, 56 (2): 197–212.

[501] PONS T L. Seeds: the ecology of regeneration in plant communities[M]. Wallingford: CABI Publishing, 2000.

[502] POTITO A P, BEATTY S W. Impacts of recreation trails on exotic and ruderal species distribution in grassland areas along the Colorado Front Range[J]. Environmental management, 2005, 36: 230–236.

[503] POUGH F H. Lizard energetics and diet[J]. Ecology, 1973, 54 (4): 837–844.

[504] PRESTON C D, PEARMAN D A, HALL A R. Archaeophytes in britain[J]. Botanical journal of the Linnean society, 2004, 145 (3): 257–294.

[505] PRICE M V, JENKINS S H. Seed dispersal[M]. Sydney:Academic Press, 1986.

[506] PRIMACK R B. Reproductive biology of *Discaria toumatou* (Rhamnaceae) [J]. New Zealand journal of botany, 1979, 17 (1): 9–13.

[507] PRINZING A, DAUBER J, HAMMER E, et al. Does an ant-dispersed plant, Viola *reichenbachiana*, suffer from reduced seed dispersal under inundation disturbances?[J]. Basic and applied ecology, 2008, 9（2）: 108–116.

[508] PROCTOR V W. Long-distance dispersal of seeds by retention in digestive tract of birds[J]. Science, 1968, 160（3825）: 321–322.

[509] PRUGH L R, STONER C J, EPPS C W, et al. The rise of the mesopredator[J]. Bioscience, 2009, 59（9）: 779–791.

[510] QIU H, CHEN Y F. Bibliometric analysis of biological invasions research during the period of 1991 to 2007[J]. Scientometrics, 2009, 81（3）: 601–610.

[511] RAJU M V S, RAMASWAMY S N. Studies on the inflorescence of wild oats（*Avena fatua*）[J]. Canadian journal of botany, 1983, 61（1）: 74–78.

[512] RAMALHO C E, LALIBERTÉ E, POOT P, ET AL. Effects of fragmentation on the plant functional composition and diversity of remnant woodlands in a young and rapidly expanding city[J]. Journal of vegetation science, 2018, 29（2）: 285–296.

[513] RASANEN K, HENDRY A P. Disentangling interactions between adaptive divergence and gene flow when ecology drives diversification[J]. Ecology letters, 2008, 11: 624–636.

[514] RASOLOARISON R B, RASOLONANDRASANA J, GANZHORN, et al. Predation on vertebrates in the Kirindy forest, western Madagascar[J]. Ecotropica, 1995, 1:59–65.

[515] RÉALE D, GARANT D, HUMPHRIES M M, et al. Personality and the emergence of the pace-of-life syndrome concept at the population level[J]. Philosophical transactions of the royal society B: biological sciences, 2010, 365: 4051–4063.

[516] RÉALE D，READER S M，SOL D，et al. Integrating animal temperament within ecology and evolution[J]. Biological reviews，2007，82：291–318.

[517] REES M. Trade-offs among dispersal strategies in British plants[J]. Nature，1993，366：150–152.

[518] RESTREPO C，GOMEZ N，HEREDIA S. Anthropogenic edges，treefall gaps and fruit-frugivore interactions in a neotropical montane forest[J]. Ecology，1999，80（2）：668–685.

[519] REW L J，CUSSANS G W. Horizontal movement of seeds following tine and plough cultivation：implications for spatial dynamics of weed infestations[J]. Weed research，2008，37（4）:247–256.

[520] RICHARDSON D M，PYŠEK P. Fifty years of invasion ecology - the legacy of Charles Elton[J]. Diversity and distributions，2008，14（2）：161–168.

[521] RICO Y，BOEHMER H J，WAGNER H H. Determinants of actual functional connectivity for calcareous grassland communities linked by rotational sheep grazing[J]. Landscape ecology，2011，27：199–209.

[522] RICO-GRAY V，OLIVEIRA P S. The ecology and evolution of ant-plant interactions[J]. Austral ecology，2007，35（8）：116–117.

[523] RIDLEY H N. The dispersal of plants throughout the world[J]. Nature，1930，127：399–400.

[524] RIES L，FLETCHER R J，BATTIN J，et al. Ecological responses to habitat edges：mechanisms，models，and variability explained[J]. Annual review of ecology，evolution，and systematics，2004，35：491–522.

[525] RIIS T，SAND-JENSEN K. Dispersal of plant fragments in small streams[J]. Freshwater biology，2006，51（2）：274–286.

[526] RIPPLE W J，RIPPLE，JAMES A，et al. Status and ecological effects of the world' s largest carnivores[J]. Science，2014，343:1241484.

[527] ROBERTS J A，WHITELAW C A，GONZALEZ-CARRANZA Z H，et al.

Cell separation processes in plants-models, mechanisms and manipulation[J]. Annals of botany, 2000, 86: 223–235.

[528] RODDA G H, DEAN-BRADLEY K. Excess density compensation of island herpetofaunal assemblages[J]. Journal of biogeography, 2002, 29: 623–632.

[529] RODDA G H, PERRY G, RONDEAU R J, et al. The densest terrestrial vertebrate[J]. Journal of tropical ecology, 2001, 17: 331–338.

[530] RODRIGUEZ A, ALQUEZAR B, PEÑA L. Fruit aromas in mature fleshy fruits as signals of readiness for predation and seed dispersal[J]. New phytologist, 2013, 197: 36–48.

[531] ROGERS H S, BUHLE E R, HILLERISLAMBERS J, et al. Effects of an invasive predator cascade to plants via mutualism disruption[J]. Nature communications, 2017, 8: 1–8.

[532] RÖMERMANN C, TACKENBERG O, POSCHLOD P. How to predict attachment potential of seeds to sheep and cattle coat from simple morphological seed traits[J]. Oikos, 2005, 110: 219–230.

[533] ROSE L M. Sex differences in diet and foraging behavior in white-faced capuchins (*Cebus capucinus*) [J]. International journal of primatology, 1994, 15: 95–114.

[534] RUSSO S E, PORTNOY S, AUGSPURGER C K. Incorporating animal behavior into seed dispersal models: implications for seed shadows[J]. Ecology, 2006, 87: 3160–3174.

[535] RUTISHAUSER R. Reproductive development in seed plants: research activities at the intersection of molecular genetics and systematic botany[M]// BEHNKE H D, LÜTTGE U, ESSER K, et al. Progress in botany / fortschritte der botanik. Heidelberg: Springer , 1993.

[536] SALAZAR D, KELM D H, MARQUIS R J. Directed seed dispersal of Piper by Carollia perspicillata and its effect on understory plant diversity and

folivory[J]. Ecology，2013，94：2444–2453.

[537] SALISBURY E J. The reproductive capacity of plants[M]. London：George Bell and Sons，1942.

[538] SAMUELS I，LEVEY D. Effects of gut passage on seed germination：do experiments answer the questions they ask?[J]. Functional ecology，2005，19，365–368.

[539] SANTAMARÍA L，CHARALAMBIDOU I，FIGUEROLA J，et al. Effect of passage through duck gut on germination of fennel pondweed seeds[J]. Archiv für hydrobiologie，2002，156：11–22.

[540] SANZ C，OLIAS J M，PEREZ A G. Phytochemistry of fruit and vegetables：proceedings of the Phytochemical Society of Europe[M]. Oxford：Clarendon Press，1997.

[541] SARASA M，PÉREZ J M，ALASAAD S，et al. Neatness depends on season，age，and sex in Iberian ibex Capra pyrenaica[J]. Behavioral ecology，2011，22：1070–1078.

[542] SARASOLA J H，ZANÓN-MARTÍNEZ J I，COSTÁN A S，et al. Hypercarnivorous apex predator could provide ecosystem services by dispersing seeds[J]. Scientific reports，2016，6（1）:19647.

[543] SARUKHÁN J，MARTÍNEZ-RAMOS M，PIÑERO D. The analysis of demographic variability at the individual level and its population consequences[J]. Perspectives on plant population ecology，1984，83–106.

[544] SASAL Y，MORALES J M. Linking frugivore behavior to plant population dynamics[J]. Oikos，2013，122：95–103.

[545] SÄUMEL I，KOWARIK I. Propagule morphology and river characteristics shape secondary water dispersal in tree species[J]. Plant ecology，2013，214（10）：1257–1272.

[546] SÄUMEL I，KOWARIK I. Urban rivers as dispersal corridors for primarily

wind-dispersed invasive tree species[J]. Landscape and urban planning, 2010, 94（3-4）: 244-249.

[547] SAUNDERS, BRUCE E. A biomimetic study of natural attachment mechanisms:*Arctium minus* part 1[J]. Robotics and biomimetics, 2015, 2（1）:1-10.

[548] SAVAGE D, BARBETTI M J, MACLEOD W J, et al. Timing of propagule release significantly alters the deposition area of resulting aerial dispersal[J]. Diversity and distributions, 2010, 16: 288-299.

[549] SAVAGE D, BORGER C P, RENTON M. Orientation and speed of wind gusts causing abscission of wind-dispersed seeds influences dispersal distance[J]. Functional ecology, 2014, 28: 973-981.

[550] SAXTON V P, MULDER I V O, CREASY G L, et al. Comparative behavioural responses of silvereyes（Zosterops lateralis）and European blackbirds（Turdus merula）to secondary metabolites in grapes[J]. Ecological society of Australia, 2011, 36（3）: 233-239.

[551] SCHAUMANN F, HEINKEN T. Endozoochorous seed dispersal by martens（*Martes foina*, *M. martes*）in two woodland habitats[J]. Flora, 2002, 197: 370-378.

[552] SCHIPPERS P, JONGEJANS E. Release thresholds strongly determine the range of seed dispersal by wind[J]. Ecological modelling, 185: 93-103.

[553] SCHIRMER A, HOFFMANN J, ECCARD J A, et al. My niche: Individual spatial niche specialization affects within- and between species interactions[J]. Proceedings of the royal society B: biological sciences, 2020, 287: 20192211.

[554] SCHÖNING C, ESPADALER X, HENSEN I, et al. Seed predation of the tussock-grass *Stipa tenacissima* L. by ants（*Messor* spp.）in south-eastern Spain: the adaptive value of trypanocarpy[J]. Journal of arid environments,

2004，56（1）:43-61.

[555] SCHUBERT A，BRAUN T. Relative indicators and relational charts for comparative assessment of publication output and citation impact[J]. Scientometrics，1986，9：281-291.

[556] SCHUPP E W，JORDANO P，G′OMEZ J M. A general framework for effectiveness concepts in mutualisms[J]. Ecology letters，2017，20：577-590.

[557] SCHUPP E W，JORDANO P，GOMEZ J M. Seed dispersal effectiveness revisited：a conceptual review[J]. New phytologist，2010，188：333-353.

[558] SCHUPP E W. Quantity，quality and the effectiveness of seed dispersal by animals[J]. Vegetatio，1993，107（108）:15-29.

[559] SCHURR F M，BOND W J，MIDGLEY G F，et al. A mechanistic model for secondary seed dispersal by wind and its experimental validation[J]. Journal of ecology，2005，93（5）：1017-1028.

[560] SEKERCIOGLU C H，LOARIE S R F，BRENES O，et al. Persistence of forest birds in the Costa Rican agricultural countryside[J]. Conservation biology，2007，21：482-494.

[561] SERVIGNE P，DETRAIN C. Ant-seed interactions：combined effects of ant and plant species on seed removal patterns[J]. Insectes sociaux，2008，55：220-230.

[562] SETO K C，GÜNERALP B，HUTYRA L R. Global forecasts of urban expansion to 2030 and direct impacts on biodiversity and carbon pools[J]. Proceedings of the national academy of sciences，2012，109（40）：16083-16088.

[563] SHARMA G P，RAGHUBANSHI A S. Plant invasions along roads：a case study from central highlands，India[J]. Environmental monitoring and assessment，2009，157：191-198.

[564] SHEN S, CHENG C, YANG J, et al. Visualized analysis of developing trends and hot topics in natural disaster research[J]. Plos one, 2018, 13(1): e0191250.

[565] SHEPHERD V E, CHAPMAN C A. Dung beetles as secondary seed dispersers: impact on seed predation and germination[J]. Journal of tropical ecology, 1998, 14: 199–215.

[566] SHERIDAN S L, IVERSEN K A, ITAGAKI H. The role of chemical senses in seed-carrying behavior by ants: a behavioral, physiological, and morphological study[J]. Journal of insect physiology, 1996, 42: 149–159.

[567] SHIRTLIFFE S J, ENTZ M H. Chaff collection reduces seed dispersal of wild oat (*Avena fatua*) by a combine harvester[J]. Weed science, 2005, 53:465–470.

[568] SHMIDA A, ELLNER S. Seed dispersal on pastoral grazers in open mediterranean chaparral[J]. Israel journal of botany, 1983, 32: 147–159.

[569] SIH A, BELL A, JOHNSON J C. Behavioral syndromes: an ecological and evolutionary overview[J]. Trends in ecology & evolution, 2004, 19: 372–378.

[570] SIH A, COTE J, EVANS M, et al. Ecological implications of behavioural syndromes[J]. Ecology letters, 2012a, 15: 278–289.

[571] SIH A, DEL GIUDICE M. Linking behavioural syndromes and cognition: a behavioural ecology perspective[J]. Philosophical transactions of the royal society B: biological sciences, 2012b, 367: 2762–2772.

[572] SIMAO NETO M, JONES R M, RATCLIFF D. Recovery of pasture seed ingested by ruminants. 1. Seed of six tropical pasture species fed to cattle, sheep and goats[J]. Australian journal of experimental agriculture, 1987, 27: 239–246.

[573] SIPE T W, LINNEROOTH A R. Intraspecific variation in samara morphology

and flight behavior in *Acer saccharinum* （Aceraceae）[J]. American journal of botany，1995，82（11）：1412–1419.

[574] SIVY K J，OSTOJA S M，SCHUPP E W，et al. Effects of rodent species，seed species and predator cues on seed fate[J]. Acta oecologica，2011，37：321–328.

[575] SMITH M D，WILCOX K R，POWER S A，et al. Assessing community and ecosystem sensitivity to climate change – toward a more comparative approach[J]. Journal of vegetation science，2017，28：235–237.

[576] SOONS M B，BULLOCK J M. Non-random seed abscission，long-distance wind dispersal and plant migration rates[J]. Journal of ecology，2008，96：581–590.

[577] SOONS M B，HEIL G W. Reduced colonization capacity in fragmented populations of wind-dispersed grassland forbs[J]. Journal of ecology，2002，90：1033–1043.

[578] SOONS M B，MESSELINK J H，JONGEJANS E，et al. Habitat fragmentation reduces grassland connectivity for both short-distance and long distance wind-dispersed forbs[J]. Journal of ecology，2005，93：1214–1225.

[579] SORENSEN A E. Seed dispersal by adhesion[J]. Annual review of ecology，evolution，and systematics，1986，17：443–463.

[580] SPIEGEL O，LEU S T，BULL C M，et al. What's your move? Movement as a link between personality and spatial dynamics in animal populations[J]. Ecology letters，2017，20：3–18.

[581] SPIEGEL O，NATHAN R. Incorporating density dependence into the directed-dispersal hypothesis[J]. Ecology，2010，91：1538–1548.

[582] STADLER B，DIXON A F G. Ecology and evolution of aphid-ant interactions[J]. Annual review of ecology，evolution，and systematics，2005，36：345–372.

[583] STAMP N E，LUCAS J R. Ecological correlates of explosive seed dispersal[J]. Oecologia，1983，59：272–278.

[584] STAMP N E. Self-burial behaviour of Erodium cicutarium seeds[J]. The journal of ecology，1984，72（2）:611–620.

[585] STAMPS J A. The silver spoon effect and habitat selection by natal dispersers[J]. Ecology letters，2006，9（11）:1179－1185.

[586] STANIFORTH R J，CAVERS P B. An experimental study of water dispersal in *Polygonum* spp.[J]. Canadian journal of botany，1976，54：2587–2596.

[587] STANLEY A，ARCEO-GÓMEZ G. Urbanization increases seed dispersal interaction diversity but decreases dispersal success in Toxicodendron radicans[J]. Global ecology and conservation，2020，22：e01019.

[588] STEBBINS G L. Adaptive radiation of reproductive characteristics in angiosperms，II：seeds and seedlings[J]. Annual review of ecology，evolution，and systematics，1971，2：237–260.

[589] STEELE M A，G ROMPRÉ J A，STRATFORD H，et al. Scatterhoarding rodents favor higher predation risks for cache sites：the potential for predators to influence the seed dispersal process[J]. Integrative zoology，2015，10：257–266.

[590] STEINMANN H H，KLINGEBIEL L. Secondary dispersal，spatial dynamics and effects of herbicides on reproductive capacity of a recently introduced population of *Bromus sterilis* in an arable field[J]. Weed research，2004，44（5）：388–396.

[591] STEPHENSON C M，KOHN D D，PARK K J，et al. Testing mechanistic models of seed dispersal for the invasive *Rhododendron ponticum*（L.）[J]. Perspectives in plant ecology evolution and systematics，2007，9：15–28.

[592] STEVENSON P R. The abundance of large Ateline monkeys is positively associated with the diversity of plants regenerating in Neotropical forests[J].

Biotropica，2011，43：512–519.

[593] STINSON R H，PETERSON R L. On sowing wild oats[J]. Canadian journal of botany，1979，57（11）：1292–1295.

[594] STOCKER G C，IRVINE A K. Seed dispersal by cassowaries （*Casuarius casuarius*） in North Queensland' s rainforests[J]. Biotropica，1983，15：170–176.

[595] STRUCK U，ALTENBACH A V，GAULKE M，et al. Tracing the diet of the monitor lizard Varanus mabitang by stable isotope analyses[J]. Naturwissenschaften，2002，89：470–473.

[596] STRUEMPF H M，SCHONDUBE J E，MARTINEZ DEL RIO C. The cyanogenic glycoside amygdalin does not deter consumption of ripe fruit by Cedar Waxwings[J]. The auk，1999，116（3）：749–758.

[597] STUBLE K L，PATTERSON C M，RODRIGUEZ-CABAL M A，et al. Ant-mediated seed dispersal in a warmed world[J]. PeerJ，2014，2（1）：e286.

[598] SUAREZ A V，HOLWAY D A，CASE T J. Patterns of spread in biological invasions dominated by long-distance jump dispersal：insights from Argentine ants[J]. Proceedings of the national academy of sciences of the United States of America，2001，98：1095–1100.

[599] SUÁREZ-ESTEBAN A，DELIBES M，FEDRIANI J M. Barriers or corridors? The overlooked role of unpaved roads in endozoochorous seed dispersal[J]. Journal of applied ecology，2013，50：767–774.

[600] SUÁREZ-ESTEBAN A，DELIBES M，FEDRIANI J M. Unpaved road verges as hotspots of fleshy-fruited shrub recruitment and establishment[J]. Biological conservation，2013，167：50–56.

[601] SUÁREZ-ESTEBAN A，DELIBES M，FEDRIANI J M. Unpaved roads disrupt the effect of herbivores and pollinators on the reproduction of a dominant shrub[J]. Basic & applied ecology，2014，15：524–533.

[602] SUÁREZ-ESTEBAN A, FAHRIG L, DELIBES M, et al. Can anthropogenic linear gaps increase plant abundance and diversity?[J]. Landscape ecology, 2016, 31: 721–729.

[603] SUGIYAMA A, COMITA L S, MASAKI T, et al. Resolving the paradox of clumped seed dispersal: positive density and distance dependence in a bat-dispersed species[J]. Ecology, 2018, 99: 2583–2591.

[604] SUHONEN J, JOKIMÄKI J, LASSILA R, et al. Effects of roads on fruit crop and removal rate from rowanberry trees (*Sorbus aucuparia*) by birds in urban areas of Finland[J]. Urban forestry & urban green, 2017, 27: 148–154.

[605] SUNYER P A, MUÑOZ R, BONAL, et al. The ecology of seed dispersal by small rodents: a role for predator and conspecific scents[J]. Functional ecology, 2013, 27:1313 – 1321.

[606] SWAINE M D, BEER T. Explosive seed dispersal in *Hura crepitans* L. (Euphorbiaceae) [J]. New phytologist, 1977, 78 (3): 695–708.

[607] TACKENBERG O, POSCHLOD P, BONN S. Assessment of wind dispersal potential in plant species[J]. Ecological monographs. 2003, 73: 191–205.

[608] TAKAHASHI K, KAMITANI T. Colonization of fleshy-fruited plants beneath perch plant species that bear fleshy fruit[J]. Journal of forest research, 2003, 8: 169–177.

[609] TANAKA K, SUZUKI N. Interference competition among disperser ants affects their preference for seeds of an ant-dispersed sedge *Carex tristachya* (Cyperaceae) [J]. Plant species biology, 2016, 31: 11–18.

[610] TANAKA H. Seed demography of three co-occurring Acer species in a Japanese temperate deciduous forest[J]. Journal of vegetation science, 1995, 6: 887–896.

[611] TAYLOR K, BRUMMER T, TAPER M L, et al. Human mediated long-distance

dispersal: an empirical evaluation of seed dispersal by vehicles[J]. Diversity & distributions, 2012, 18: 942–951.

[612] TERBORGH J, NUÑEZ-ITURRI G, PITMAN N C A, et al. Tree recruitment in an empty forest[J]. Ecology, 2008, 89 (6): 1757–1768.

[613] TEWKSBURY J J, JEVEY D J, HUIZINGA M, et al. Costs and benefits of capsaicin-mediated control of gut retention in dispersers of wild chilies[J]. Ecology, 2008, 89 (1): 107–117.

[614] TEWKSBURY J J, NABHAN G P, NORMAN D, et al. conservation of wild chiles and their biotic associates[J]. Conservation biology, 1999, 13 (1): 98–107.

[615] TEWKSBURY J J, NABHAN G P. Directed deterrence by capsaicin in chilies[J]. Nature, 2001, 412: 403–404.

[616] THOMPSON J N, WILLSON M F. Disturbance and the dispersal of fleshy fruits[J]. Science, 1978, 200: 1161–1163.

[617] THOMPSON K, JONES A. Human population density and prediction of local plant extinction in Britain[J]. Conservation biology, 1999, 13: 185–189.

[618] THOMPSON P L, GONZALEZ A. Dispersal governs the reorganization of ecological networks under environmental change[J]. Nature ecology & evolution, 2017, 1 (6): 1–8.

[619] THOMSON F J, MOLES A T, AULD T D, et al. Seed dispersal distance is more strongly correlated with plant height than with seed mass[J]. Journal of ecology, 2011, 99 (6): 1299–1307.

[620] THUILLER W. Patterns and uncertainties of species' range shifts under climate change[J]. Global change biology, 2004, 10:2020–2027.

[621] THURBER C S, HEPLER P K, CAICEDO A L. Timing is everything: early degradation of abscission layer is associated with increased seed shattering in U.S. weedy rice [J]. BMC plant biology, 2011, 11 (1) :14.

[622] TIFFNEY B H. Vertebrate dispersal of seed plants through time[J]. Annual review of ecology, evolution, and systematics, 2004, 35: 1–29.

[623] TOSCANO B J, GOWNARIS N J, HEERHARTZ S M, et al. Personality, foraging behavior and specialization: integrating behavioral and food web ecology at the individual level[J]. Oecologia, 2016, 182: 55–69.

[624] TRAVESET A, BERMEJO T, WILLSON M F. Effect of manure composition on seedling emergence and growth of two common shrub species of Southeast Alaska[J]. Plant ecology, 2001, 155: 29–34.

[625] TRAVESET A, GULIAS J, RIERA N, et al. Transition probabilities from pollination to establishment in a rare dioecious shrub species (*Rhamnus ludovici-salvatoris*) in two habitats[J]. Journal of ecology, 2003, 91: 427–437.

[626] TRAVESET A, RIERA N. Disruption of a plant - lizard seed dispersal system and its ecological effects on a threatened endemic plant in the Balearic Islands[J]. Conservation biology, 2005, 19: 421–431.

[627] TRAVESET A, RODRIGUEZ-PÉREZ J, PÍAS B. Seed trait changes in dispersers' guts and consequences for germination and seedling growth[J]. Ecology, 2008, 89: 95–106.

[628] TRAVESET A. Effect of seed passage through vertebrate frugivores's guts on germination: a review[J]. Perspectives in plant ecology, evolution and systematics, 1998, 1/2: 151 - 190.

[629] TROYER K. Diet selection and digestion in Iguana iguana: the importance of age and nutrient requirements[J]. Oecologia, 1984, 61: 201–207.

[630] TSAHAR E, FRIEDMAN J, IZHAKI I. Secondary metabolite emodin increases food assimilation efficiency of Yellow-vented Bulbuls (*Pycnonotus xanthopygos*) [J]. The auk, 2003, 120 (2) : 411–417.

[631] TSUJI Y, CAMPOS-ARCEIZ A, PRASAD S. Intraspecific differences in

seed dispersal caused by differences in social rank and mediated by food availability[J]. Scientific reports，2020，10：1–9.

[632] TUCKER M A，BÖHNING-GAESE K，FAGAN W F，et al. Moving in the Anthropocene：global reductions in terrestrial mammalian movements[J]. Science，2018，359（6374）：466–469.

[633] TUCKER M A，BUSANA M，HUIJBREGTS M A J，et al. Human-induced reduction in mammalian movements impacts seed dispersal in the tropics[J]. Ecography，2021，44（6）：897–906.

[634] Highway statistics:2011［EB/OL］.［2024–07–05］. http://www.fhwa.dot.gov/policyinformation/statistics/2011/.

[635] Review of maritime transport［R］.Geneva：UNCTAD，2007.

[636] URIARTE M，ANCIAES M，DA SILVA M T B，et al. Disentangling the drivers of reduced long-distance seed dispersal by birds in an experimentally fragmented landscape[J]. Ecology，2011，92：924–937.

[637] North American transportation highlights［R］. Washington，D.C.：USDOT，2007.

[638] VALIDO A，NOGALES M，MEDINA F M. Fleshy fruits in the diet of Canarian lizards Gallotia galloti（Lacertidae）in a xeric habitat of the island of Tenerife[J]. Journal of herpetology，2003，37：741–747.

[639] VALIDO A，NOGALES M. Digestive ecology of two omnivorous Canarian lizard species（Gallotia，Lacertidae）[J]. Amphibia-reptilia，2004，24：331–344.

[640] VALIDO A，NOGALES M. Frugivory and seed dispersal by the lizard Gallotia galloti（Lacertidae）in a xeric habitat of the Canary Islands[J]. Oikos，1994，70：403–411.

[641] VALIDO A，OLESEN J M. Frugivory and Seed Dispersal by Lizards：a Global Review[J]. Frontiers in ecology and evolution，2019，7:49.

[642] VALIDO A, SCHAEFER H M, JORDANO P. Colour, design and reward: phenotypic integration of fleshy fruit displays[J]. Journal of evolutionary biology, 2011, 24: 751-760.

[643] VAN DER NIET T, JOHNSON S D. Phylogenetic evidence for pollinator-driven diversification of angiosperms[J]. Trends in ecology & evolution, 2012, 27: 353-361.

[644] VAN DER PIJL L. Principles of dispersal in higher plants[M]. Berlin: Springer, 1982.

[645] VAN LEEUWEN C H, BEUKEBOOM R, NOLET B A, et al. Locomotion during digestion changes current estimates of seed dispersal kernels by fish[J]. Functional ecology, 2016, 30: 215-225.

[646] VAN OUDTSHOORN K R, VAN ROOYEN M W. Dispersal biology of desert plants[M]. Berlin: Springer Science & Business Media, 2013.

[647] VANDEGEHUCHTE M L, DE LA PENA E, BONTE D. Relative importance of biotic and abiotic soil components to plant growth and insect herbivore population dynamics[J]. Plos one, 2010, 5: e12937.

[648] VANDER WALL S B, LONGLAND W S. Diplochory: are two seed dispersers better than one?[J]. Trends in ecology & evolution, 2004, 19: 155-161.

[649] VANDER WALL S B. Foraging success of granivorous rodents: effects of variation in seed and soil water on olfaction[J]. Ecology, 1998, 79: 233-241.

[650] VANDER WALL S B. Removal of wind-dispersed pine seeds by ground-foraging vertebrates[J]. Oikos, 1994, 69 (1): 125-132.

[651] VANDER WALL S B. The role of animals in dispersing a "wind-dispersed" pine[J]. Ecology, 1992, 73 (2): 614-621.

[652] VANSCHOENWINKEL B, WATERKEYN A, NHIWATIWA T, et al.

Passive external transport of freshwater invertebrates by elephant and other mud-wallowing mammals in an African savannah habitat[J]. Freshwater biology, 2011, 56: 1606–1619.

[653] VANSCHOENWINKEL B, WATERKEYN A, VANDECAETSBEEK T I M, et al. Dispersal of freshwater invertebrates by large terrestrial mammals: a case study with wild boar (*Sus scrofa*) in Mediterranean wetlands[J]. Freshwater biology, 2008, 53: 2264–2273.

[654] VANTHOMME H, BELLÉ B, FORGET P M. Bushmeat hunting alters recruitment of large-seeded plant species in Central Africa[J]. Biotropica, 2010, 42 (6): 672–679.

[655] VARELA R O, BUCHER E H. The lizard Teius teyou (Squamata: Teiidae) as a legitimate seed disperser in the dry Chaco Forest of Argentina[J]. Studies on neotropical fauna and environment, 2002, 37: 115–117.

[656] VARGAS P Y, ARJONA M, NOGALES, et al. Long-distance dispersal to oceanic islands: success of plants with multiple diaspore specializations[J]. AoB plants, 2015, 7:1–9.

[657] VELDMAN J W, PUTZ F E. Long-distance dispersal of invasive grasses by logging vehicles in a tropical dry forest[J]. Biotropica, 2001, 42: 697–703.

[658] VENTURAS M, NANOS N, GIL L. The reproductive ecology of *Ulmus laevis* Pallas in a transformed habitat[J]. Forest ecology and management, 2014, 312: 170–178.

[659] VIDAL M M E, HASUI M A, PIZO J Y, et al. Frugivores at higher risk of extinction are the key elements of a mutualistic network[J]. Ecology, 2014, 95: 3440–3447.

[660] VILA M, PUJADAS J. Land-use and socio-economic correlates of plant invasions in European and North African countries[J]. Biological conservation, 2001, 100 (3): 397–401.

[661] VILLEGAS-RÍOS D, RÉALE D, FREITAS C, et al. Personalities influence spatial responses to environmental fluctuations in wild fish[J]. Journal of animal ecology, 2018, 87: 1309–1319.

[662] VIOLLE C, ENQUIST B J, MCGILL B J, et al. The return of the variance: intraspecific variability in community ecology[J]. Trends in ecology & evolution, 2012, 27: 244–252.

[663] VITT L J. Shifting paradigms: herbivory and body size in lizards[J]. Proceedings of the national academy of sciences, 2004, 101: 16713–16714.

[664] VITTOZ P, ENGLER R. Seed dispersal distances: a typology based on dispersal modes and plant traits[J]. Botanica helvetica, 2007, 117 (2): 109–124.

[665] VON DER LIPPE M, BULLOCK J M, KOWARIK I, et al. Human-mediated dispersal of seeds by the airflow of vehicles[J]. PLoS one, 2013, 8(1): 1–10.

[666] VON DER LIPPE M, KOWARIK I. Do cities export biodiversity? Traffic as dispersal vector across urban-rural gradients[J]. Diversity and distributions, 2008, 14: 18–25.

[667] VON DER LIPPE M, KOWARIK I. Long-distance dispersal of plants by vehicles as a driver of plant invasions[J]. Conservation biology, 2007, 21: 986–996.

[668] VUKOV D, ILIĆ M, ĆUK M, et al. Combined effects of physical environmental conditions and anthropogenic alterations are associated with macrophyte habitat fragmentation in rivers-Study of the Danube in Serbia[J]. Science of the total environment, 2018, 634, 780–790.

[669] VULINEC K. Dung beetle communities and seed dispersal in primary forest and disturbed land in Amazonia[J]. Biotropica, 2002, 34: 297–309.

[670] VULINEC K. Dung beetles (Coleoptera: Scarabaeidae), monkeys, and conservation in Amazonia[J]. Florida entomologist, 2000, 83: 229–241.

[671] WACE N. Pests and parasites as migrants[M]. Canberra: Australian Academy of Sciences, 1985.

[672] WAHAJ S A, LEVEY D J, SANDERS A K, et al. Control of gut retention time by secondary metabolites in ripe Solanum fruits[J]. Ecology, 1998, 79 (7): 2309–2319.

[673] WAITE J L, HENRY A R, CLAYTON D H. How effective is preening against mobile ectoparasites? An experimental test with pigeons and hippoboscid flies[J]. International journal for parasitology, 2012, 42: 463–467.

[674] WALKER T A. The distribution, abundance and dispersal by seabirds of Pisonia grandis[J]. Atoll research bulletin, 1991, 350: 1–23.

[675] WASHITANI I, MASUDA M. A comparative study of the germination characteristics of seeds from a moist tall grassland community[J]. Functional ecology, 1990, 4: 543–557.

[676] WEAVER V, ADAMS R. Horses as vectors in the dispersal of weeds into native vegetation[M]. Melbourne: weed science society of Victoria, 1996.

[677] WEBER E, LI B. Plant invasions in China: What is to be expected in the wake of economic development?[J]. Bioscience, 2008, 58 (5): 437–444.

[678] WEIHER E, VAN DER WERF A, THOMPSON K, et al. Challenging Theophrastus: a common core list of plant traits for functional ecology[J]. Journal of vegetation science, 1999, 10: 609–620.

[679] WEITEROVA I. Seasonal and spatial variance of seed bank species composition in an oligotrophic wet meadow[J]. Flora, 2008, 203: 204–214.

[680] WELCH D. Studies in the grazing of heather moorland in north-east Scotland IV seed dispersal and plant establishment in dung[J]. Journal of applied ecology, 1985, 22: 461–472.

[681] WESTCOTT D A, BENTRUPPERBÄUMER J, BRADFORD M G, et al. Incorporating patterns of disperser behaviour into models of seed dispersal and

its effects on estimated dispersal curves[J]. Oecologia, 2005, 146: 57–67.
[682] WHINAM J, CHILCOTT N, BERGSTROM D M. Subantarctic hitchhikers: expeditioners as vectors for the introduction of alien organisms[J]. Biological conservation, 2005, 121(2): 207–219.
[683] WHITAKER A H. The lizards of the Poor Knights Islands, New Zealand[J]. New Zealand journal of science, 1968, 11: 623–651.
[684] WHITAKER R D. The roles of lizards in New Zealand plant reproductive strategies[J]. New Zealand journal of botany, 1987, 25: 315–328.
[685] WICHMANN M C, ALEXANDER M J, SOONS M B, et al. Human-mediated dispersal of seeds over long distances. Proceedings of the Royal Society B[J]. Biological sciences, 2009, 276(1656): 523–532.
[686] WILLIAMS G C. Sex and evolution[J]. Monographs in population biology, 1975, 8: 3–200.
[687] WILLIAMS G P, WOLMAN M G. Downstream effects of dams on alluvial rivers[J]. United States geological survey professional paper, 1984, 1286.
[688] WILLSON M F, RICE B L, WESTOBY M. Seed dispersal spectra: a comparison of temperate plant-communities[J]. Journal of vegetation science, 1990, 1: 547–562.
[689] WILLSON M F, TRAVESET A. The ecology of seed dispersal[M]. Wallingford: CABI, 2000.
[690] WILLSON M F. Mammals as seed dispersal mutualists in North America[J]. Oikos, 1993, 67: 159–176.
[691] WILSON M E. Travel and the emergence of infectious diseases[J]. Emerging infectious diseases, 1995, 1: 39–46.
[692] WINTER H V, VAN DENSEN W L T. Assessing the opportunities for upstream migration of non-salmonid fishes in the weir-regulated River Vecht[J]. Fisheries management and ecology, 2001, 8(6): 513–532.

[693] WITTMANN F, SCHÖNGART J, MONTERO J C, et al. Tree species composition and diversity gradients in white-water forests across the Amazon Basin[J]. Journal of biogeography, 2006, 33: 1334–1347.

[694] WOLF M, VAN DOORN G S, LEIMAR O, et al. Life history trade-offs favour the evolution of animal personalities[J]. Nature, 2007, 447: 581–584.

[695] WOOLEY J T, STOLLER E W. Light penetration and light-induced seed germination in soil[J]. Plant physiology, 1978, 61: 597–600.

[696] WOOLLER S J, WOOLLER R D, BROWN K L. Regeneration by three species of Banksia on the south coast of Western Australia in relation to fire interval[J]. Australian journal of botany, 2002, 50: 311–317.

[697] WRIGHT S J, TRAKHTENBROT A, BOHRER G, et al. Understanding strategies for seed dispersal by wind under contrasting atmospheric conditions[J]. Proceedings of the national academy of sciences, 2008, 105: 19084–19089.

[698] WRIGHT S J, ZEBALLOS H, DOMÍNGUEZ I, et al. Poachers alter mammal abundance, seed dispersal, and seed predation in a Neotropical forest[J]. Conservation biology, 2000, 14 (1): 227–239.

[699] WYCKOFF P, JOHNSON C, JACKSON S T, et al. Reid's paradox of rapid plant migration: dispersal theory and interpretation of paleoecological records[J]. Bioscience, 1998, 48 (1): 13–24.

[700] XU T, YONG G, SARKIS J, et al. Trends and features of embodied flows associated with international trade based on bibliometric analysis[J]. Resources conservation & recycling, 2018, 131: 148–157.

[701] YAGIHASHI T, HAYASHIDA M, MIYAMOTO T. Effects of bird ingestion on seed germination of Sorbus commixta[J]. Oecologia, 1998, 114 (2): 209–212.

[702] YASUDA M, MIURA S, ISHII N, et al. Fallen fruits and terrestrial vertebrate frugivores: a case study in a lowland tropical rain forest in Peninsular Malaysia[M]// LAMBERT J E, HULME P E, VANDER WALL S B. Seed fate: predation, dispersal and seedling establishment. Wallingford: CABI Publishing.

[703] YOSHIKANE F, SUZUKI Y, ARAKAWA Y, et al. Multiple regression analysis between citation frequency of patents and their quantitative characteristics[J]. Procedia-social and behavioral sciences, 2013, 73: 217-223.

[704] YOUNGSTEADT E, NOJIMA S, HAEBERLEIN C, et al. Seed odor mediates an obligate ant-plant mutualism in Amazonian rainforests[J]. Proceedings of the national academy of sciences, 2008, 105: 4571-4575.

[705] ZHANG H M, CHENG J R, XIAO Z S, et al. Effects of seed abundance on seed scatter-hoarding of Edward's rat (Leopoldamys edwardsi Muridae) at the individual level[J]. Oecologia, 2008, 158: 57-63.

[706] ZHANG M, CHEN F Q, WANG Y J, et al. Effects of the seasonal flooding on riparian soil seed bank in the Three Gorges Reservoir Region: a case study in Shanmu River[J]. SpringerPlus, 2016, 5: 1-11.

[707] ZHANG S Y, WANG L X. Fruit consumption and seed dispersal of Ziziphuscinnamomum (Rhamnaceae) by two sympatric primates (Cebusapella and Atelespaniscus) in French Guiana[J]. Biotropica, 1995, 27: 397-401.

[708] ZOHARY M. Plant life of palestine[M]. New York: Ronald, 1962.

[709] ZWAENEPOEL A, ROOVERS P, HERMY M. Motor vehicles as vectors of plant species from road verges in a suburban environment[J]. Basic and applied ecology, 2006, 7(1): 83-93.

[710] ZWOLAK R, CRONE E E. Quantifying the outcome of plant-granivore interactions[J]. Oikos, 2012, 121: 20-27.

[711] 白明，杨星科．蜣螂的生态价值和保护意义 [J]. 昆虫知识，2010，47（1）：39–46.

[712] 郝建华，强胜，杜康宁，等．十种菊科外来入侵种连萼瘦果风力传播的特性 [J]. 植物生态学报，2010，34（8）：957–965.

[713] 花奕蕾，田兴军．9 种风传杂草种子的扩散能力及传播策略 [J]. 安徽农业科学，2017，45（15）：21–25.

[714] 贾亦飞．水位波动对鄱阳湖越冬白鹤及其他水鸟的影响研究 [D]. 北京：北京林业大学，2013.

[715] 蓝方源，马行健，逯金瑶，等．城市化对鸟类筑巢的影响研究综述 [J]. 生物多样性，2021，29（11）：1539–1553.

[716] 李宁，白冰，鲁长虎．植物种群更新限制：从种子生产到幼树建成 [J]. 生态学报，2011，31（21）：6624–6632.

[717] 李宁，王征，潘扬，等．动物传播者对植物更新的促进与限制 [J]. 应用生态学报，2012，23（9）：2602–2608.

[718] 鲁长虎．槲寄生的生物学特征及鸟类对其种子的传播 [J]. 生态学报，2003，23：834–839.

[719] 孟雅冰，李新蓉．两种集合繁殖体形态及间歇性萌发特性：以蒺藜和欧夏至草为例 [J]. 生态学报，2015，35（23）：7785–7793.

[720] 谭珂，董书鹏，卢涛，等．被子植物翅果的多样性及演化 [J]. 植物生态学报，2018，42（8）：806–817.

[721] 王磊，解三平，刘珂男，等．云南临沧晚中新世桤属翅果化石及其古植物地理学意义 [J]. 吉林大学学报（地球科学版），2012，42（S2）：331–342.

[722] 尹雪．动物取食行为对东北红豆杉种子传播的影响 [D]. 哈尔滨：东北林业大学，2016.

[723] 张建，周存宇，费永俊．6 种蒲公英种子扩散能力研究 [J]. 种子，2014，33（7）：70–72.

[724] 张秀亮，许建伟，沈海龙，等．动物对花楸树种实的取食与传播 [J]. 应用生态学报，2010，21（10）：2677–2683.

[725] 张智英，曹敏，杨效东，等．舞草种子的蚂蚁传播 [J]. 生态学报，2001，11：1847–1853.

[726] 张智英．蚂蚁在舞草种子传播及避免其被啮齿类取食中的作用 [J]. 林业科学，2006（11）：58–62.

[727] 中国科学院中国植物志编辑委员会．中国植物志 [M]. 北京：科学出版社，2004.

[728] 祝艳．蚂蚁对紫堇属等植物种子传播的研究 [D]. 武汉：华中师范大学，2019.